普通高等教育数据科学与大数据技术专业教材

大数据可视化技术

主 编 黄 源 张 扬

副主编 张焕生 涂旭东 黄远江

中国水利水电出版社
www.waterpub.com.cn
·北京·

内 容 提 要

本书的编写目的是向读者介绍大数据可视化的基本概念与应用。本书共 9 章：数据可视化概述、大数据可视化原理与方法、Excel 数据可视化、HTML5 前端可视化、Tableau 数据可视化、ECharts 数据可视化、Python 数据可视化、大屏数据可视化设计、R 语言数据可视化。本书将理论与实践操作相结合，通过大量的案例帮助读者快速了解和应用大数据可视化相关技术，并对重要的核心知识点加大练习比例，以达到熟练应用的目的。

本书可作为大数据专业、人工智能专业、云计算专业、数据科学专业的教材，也可作为大数据爱好者的参考书。

图书在版编目（CIP）数据

大数据可视化技术 / 黄源，张扬主编. -- 北京 ：
中国水利水电出版社，2020.12
普通高等教育数据科学与大数据技术专业教材
ISBN 978-7-5170-9257-5

Ⅰ. ①大… Ⅱ. ①黄… ②张… Ⅲ. ①数据处理－高
等学校－教材 Ⅳ. ①TP274

中国版本图书馆CIP数据核字(2020)第262137号

策划编辑：石永峰　责任编辑：周益丹　加工编辑：张玉玲　封面设计：梁　燕

书　　名	普通高等教育数据科学与大数据技术专业教材 大数据可视化技术 DASHUJU KESHIHUA JISHU
作　　者	主　编　黄　源　张　扬 副主编　张焕生　涂旭东　黄远江
出版发行	中国水利水电出版社 （北京市海淀区玉渊潭南路 1 号 D 座　100038） 网址：www.waterpub.com.cn E-mail：mchannel@263.net（万水） sales@waterpub.com.cn 电话：（010）68367658（营销中心）、82562819（万水）
经　　售	全国各地新华书店和相关出版物销售网点
排　　版	北京万水电子信息有限公司
印　　刷	三河市航远印刷有限公司
规　　格	210mm×285mm　16 开本　15.75 印张　385 千字
版　　次	2020 年 12 月第 1 版　2020 年 12 月第 1 次印刷
印　　数	0001—3000 册
定　　价	45.00 元

前　言

步入大数据时代，各行各业对数据的重视程度与日俱增。随之而来的是对数据整合、挖掘、分析、可视化需求的日益迫切。数据可视化，是指借助于图形化手段展示大数据分析结果，使数据清晰有效地表达，使人们快速高效地理解并使用，它集成了数据采集、统计、分析、呈现等多个环节。因此，数据可视化可以使数据变得更有意义，也可以使数据变得更容易理解。

本书以理论与实践操作相结合的方式深入讲解了数据可视化的基本知识和实现方法，在内容设计上既有上课时老师讲述的部分（包括详细的理论和典型的案例），又有大量的实训案例分析，双管齐下，极大地激发了学生的学习积极性和主动创造性，让学生在课堂上跟上老师的思维，从而学到更多的知识和技能。

本书特色如下：

（1）采用"理实一体化"教学方式：课堂上既有老师的讲述内容又有学生独立思考、上机操作的内容。

（2）丰富的教学案例：包含教学课件、习题答案等多种教学资源。

（3）紧跟时代潮流，注重技术变化，书中既包含使用 HTML5 来制作数据可视化图表，又包含使用 Python 来进行数据可视化。

（4）编写本书的老师都具有多年教学经验，做到重难点突出，能够激发学生的学习热情。

（5）配有微课视频：对本书中的重难点进行细致讲解，方便学生课后学习。

本书可作为大数据专业、人工智能专业、云计算专业、数据科学专业的教材，也可作为大数据爱好者的参考书。本书建议学时为 70 学时，具体分布见下表。

章节	建议学时
数据可视化概述	4
大数据可视化原理与方法	4
Excel 数据可视化	10
HTML5 前端可视化	8
Tableau 数据可视化	10
ECharts 数据可视化	8
Python 数据可视化	16
大屏数据可视化设计	4
R 语言数据可视化	6

本书由黄源、张扬任主编，张焕生、涂旭东、黄远江任副主编，具体分工如下：黄源编写第 1 章、第 2 章、第 4 章、第 6 章至第 8 章，并负责全书策划与统稿工作，张扬编写第 3 章和第 5 章，涂旭东编写第 9 章。本书是校企合作的结果，在编写过程中得到重庆誉存大数据有限公司黄远江博士的大力支持，同时编者参阅了大量相关资料，在此一并表示感谢。

由于编者水平有限，书中难免存在疏漏甚至错误之处，恳请读者批评指正，编者电子邮箱：2103069667@qq.com。

编　者

2020 年 9 月

目　录

第 1 章　数据可视化概述

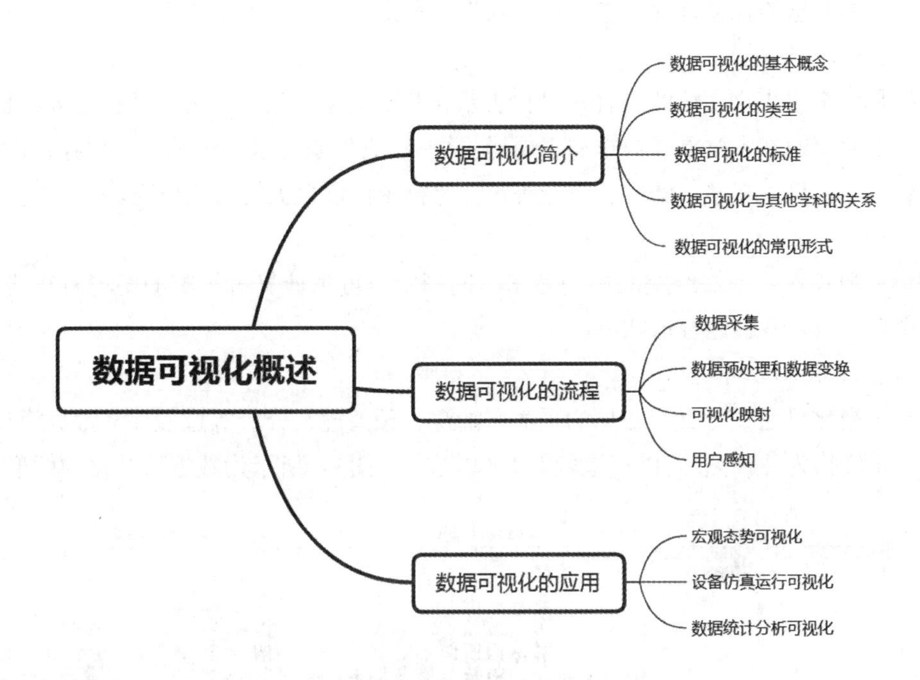

本章导读

数据可视化起源于图形学、计算机图形学、人工智能、科学可视化、用户界面等领域的相互促进和发展，是当前计算机科学的一个重要研究方向，它利用计算机对抽象信息进行直观的表示，以利于快速检索信息和增强认知能力。本章主要介绍数据可视化的基本概念、数据可视化的流程、数据可视化的应用等内容。读者应在理解相关概念的基础上重点掌握数据可视化的流程、数据可视化的应用。

本章要点

- 数据可视化的基本概念
- 数据可视化的流程
- 数据可视化的应用

1.1　数据可视化简介

数据可视化简介

步入大数据时代，各行各业对数据的重视程度与日俱增。随之而来的是对数据整合、挖掘、分析、可视化需求的日益迫切。数据可视化，是指借助于图形化手段展示大数据分析结果，使数据清晰有效地表达，使人们快速高效地理解并使用，它集成了数据采集、统计、分析、呈现等多个环节。不同行业的数据可视化可能有不同的呈现形式和要求，但最终的目的都是挖掘出数据深层次的含义，把纷繁复杂的大数据集、晦涩难懂的数据报告变得轻松易读、易于理解。

1.1.1 数据可视化的基本概念

在讨论数据可视化之前，必须要弄清楚数据、图形的概念以及它们之间的相互关系。理解这些基本概念的含义有助于进一步深入学习和掌握数据可视化的应用。

1. 数据

数据是对客观事物属性的一种符号化表示。从数据处理的角度看，数据是计算机处理及数据库中存储的基本对象。数据的表现形式很多，它们都可以经过数字化后存入计算机。例如，数字、字母、文字、图像、声音等在计算机中都以数据的形式体现。

2. 图形

图形一般指在一个二维空间中的若干空间形状，可由计算机绘制的图形有直线、圆、曲线、图标，以及各种组合形状等。

3. 数据、图形与可视化

数据可视化可通过对真实数据的采集、清洗、预处理、分析等过程建立数据模型，并最终将数据转换为各种图形，以打造较好的视觉效果。图 1-1 所示为数据可视化的图形展示。

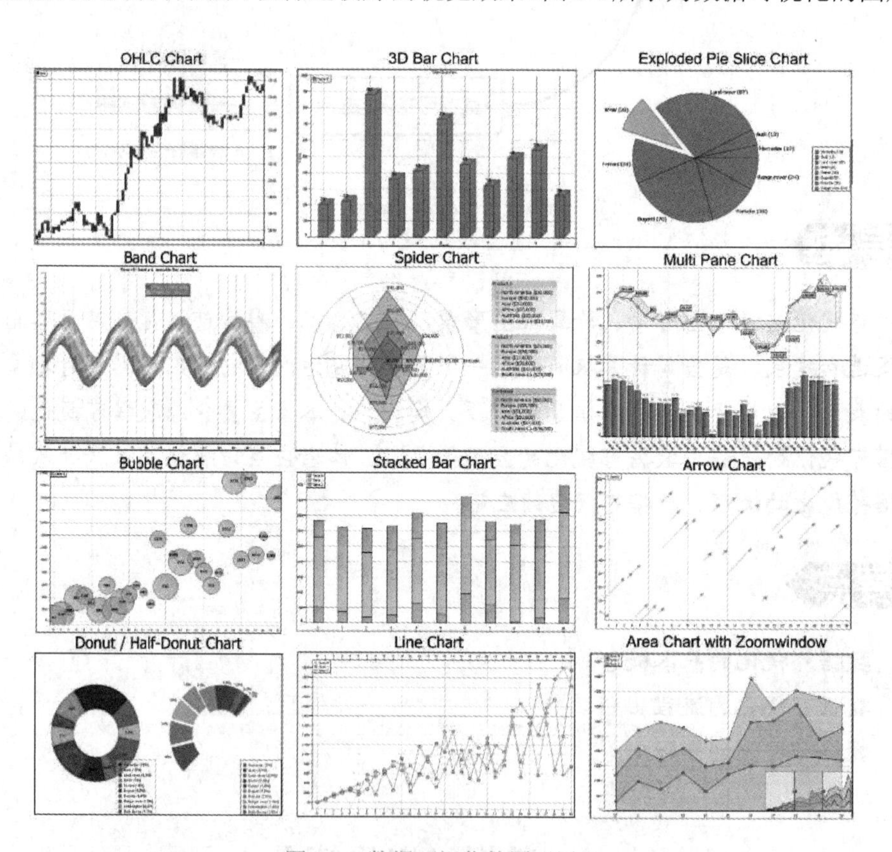

图 1-1 数据可视化的图形展示

1.1.2 数据可视化的类型

随着对大数据可视化认识的不断加深，人们认为数据可视化一般分为 3 种类型：科学可视化、信息可视化和可视化分析。

1. 科学可视化

科学可视化是数据可视化的一个应用领域，主要关注空间数据与三维现象的可视化，包含气象学、生物学、物理学、农学等，重点在于对客观事物的体、面及光源等的逼真渲染。科学可视化是计算机图形学的一个子集，是计算机科学的一个分支。因此，科学可视化的目的主要是以图形方式说明数据，使科学家能够从数据中了解和分析规律。

科学可视化历史悠久，甚至在计算机技术广泛应用之前人们就已经了解了视知觉在理解数据方面的作用。1987 年美国国家科学基金会在关于“科学计算领域之中的可视化”的报告中正式提出了科学可视化的概念。

2. 信息可视化

信息可视化是一个跨学科领域，旨在研究大规模非数值型信息资源的视觉呈现（如软件系统之中众多的文件或者一行行的程序代码）。通过利用图形图像方面的技术与方法帮助人们理解和分析数据。信息可视化与科学可视化有所不同，科学可视化处理的数据具有天然几何结构（如磁感线、流体分布等），而信息可视化则侧重于抽象数据结构，如非结构化文本或者高维空间当中的点（这些点并不具有固有的二维或三维几何结构）。人们日常工作中使用的柱状图、趋势图、流程图、树状图等都属于信息可视化，这些图形的设计都将抽象的概念转化成为可视化信息。

传统的信息可视化起源于统计图形学，与信息图形、视觉设计等学科密切相关。信息可视化囊括了信息可视化、信息图形、知识可视化、科学可视化和视觉设计方面的所有发展与进步，它致力于创建那些以直观方式传达抽象信息的手段和方法。可视化的表达形式与交互技术则是利用人类的眼睛通往心灵深处，使得用户能够目睹、探索以致立即理解大量的信息。

3. 可视化分析

可视化分析是科学可视化与信息可视化领域发展的产物，侧重于借助交互式的用户界面而进行对数据的分析与推理。

可视化分析是一个多学科领域，它将新的计算和基于理论的工具与创新的交互技术和视觉表示相结合，以实现人类信息话语。可视化分析主要包含以下重点领域：

- 分析推理技术，使用户能够获得直接支持评估、计划和决策的深入见解。
- 数据表示和转换，以支持可视化和分析的方式转换所有类型的冲突和动态数据。
- 分析结果的生成、呈现和传播的技术，以便在适当的环境中向各种受众传达信息。
- 可视化表示和交互技术，允许用户查看、探索和理解大量信息。

1.1.3 数据可视化的标准

数据可视化的标准通常包含实用性、完整性、真实性 、艺术性和交互性。

1. 实用性

衡量数据实用性的主要参照是要满足使用者的需求，需要清楚地了解这些数据是不是人们想要知道的、与他们切身相关的信息，如将气象数据可视化就是一个与人们切身相关的事情，因此实用性是一个较为重要的评价标准，它是一个主观的指标，也是评价体系里不可忽略的一环。

2. 完整性

衡量数据完整性的重要指标是该可视化的数据应当能够纳入所有能帮助使用者理解数

据的信息，其中包含要呈现的是什么样的数据、该数据有何背景、该数据来自何处、这些数据是被谁使用的、需要起到什么样的作用和产生怎样的效果、想要看到什么样的结果、是针对一个活动的分析还是针对一个发展阶段的分析、是研究用户还是研究销量等。

3. 真实性

可视化的真实性考量的是信息的准确度和是否有据可依。如果信息是能让人信服的、精确的，那么它的准确度就达标了，否则该数据的可视化工作就不会令人信服。因此在实际的使用中应当确保数据的真实性。

4. 艺术性

艺术性是指数据的可视化呈现应当具有艺术性，符合审美规则。不美观的数据图无法吸引读者的注意力，美观的数据图则可能会进一步引起读者的兴趣，提供良好的阅读体验。有一些信息容易让读者遗漏或者遗忘，通过美好的创意设计和可视化能够给读者更强的视觉刺激，从而帮助信息的提取。例如，在一个作对比的可视化中，让读者比较形状大小或者颜色深浅都是不明智的设计。相比之下，位置远近和长度更一目了然。

5. 交互性

交互性是实现用户与数据的交互，方便用户控制数据。在数据可视化的实现中应多采用常规图表，并站在普通用户的角度，在系统中加入符合用户思考方式的交互操作，让大众用户也可以真正地和数据对话，探寻数据对业务的价值。

1.1.4 数据可视化与其他学科的关系

数据可视化与图形学、统计学、数据挖掘等学科关系十分紧密。

1. 数据可视化与图形学

计算机图形学是一门通过软件生成二维或三维图形的学科，主要是研究如何在计算机中表示图形，以及利用计算机进行图形的计算、处理和显示的相关原理与算法。数据可视化通常被认为是计算机图形学的子学科。因此，一般也认为计算机图形学更关注数据可视化编码的算法研究，它为可视化提供理论基础；而数据可视化则与应用领域关系更紧密，它的研究内容和方法现已逐渐独立于计算机图形学，并形成了一门崭新的学科。

2. 数据可视化与统计学

统计学中的统计图表是使用最早的可视化图形，大部分的统计图表都已应用在数据可视化中，如散点图、热力图等。二者的区别在于，数据可视化是用程序生成的图形，它可以被应用到不同的领域中；统计学的统计图表是为某一类数据定制的图形，它是具体的，并且往往只能应用于特定的数据。

3. 数据可视化与数据库

数据库是按照数据结构来组织、存储和管理数据的仓库，它高效地实现数据的录入、查询、统计等功能。尽管现代数据库已经从最简单的存储数据表格发展到海量、异构数据存储的大型数据库系统，但是它仍然不能胜任对复杂数据的关系和规则的分析。数据可视化通过对数据的有效呈现帮助人们理解数据中的复杂关系和规则。

4. 数据可视化与数据挖掘

数据挖掘一般是指从大量的数据中通过算法搜索隐藏于其中的信息的过程。数据挖掘通常与计算机科学有关，并通过统计、在线分析处理、情报检索、机器学习、专家系统和模式识别等诸多方法来实现上述目标。数据可视化与数据挖掘的目标都是从海量数据中获取信息，但手段不同。数据可视化是将数据挖掘与分析后的结果呈现为用户易于接受的图形符号，而数据挖掘则是由计算机获取数据隐藏的知识并直接提供给用户。

1.1.5 数据可视化的常见形式

数据可视化主要包含数据分析可视化、趋势可视化、工业生产可视化等形式。

1. 数据分析可视化

数据分析可视化广泛用于政府、企业经营分析，包括企业的财务分析、供应链分析、销售生产分析、客户关系分析等，将企业经营所产生的所有有价值数据在一个系统里集中体现，可用于商业智能、政府决策、公众服务、市场营销等领域。通过采集相关数据，进行加工并从中提取有商业价值的信息，服务于管理层、业务层，指导经营决策。数据分析可视化负责直接与决策者进行交互，是一个实现了数据的浏览和分析等操作的可视化、交互式的应用。它对于决策人员获取决策依据、进行科学的数据分析、辅助决策人员进行科学决策显得十分重要。因此，数据分析可视化系统对于提升组织决策的判断力、整合优化企业信息资源和服务、提高决策人员的工作效率等具有显著的意义。

2. 趋势可视化

趋势可视化是在特定环境中，对随时间推移而不断动作并变化的目标实体进行觉察、认知、理解，最终展示整体态势。此类数据可视化应用通过建立复杂的仿真环境和大量数据多维度的积累，可以直观、灵活、逼真地展示宏观态势，从而让决策者很快掌握某一领域的整体态势、特征，从而作出科学判断和决策。趋势可视化可应用于卫星运行监测、航班运行情况、气候天气、股票交易、交通监控、用电情况等众多领域。例如，卫星可视化通过将太空内所有卫星的运行数据进行可视化展示让大众对卫星的运行一目了然；气候天气可视化可以将该地区的大气气象数据进行展示，让用户清楚看到天气变化。

3. 工业生产可视化

工业企业中生产线处于高速运转状态，由工业设备所产生、采集和处理的数据量远大于企业中计算机和人工产生的数据，生产线的高速运转则对数据的实时性要求更高，在实际生产中对大数据的要求也极高。因此，工业生产可视化系统是工业制造业的最佳选择。工业生产可视化是将虚拟现实技术有机融入了工业监控系统，系统展现界面以生产厂房的仿真场景为基础，对各个工段、重要设备的形态都进行复原，作业流转状态可以在厂房视图当中直接显示。在单体设备视图中，机械设备的运行模式直接以仿真动画的形式展现，通过图像、三维动画以及计算机程控技术与实体模型相融合，实现对设备的可视化表达，使管理者对其所管理的设备有形象具体的概念，对设备运行中产生的所有参数一目了然，从而大大降低管理者的劳动强度，提高管理效率和管理水平。

1.2 数据可视化的流程

数据可视化的流程

数据可视化是一个系统的流程，该流程以数据为基础，以数据流为导向，还包括了数据采集、数据预处理和变换、可视化映射和用户感知等环节。

1.2.1 数据采集

数据可视化的基础是数据，数据可以通过仪器采样、调查记录等方式进行采集。数据采集又称为“数据获取”或“数据收集”，是指对现实世界的信息进行采样，以便产生可供计算机处理的数据的过程。通常，数据采集过程中包括为了获得所需信息而对信号和波形进行采集并对它们加以处理的一系列步骤。

数据采集的分类方法有很多，从数据的来源看，可以分为内部数据采集和外部数据采集。

1. 内部数据采集

内部数据采集指的是采集企业内部经营活动的数据，通常数据来源于业务数据库，如订单的交易情况。如果要分析用户的行为数据、APP 的使用情况，还需要一部分行为日志数据，这时就需要用埋点这种方法来进行 APP 或 Web 的数据采集。

2. 外部数据采集

外部数据采集指的是通过一些方法获取企业外部的数据，具体目的包括获取竞品的数据、获取官方机构官网公布的一些行业数据等。获取外部数据，通常采用的数据采集方法为网络爬虫。图 1-2 所示为网络爬虫爬取采集数据的过程。

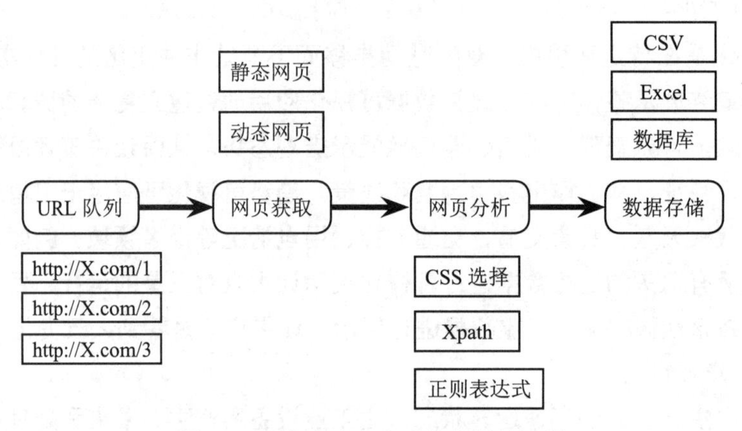

图 1-2 网络爬虫爬取采集数据的过程

1.2.2 数据预处理和数据变换

数据预处理和数据变换是进行数据可视化的前提条件，原因有以下两点：

- 通过前期的数据采集得到的数据不可避免地含有噪声和误差，数据质量较低。
- 数据的特征、模式往往隐藏在海量的数据中，需要进一步的数据挖掘才能提取出来。

1. 数据预处理

采集得来的原始数据一方面不可避免地含有噪声和误差，另一方面数据的模式和特征往往被隐藏。数据预处理是指在可视化之前需要对数据进行数据清洗、数据规范、数据分析。在进行数据预处理时，可以首先把脏数据、敏感数据过滤掉，然后剔除和目标无关的冗余数据，最后调整数据结构到系统能接受的方式。数据预处理的常见方法如下：

（1）缺失数据的清洗。数据缺失在实际数据中是不可避免的问题，当数据库中出现了缺失数据时，如果缺失数据数量较小，并且是随机出现的，对整体数据影响不大时，可以直接删除；如果缺失数据占数据总量比例较大时，可以使用常量代替缺失值，或是使用属性平均值进行填充，或是利用回归、分类等方法进行填充。

（2）错误数据的清洗。错误数据产生的原因是业务系统不够健全，在接收输入后没有进行判断直接写入后台数据库造成的，比如数值数据输成全角数字字符、字符串数据后面有一个回车操作、日期格式不正确、日期越界等。当数据库中出现了错误数据时，可以用统计分析的方法识别可能的错误值或异常值，如偏差分析、识别不遵守分布或回归方程的值，也可以用简单规则库（常识性规则、业务特定规则等）检查数据值，或者使用不同属性间的约束、外部的数据来检测和清理数据。

（3）重复数据的清洗。数据库中属性值相同的记录被认为是重复记录，可通过判断记录间的属性值是否相等来检测记录是否相等。当数据库中出现了重复数据时，最常用的方式是把重复数据进行合并或者直接删除。

因此，通过数据处理能够保证数据的完整性、有效性、准确性、一致性和可用性。

2. 数据变换

在大数据时代，人们所采集到的数据通常具有4V特性：Volume（大量）、Variety（多样）、Velocity（高速）、Value（价值）。如何从高维、海量、多样化的数据中挖掘有价值的信息来支持决策，除了需要对数据进行清洗、去除噪声之外，还需要依据业务目的对数据进行二次处理。常用的数据处理方法包括降维、聚类、数据采样等统计学和机器学习中的方法。

（1）降维。在大数据中，一些数据集的特征数量很多，达到几千维甚至几万维。特征数量太多会导致训练模型所花费的时间很长。这就需要对特征进行降维，剔除次要特征，保留主要特征。然后使用主要特征训练分类或聚类模型。机器学习领域中所谓的降维就是指采用某种映射方法将原高维空间中的数据点映射到低维度的空间中。降维的本质是学习一个映射函数 f : x->y，其中 x 是原始数据点的表达，目前大多使用向量表达形式；y 是数据点映射后的低维向量表达，通常 y 的维度小于 x 的维度（当然提高维度也是可以的）；f 可能是显式的或隐式的、线性的或非线性的。

（2）聚类。聚类是一种机器学习技术，它涉及数据点的分组。给定一组数据点，我们可以使用聚类算法将每个数据点划分为一个特定的组。理论上，同一组中的数据点应该具有相似的属性和/或特征，而不同组中的数据点应该具有高度不同的属性和/或特征。值得注意的是，聚类是一种无监督学习的方法，是许多领域中常用的统计数据分析技术。例如在电子商务中可以使用聚类来将具有相同爱好的用户分为一组，以便于进行商品的推荐。

（3）数据采样。原始数据一般以离散形式出现在数据采集中，在将离散数据转换为连续信号进行处理时需要对数据进行重新采样，使之满足所要求的分辨率、尺度等。数据采样大致分为3类：随机采样、系统采样和分层采样。随机采样就是从数据集中随机地抽取特定数量的数据，分为有放回和无放回两种。系统采样一般是无放回抽样，又称等距采样，先将总体数据集按顺序分成 n 小份，再从每小份中抽取第 k 个数据。分层采样就是先将数据分成若干个类别，再从每一层内随机抽取一定数量的样本，然后将这些样本组合起来。

1.2.3 可视化映射

对数据进行清洗、去噪，并按照业务目的进行数据处理之后，接下来就到了可视化映射环节。可视化映射是整个数据可视化流程的核心，通常是指将处理后的数据信息映射成可视化元素的过程。可视化元素由三部分组成：可视化空间、标记和视觉通道。

1. 可视化空间

可视化空间是指数据可视化的显示空间，通常包括二维空间可视化与三维空间可视化。

2. 标记

标记是数据属性到可视化几何图形元素的映射，用来代表数据属性的归类。根据空间自由度的差别，标记可以分为点、线、面、体，分别具有零自由度、一维自由度、二维自由度、三维自由度。如常见的散点图、折线图、矩形树图、三维柱状图，分别采用了点、线、面、体这 4 种不同类型的标记。

3. 视觉通道

数据属性的值到标记的视觉呈现参数的映射叫做视觉通道，通常用于展示数据属性的定量信息。常用的视觉通道包括标记的位置、大小（长度、面积、体积等）、形状（三角形、圆、立方体等）、方向、颜色（色调、饱和度、亮度、透明度等）。

标记和视觉通道是可视化编码元素的两个方面，两者的结合可以完整地将数据信息进行可视化表达，从而完成可视化映射这一过程。

1.2.4 用户感知

可视化的结果，只有被用户感知之后，才可以转化为知识和灵感。用户在感知过程中，除了被动接受可视化的图形之外，还通过与可视化各模块之间的交互主动获取信息。因此，用户感知是从数据的可视化结果中提取有用的信息、知识和灵感。用户可以借助数据可视化结果感受数据的不同，从中提取信息、知识和灵感，从而发现数据背后隐藏的现象和规律。

数据可视化的应用

1.3 数据可视化的应用

如何才能把纷繁复杂的大数据集、晦涩难懂的数据报告变得轻松易读、亲切、易于理解，可视化无疑是最佳的选择。就其运用而言，范围极为广泛，如商业智能、政府决策、公共服务、市场营销、新闻传播、地理信息等均可运用。

1.3.1 宏观态势可视化

宏观态势可视化是在特定环境中对随时间推移而不断动作并变化的目标实体进行觉察、认知、理解，最终展示整体态势。此类数据可视化应用通过建立复杂的仿真环境和大量数据多维度的积累，可以直观、灵活、逼真地展示宏观态势，从而让非专业人士很快掌握某一领域的整体态势、特征。

例如，全球航班运行可视化系统，通过将某一时段全球运行航班的飞行数据进行可视化展现，大众可以很清晰地了解全球航班整体分布与运行态势情况。

卫星分布运行可视化通过将宇宙空间内所有卫星的运行数据进行可视化展示让大众对宇宙空间的卫星态势一目了然。图 1-3 所示为卫星数据可视化。

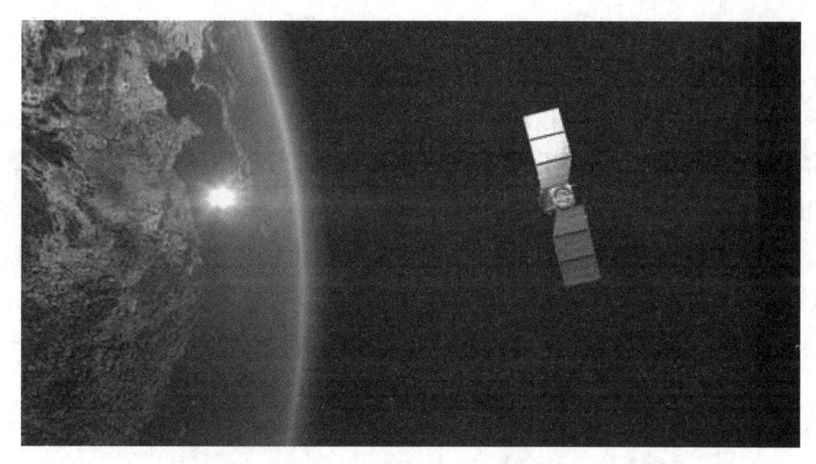

图 1-3　卫星数据可视化

1.3.2　设备仿真运行可视化

设备仿真运行可视化是通过图像、三维动画以及计算机程控技术与实体模型相融合，实现对设备的可视化表达，使管理者对其所管理的设备有形象具体的概念，对设备所处的位置、外形及所有参数一目了然，因此会大大降低管理者的劳动强度，从而提高管理效率和管理水平。设备仿真运行可视化是“工业 4.0”涉及的“智能生产”的具体应用之一，特别是在智慧工厂中的应用尤为广泛。

图 1-4 所示为设备仿真运行可视化。

图 1-4　设备仿真运行可视化

图 1-4

1.3.3　数据统计分析可视化

这是目前媒体大众提及最多的应用，可用于商业智能、政府决策、公众服务、市场营销等领域。

例如商业智能可视化通过采集相关数据，进行加工并从中提取能够创造商业价值的信息，从而面向企业、政府战略并服务于管理层、业务层，指导经营决策。商业智能可视化负责直接与决策者进行交互，是一个实现了数据的浏览和分析等操作的可视化、交互式的应用。它对于决策人员获取决策依据、进行科学的数据分析、辅助决策人员进行科学决策显得十分重要。因此商业智能可视化系统对于提升组织决策的判断力、整合优化企业信息资源和服务、提高决策人员的工作效率等具有显著的意义。

此外还有智能硬件数据可视化。智能硬件是继智能手机之后的一个科技概念，通过软硬件结合的方式让设备拥有智能化的功能。智能化之后，硬件具备了大数据等附加价值。目前智能硬件已经从可穿戴设备延伸到智能电视、智能家居、智能汽车、医疗健康、智能玩具、机器人等领域。而硬件采集来的数据需要可视化将其价值进行最大程度的呈现，因此人们可以通过使用智能技术来追踪个人的健康状况、情感状况，优化行为习惯等。

图 1-5 所示为商业智能可视化，用户可以通过选择不同的数据来实现各种可视化显示。

图 1-5

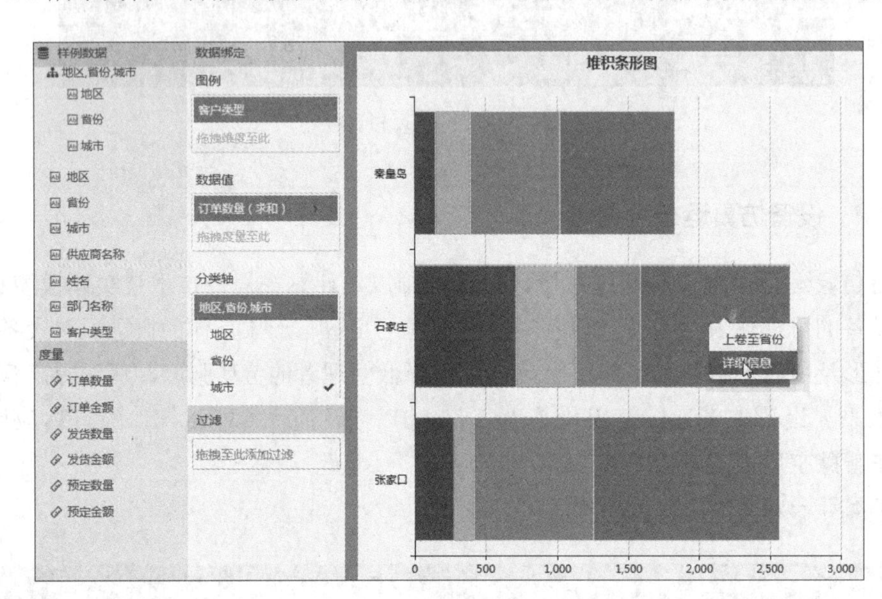

图 1-5 商业智能可视化

1.4 实训

（1）仔细观察图 1-6，指出该图对哪些数据进行了可视化展示。

图 1-6

图 1-6 可视化展示图

（2）仔细观察图 1-7，指出该图主要用于哪个领域。

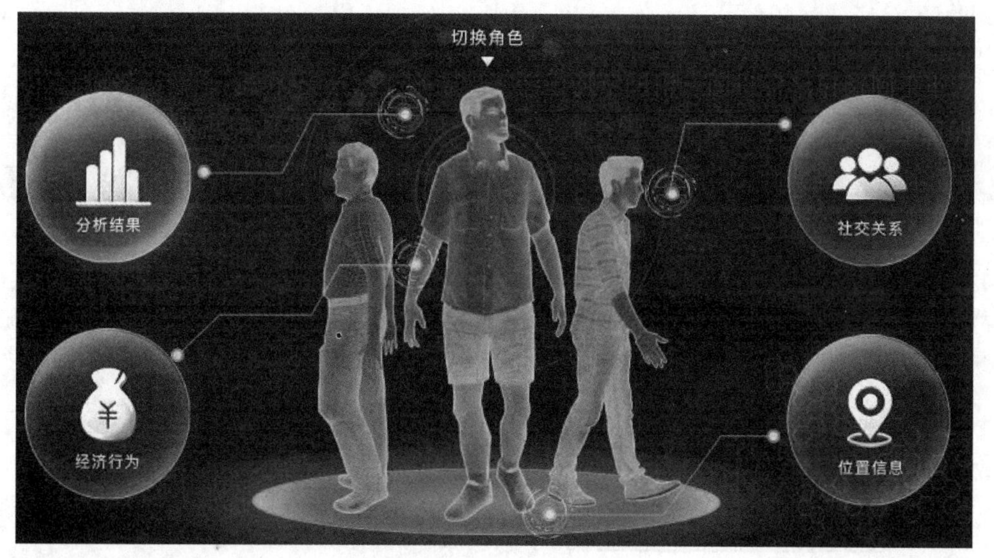

图 1-7　可视化图

图 1-7

练习 1

1. 阐述数据可视化的基本概念。
2. 阐述数据可视化的类型。
3. 阐述数据可视化的流程。
4. 阐述数据可视化的应用。

第 2 章　大数据可视化原理与方法

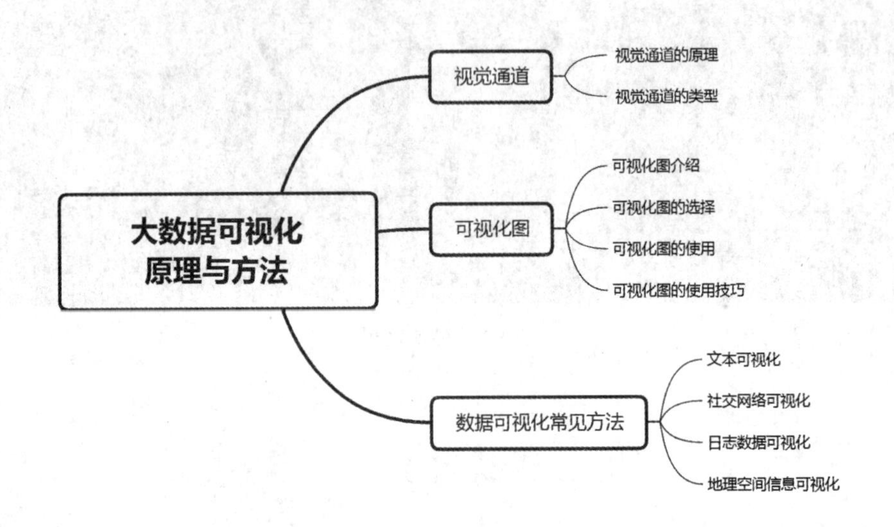

本章导读

大数据可视化原理与方法是初学者了解大数据可视化的入门知识。本章主要介绍视觉通道的原理及类型、可视化图及使用、文本可视化、社交网络可视化、日志数据可视化、地理空间信息可视化等内容，读者应在理解相关概念的基础上重点掌握可视化图及使用、文本可视化、社交网络可视化、日志数据可视化和地理空间信息可视化等。

本章要点

- 视觉通道的原理及类型
- 可视化图介绍
- 可视化图的使用
- 文本可视化
- 社交网络可视化
- 日志数据可视化
- 地理空间信息可视化

2.1　视觉通道

数据可视化为了达到增强人脑认知的目的，会利用不同的视觉通道对冰冷的数据进行视觉编码。

2.1.1　视觉通道的原理

视觉通道的原理主要包含潜意识处理和格式塔视觉原理。

1. 潜意识处理

潜意识认为人类少数的视觉属性可以通过潜意识瞬间完成分析判断，换言之，不需要集中注意力即可完成信息的处理。例如，人们对颜色、体积、面积、角度、长度、位置等视觉属性非常敏感，可以在瞬间区分出差别，对位置差异性把握得尤其准确。因此，在设计中就可以把一些差异化的东西尽可能通过这些视觉特性表现出来。

2. 格式塔视觉原理

格式塔视觉原理认为距离相近的部位（相近性）、在某一方面相似的部位（相似性）、彼此相属倾向于构成封闭实体的部位（封闭性）、具有对称 / 规则 / 平滑等简单特征的图形（简单性）在一起时会被人们看成一个整体。因此，在可视化分析中，为了使数据展示结果简单明了，可以利用以上特性，借助视觉欺骗通过孤立的部位把一个整体表现出来。从另一个方面讲，在数据展示过程中，应该避免将不同属性的数据用相近性、相似性、封闭性、简单性的特征来加以描述，否则会引起视觉的混淆。

2.1.2　视觉通道的类型

人类对视觉通道的识别有两种基本的感知模式。第一种感知模式得到的信息是关于对象本身的特征和位置等，对应视觉通道的定性性质和分类性质；第二种感知模式得到的信息是对象某一属性在数值上的大小，对应视觉通道的定量性质或者定序性质。例如形状是一种典型的定性视觉通道，而长度是典型的定量视觉通道。

1. 空间

空间是所有放置可视化元素的容器，可视化中涉及的空间可以是一维的、二维的或三维的。一维可视化设计简单、结构单一，但是应用范围有限。二维可视化在人们的日常生活中比较常见，例如计算机屏幕、电视、手机等。由于人眼的成像本质上是二维的，因此二维可视化利用了人眼的成像原理。三维可视化是用于显示、描述和理解地下及地面诸多地质现象特征的一种工具，广泛应用于地质和地球物理学的所有领域。三维可视化是描绘和理解模型的一种手段，是数据体的一种表征形式，并非模拟技术。

2. 标记

标记是数据属性到可视化几何图形元素的映射，用来代表数据属性的归类。标记定义用来映射数据的几何单元，例如点、线、面、立方体等。如我们常见的散点图、折线图、矩形树图、三维柱状图，分别采用了点、线、面、体这 4 种不同类型的标记。

3. 位置

平面位置在所有的视觉通道中比较特殊，一方面，平面上相互接近的对象会被分成一类，所以位置可以用来表示不同的分类；另一方面，平面使用坐标来标定对象的属性大小时，位置可以代表对象的属性值大小，即平面位置可以映射定序或者定量的数据。平面位置又可以被分为水平和垂直两个方向的位置，它们的差异性比较小，但是受到重力场的影响，人们更容易分辨出高度，而不是宽度，所以垂直方向的差异能被人们快速意识到，这就解释了为什么计算机屏幕设计成 16:9、4:3，这样的设计可以使得两个方向的信息量达到平衡。

4. 尺寸

尺寸是定量或者定序的视觉通道，适合于映射有序的数据属性。长度也可以被称为一维尺寸，当尺寸比较小的时候，其他的视觉通道容易受到影响，比如一个很大的红色正方形比一个红色的点更容易让人区别。

根据史蒂文斯幂次法则，人们对一维的尺寸，即长度或宽度，有清晰的认识。随着维度的增加，人们的判断越来越不清楚，比如二维尺寸（面积）。因此，在可视化的过程中，人们往往将重要的数据用一维尺寸来编码。

5. 颜色

在常见的视觉通道中颜色最为复杂，不过因此也在可视化设计中最为有用。例如在可视化设计中，有层次感的图表更容易让人阅读，用户也能更快地抓住图表中的重点信息。相反，扁平图则缺少流动感，读者相对较难理解。如果要建立视觉层次，人们可以用醒目的颜色突出显示数据，并淡化其他元素使其作为背景，一般来讲需要淡化的元素可采用淡色系或虚线。

6. 透明度

透明度与颜色密切相关，通常也可作为颜色的第四个维度，取值范围为 0 ～ 1，并且在两个颜色混合时可用于定义各自的权重，以调节颜色的浓淡程度。视觉感知的研究表明，人眼对透明度的感知有一定限度，低于对颜色色调的感知。

7. 亮度

亮度是表示人眼对发光体或被照射物体表面的发光或反射光强度实际感受的物理量。简而言之，当任意两个物体表面在照相时被拍摄出的最终结果是一样亮或被眼睛看起来两个表面一样亮，它们就是亮度相同的。在可视化方案中，尽量使用少于 6 个可辨识的亮度层次，两个亮度层次之间的边界也要明显。

8. 饱和度

饱和度指的是色彩的纯度，也叫色度或彩度，是“色彩三属性”之一。如大红比玫红更红，这就是说大红的色度更高。饱和度跟尺寸有很大的关系，区域大的适合用低饱和度的颜色填充，比如散点图的背景；区域小的使用更亮、颜色更加丰富、饱和度更高的颜色加以填充，便于用户识别，比如散点图的各个散点。

9. 色调

色调是指图像的相对明暗程度，比较适合于编码分类的数据属性，人们对色调的认知过程中几乎不存在定量的比较思维。由于颜色作为整体可以为可视化增加更多的视觉效果，因此在实际的可视化设计中被广泛应用。

10. 方向

方向可用于分类的或有序的数据属性的映射，标记的方向可用于表示数据中的向量信息，如电流的方向、河流的流向、风场中的风向、血管中的血流、飞机飞行的航向等。在二维的可视化视图中，方向具有 4 个象限。

11. 形状

对于人类的感知系统，形状所代表的含义很广，一般理解为对象的轮廓或者对事物外形的抽象，用来定性地描述一个东西，比如圆形、正方形，更复杂一点是几种图形的组合。

12. 图案 / 纹理

图案也称为纹理，大致可以分为自然纹理和人工纹理。自然纹理是自然界中存在的有规则模式的图案，比如树木的年轮；人工纹理是指人工实现的规则图案，比如中学课本上求阴影部分的面积示意图。

2.2　可视化图

图是表达数据的最直观、最强大的方式之一，通过图的展示能够将数据进行优雅的变换，从而让枯燥的数字能吸引人们的注意力。在实现数据可视化选择图时，应当首先考虑的问题是：我有什么数据，我需要用图做什么，我该如何展示数据。

2.2.1　可视化图介绍

在统计图表中每一种类型的图表中都可包含不同的数据可视化图形，如折线图、柱状图、饼图、面积图、散点图、气泡图、雷达图、漏斗图、热力图、环形图、仪表板图、箱形图、玫瑰图、桑甚图、趋势图、直方图、色块图、和弦图、密度图、K 线图等。

1. 折线图

折线图用于显示数据在一个连续的时间间隔或者时间跨度上的变化，它的特点是反映事物随时间或有序类别而变化的趋势。在折线图中，类别数据沿水平轴均匀分布，所有值数据沿垂直轴均匀分布。因此，在折线图中，数据是递增还是递减、增减的速率、增减的规律（周期性、螺旋性等）、峰值等特征都可以清晰地反映出来，图 2-1 和图 2-2 所示即为折线图。

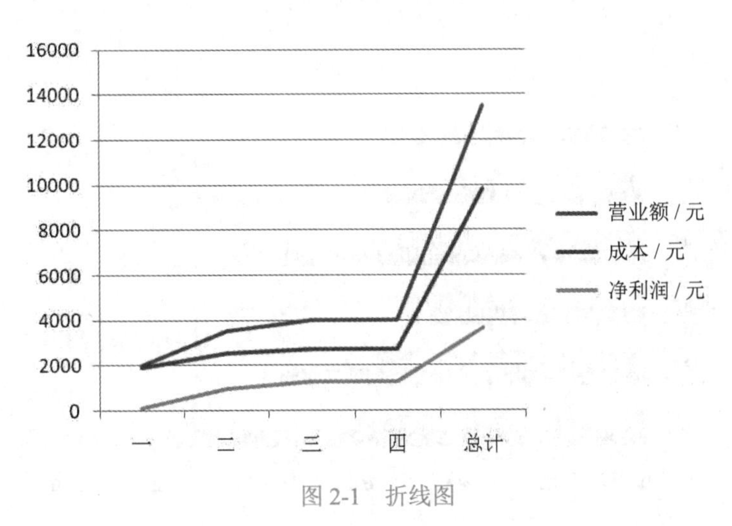

图 2-1　折线图

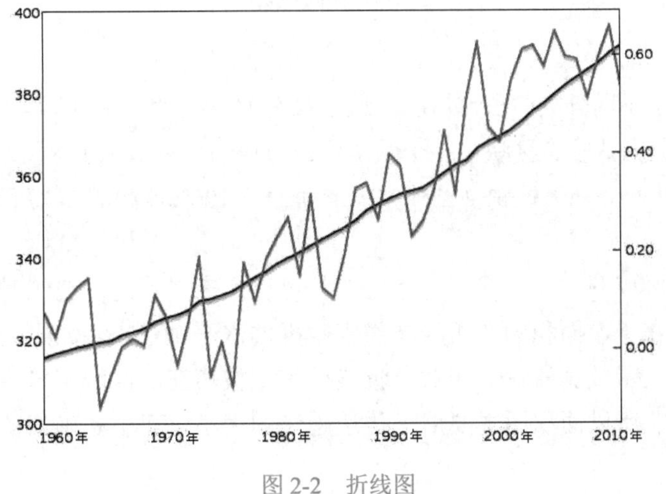

图 2-2　折线图

2. 柱状图

柱状图也可叫作条形图，是使用垂直或水平的柱子显示类别之间的数值比较。在柱状图中，其中一个轴表示需要对比的分类维度，另一个轴代表相应的数值。柱状图又可分为纵向柱状图和横向柱状图，图 2-3 所示为纵向柱状图，图 2-4 所示为横向柱状图。

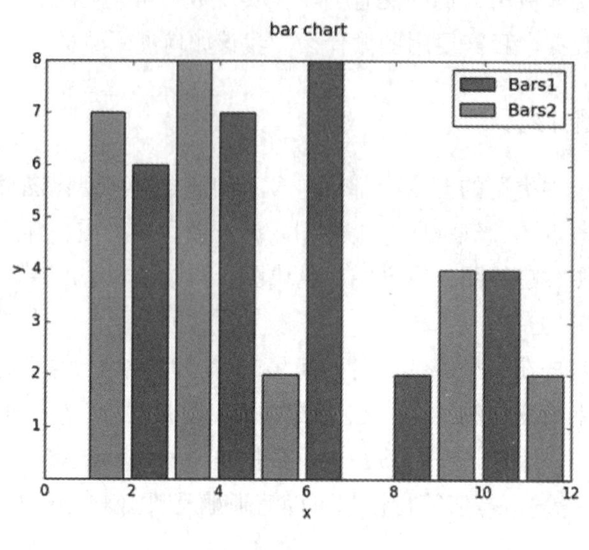

图 2-3 纵向柱状图

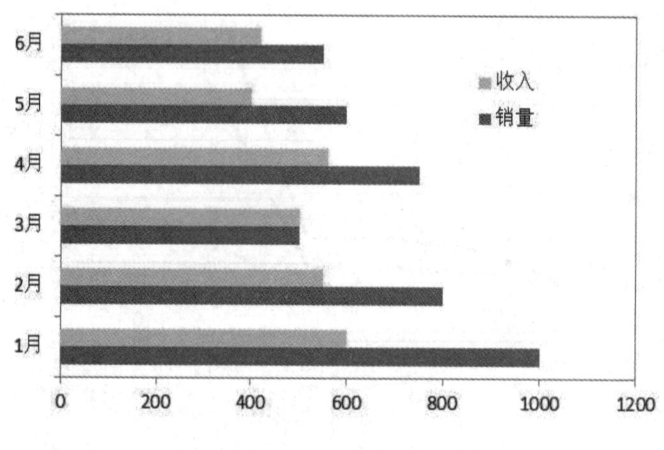

图 2-4 横向柱状图

3. 饼图

饼图用于表示不同分类的占比情况，通过弧度大小来对比各种分类。饼图将一个圆饼按照分类的占比划分成多个区块，整个圆饼代表数据的总量，每个区块（圆弧）表示该分类占总体的比例大小，所有区块（圆弧）的加和等于 100%，如图 2-5 所示。

4. 面积图

面积图又叫区域图，与折线图很相近，都可以用来展示随着连续时间的推移数据的变化趋势。区别在于，面积图在折线与类别数据的水平轴（X 轴）之间填充颜色或者纹理，形成一个面表示数据体积。相对于折线而言，被填充的区域可以更好地引起人们对总值趋势的注意，所以面积图主要用于传达趋势的大小，而不是确切的单个数据值，如图 2-6 所示。

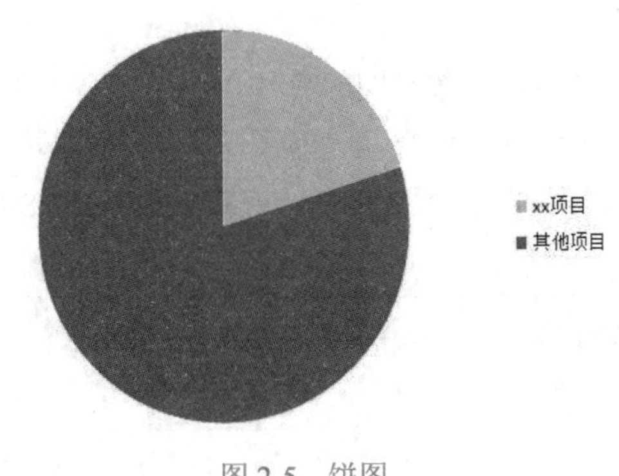

图 2-5 饼图

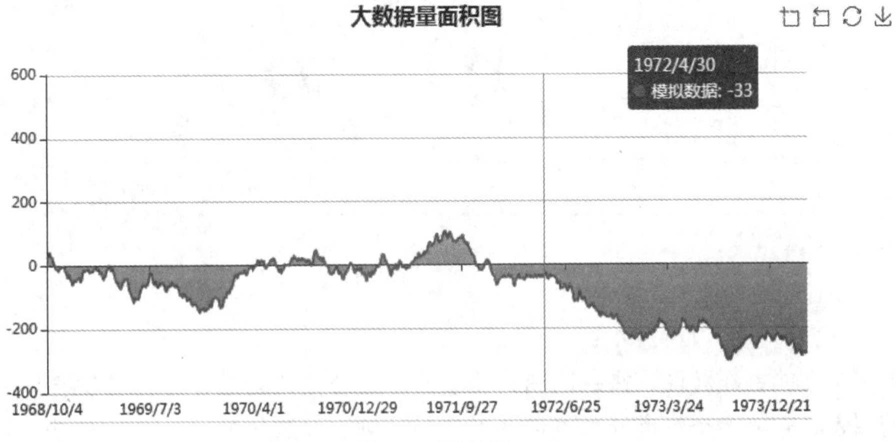

图 2-6 面积图

5. 散点图

散点图是指在回归分析中数据点在直角坐标系平面上的分布图，它表示因变量随自变量而变化的大致趋势，据此可以选择合适的函数对数据点进行拟合。此外，散点图将序列显示为一组点，值由点在图表中的位置表示，类别由图表中的不同标记表示，因此散点图通常用于比较跨类别的聚合数据，如图 2-7 所示。

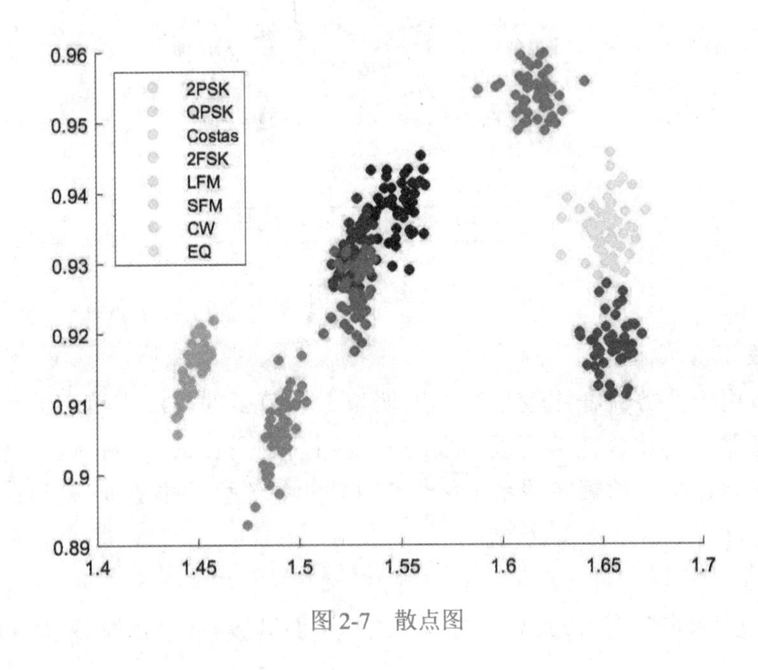

图 2-7 散点图

6. 气泡图

气泡图是一种多变量图表，是散点图的变体，可用于展示 3 个变量之间的关系，也可以认为是散点图和百分比区域图的组合。气泡图与散点图的不同之处在于：气泡图允许在图表中额外加入一个表示大小的变量进行对比。气泡图如图 2-8 所示。

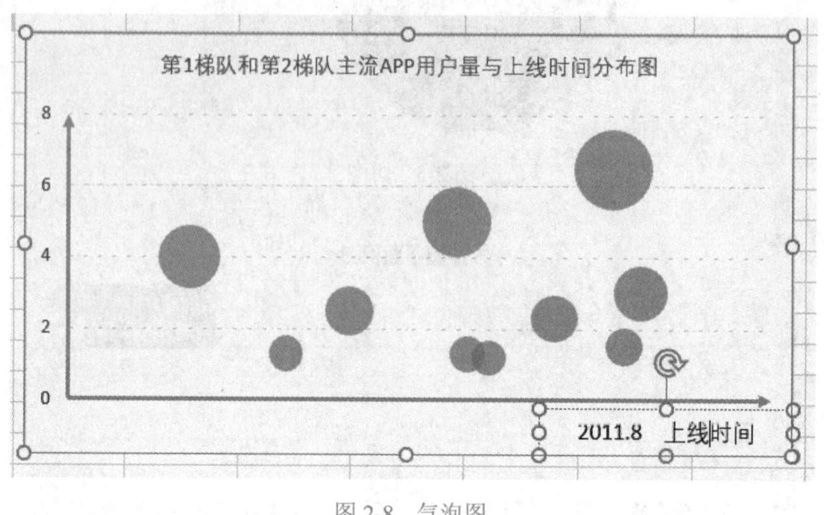

图 2-8　气泡图

7. 雷达图

雷达图又叫戴布拉图、蜘蛛网图。传统的雷达图被认为是一种表现多维（四维以上）数据的图表。它将多个维度的数据量映射到坐标轴上，这些坐标轴起始于同一个圆心点，通常结束于圆周边缘，将同一组的点使用线连接起来就称为雷达图，如图 2-9 所示。

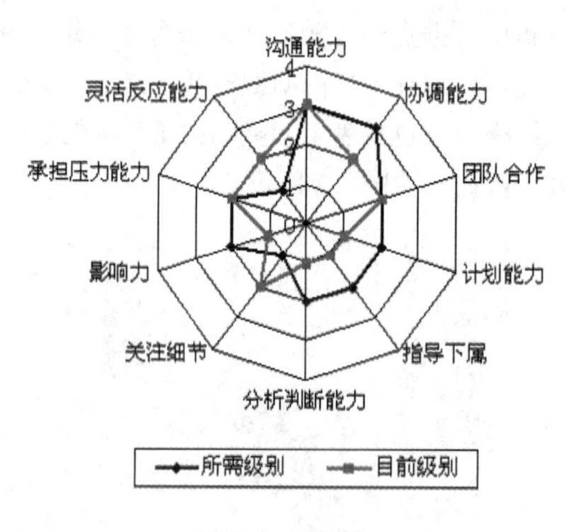

图 2-9　雷达图

8. 漏斗图

漏斗图适用于业务流程比较规范、周期长、环节多的单流程单向分析，通过漏斗对各环节业务数据的比较能够直观地发现和说明问题所在的环节，进而作出决策。漏斗图从上到下有逻辑上的顺序关系，表现了随着业务流程的推进业务目标完成的情况，如图 2-10 所示。

9. 热力图

热力图是以特殊高亮的形式显示访客热衷的页面区域和访客所在的地理区域的图示，

一般来讲热力图可以显示不可点击区域发生的事情，如图 2-11 所示。

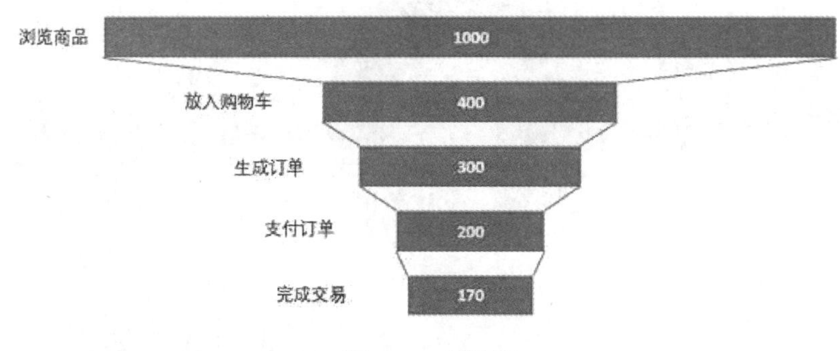

图 2-10 漏斗图

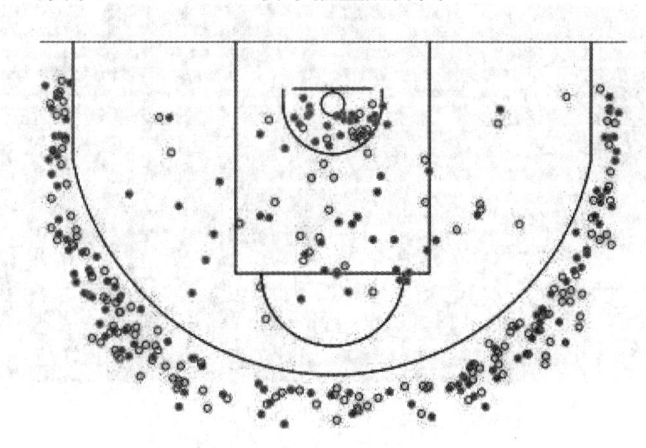

图 2-11 热力图

10. 环形图

环形图是由两个及两个以上大小不一的饼图叠在一起，挖去中间的部分所构成的图形。主要是在 Excel 中区分或表明某种关系，如图 2-12 所示。一般来讲，饼图是用圆形及圆内扇形的角度来表示数值大小的图形，它主要用于表示一个样本（或总体）中各组成部分的数据占全部数据的比例，对于研究结构性问题十分有用。

11. 仪表盘图

仪表盘图是一种拟物化的图表，刻度表示度量，指针表示维度，指针角度表示数值。仪表盘图就像汽车的速度表一样，有一个圆形的表盘及相应的刻度，有一个指针指向当前数值，如图 2-13 所示。目前很多的管理报表或报告上都采用这种图表，以直观地表现出某个指标的进度或实际情况。

12. 箱形图

箱形图又称盒须图、盒式图、箱线图，是一种用于显示一组数据分散情况的统计图，因形状如箱子而得名，在各个领域经常被使用，常见于品质管理，如图 2-14 所示。它主要用于反映原始数据分布的特征，还可以进行多组数据分布特征的比较。

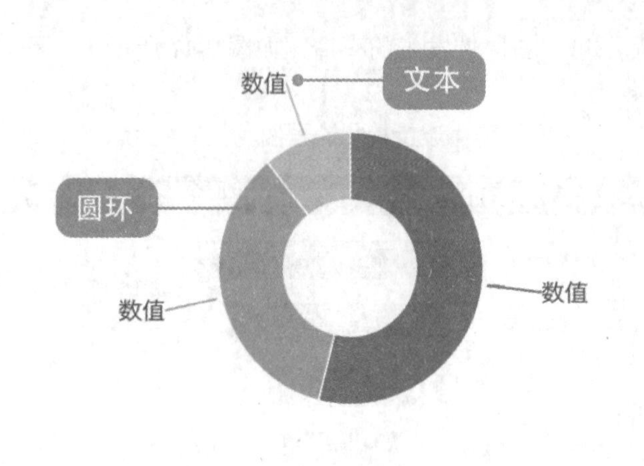

图 2-12 环形图

图 2-13 仪表盘图

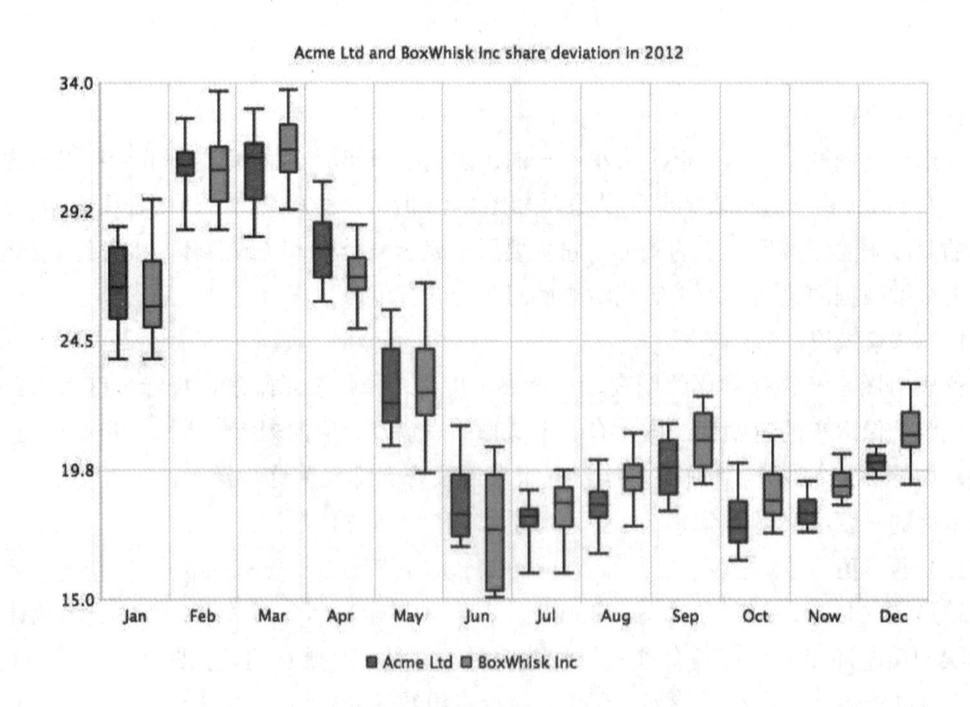

图 2-14 箱形图

13. 玫瑰图

玫瑰图也叫南丁格尔玫瑰图，又名极坐标面积图，如图 2-15 所示。玫瑰图和饼图类似，用法也一样，主要用于多组对比数据的场景中。两者唯一的区别是：饼图是通过角度判别占比大小，而玫瑰图可以通过半径大小或者扇形面积大小来判别。

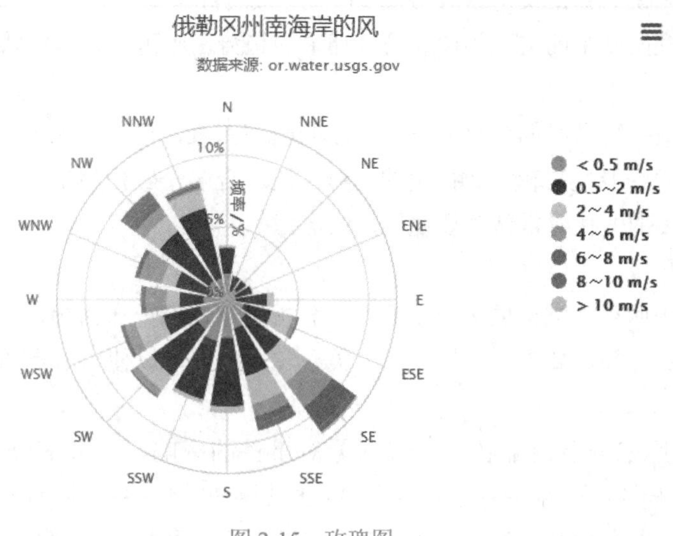

图 2-15 玫瑰图

14. 桑基图

桑基图也叫桑基能量平衡图。它是一种特定类型的流程图，图中延伸的分支的宽度对应数据流量的大小，通常应用于能源、材料成分、金融等数据的可视化分析，如图 2-16 所示。

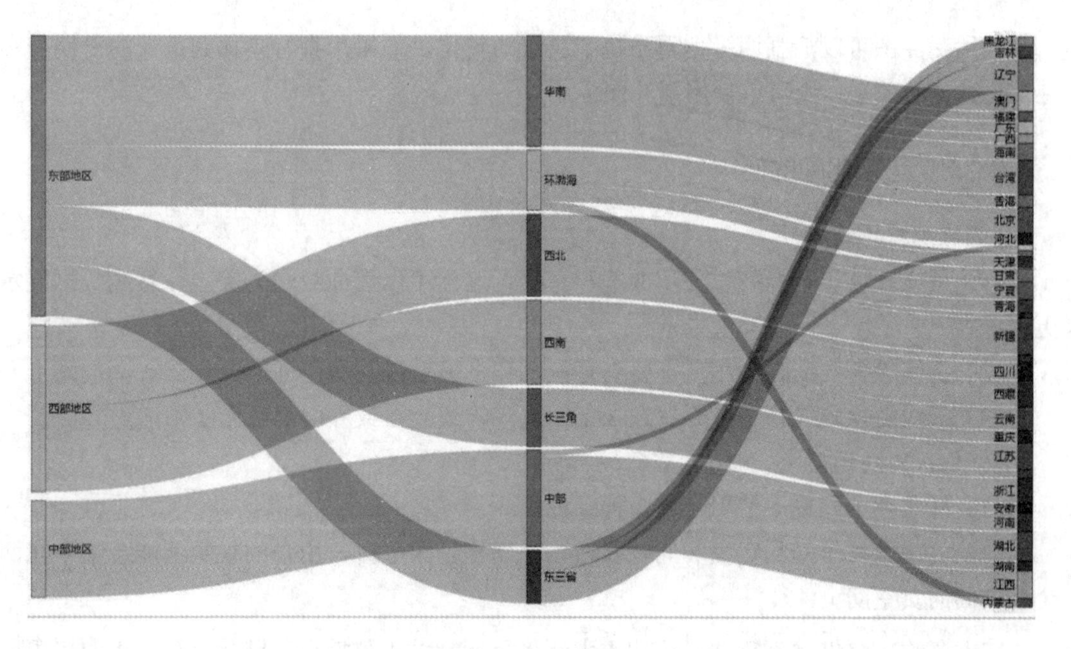

图 2-16 桑基图

2.2.2 可视化图的选择

在进行数据可视化时，要选择合适的图表才能精确地传达数据信息。下面以常见图表

为例介绍可视化图的基本类型和选用原则。

1. 柱状图

柱状图利用柱子的高度能够比较清晰地反映数据的差异，通常用于不同时期或不同类别数据之间的比较，也可用来反映不同时期和不同数据的差异。不过柱状图的局限在于它仅适用于中小规模的数据集，当数据较多时则不易分辨。

例如想研究网站中的文章阅读量与互动率的趋势，则可以采用柱状图。

2. 折线图

折线图是数据随着时间推移而发生变化的一种图表，可以预测未来的发展趋势，相对于柱状图，折线图能反映较大数据集的走势，还适合多个数据集走势的比较，当需要描述事物随时间维度的变化时常常需要使用该图形。

3. 散点图

散点图使用两组数据构成多个坐标点，分析坐标点的分布情况，判断两个变量之间的关联或分布趋势。如需要表达数据之间的关联关系，则可以使用散点图。

4. 饼图

饼图主要用来分析内部各个组成部分对事件的影响，其各部分百分比之和必须是100%。在需要描述某一部分占总体的百分比时适合使用饼图，例如占据公司全部资金一半的两个渠道、某公司员工的男女比例等。而需要比较数据时，尤其是比较两个以上整体的成分时，请务必使用条形图或柱形图，切勿要求看图人将扇形转换成数据在饼图间相互比较，因为人的肉眼对面积大小不敏感，会导致对数据的误读。

此外，为了使饼图发挥最大作用，在使用中一般不宜超过 6 个部分，如要表达 6 个以上的部分，也需要使用条形图。因为扇形边个数过多，会导致饼图分块的意义解释过于困难。

5. 漏斗图

使用漏斗图可以清晰明了地看出每个层级的转化，如果想查看具体到每天的日期与实施转化数据的关系，则可以使用漏斗图。

2.2.3 可视化图的使用

1. 折线图的使用

（1）折线图连接各点可以使用曲线和直线，这样可以使曲线较为美观，直线数据展示更为清晰。

（2）折线颜色要清晰，尽量不要与背景色和坐标轴线的颜色近似。

（3）折线图中的线条尽量不超过 4 条，过多的线会导致界面混乱无法阅读。

2. 柱状图的使用

（1）柱状图中尽量不使用超过 3 种颜色。

（2）柱状图柱子间的宽度和间隙要适当。当柱子太窄时，用户的视觉可能会集中在两个柱中间的负空间上。

（3）对多个数据系列排序时，如果不涉及日期等特定数据，最好能符合一定的逻辑用直观的方式引导用户更好地查看数据。可以通过升序或降序排布，例如按照数量从多到少来对数据进行排序，也可以按照字母顺序等来排列。

3. 饼图的使用

（1）饼图适合用来展示单一维度数据的占比，要求其数值中没有零或负值，并确保各分块占比总和为100%。

（2）饼图不适合被用于精确数据的比较，因此当各类别数据占比较接近时，人们很难识别出每个类别占比的大小。

（3）大多数人的视觉习惯是按照顺时针和自上而下的顺序去观察。因此在绘制饼图时，建议从12点钟开始沿顺时针右边第一个分块绘制饼图最大的数据分块，这样可以有效地强调其重要性。

（4）饼图中的数据不宜过多，一般为6个或6个以下最好。

【例2-1】使用折线图反映空气质量指数近3个月的变化趋势。

分析：要反映几个月以来的空气指数变化趋势，需要用到时间轴，因此使用折线图是较好的选择。通过折线图的展示既可以让时间轴不拥挤，又可以很好地呈现相关数据。使用折线图描述近3个月的空气质量指数变化趋势如图2-17所示。

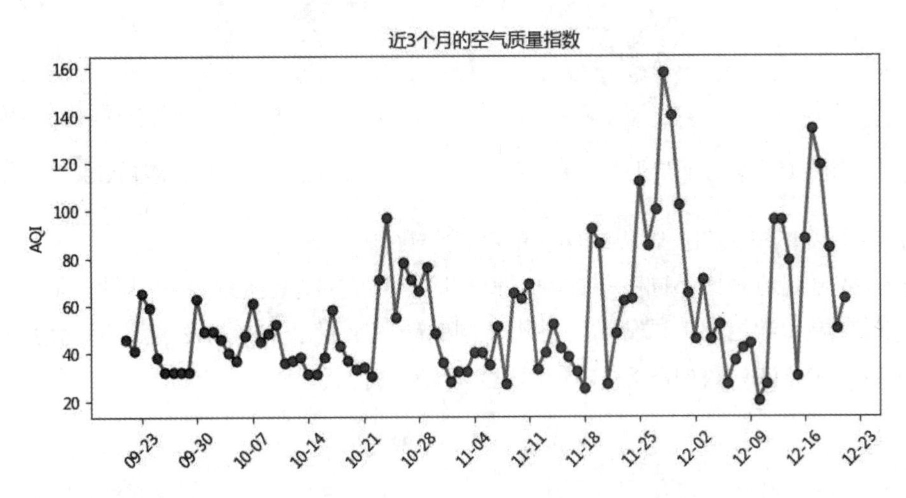

图2-17 折线图的应用

【例2-2】使用饼图反映某网站各浏览器访问量占比。

分析：要反映某网站各浏览器访问量占比，较好的方法是使用饼图，利用饼图的每个分区来阐释不同的数据比例，如图2-18所示。

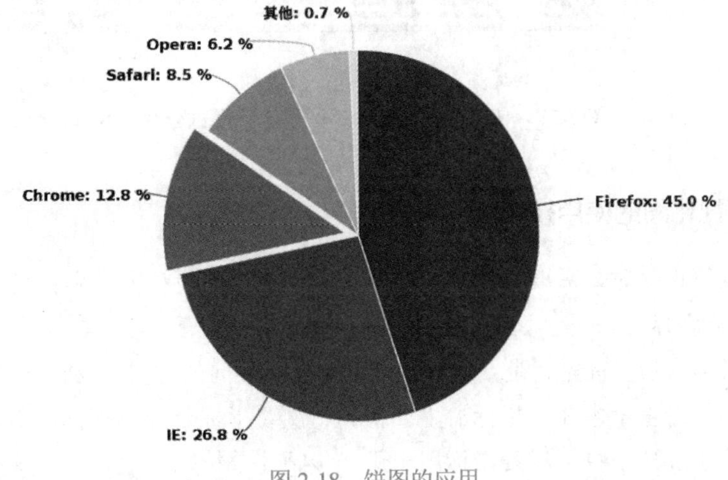

图2-18 饼图的应用

【例 2-3】使用柱状图反映商业竞争对手数量。

分析：要直观地反映某变量的统计数量，较好的方法是使用柱状图，不过柱状图的绘制需要一些技巧。图 2-19 绘制的柱状图较为简单，图 2-20 进行了一些修改，将纵坐标轴的最小值调整为 0，并且在每个数据条中添加了对应的数据标签，最后依据不同的数据值对数据条进行了排序，这样可以使柱状图显得更美观。

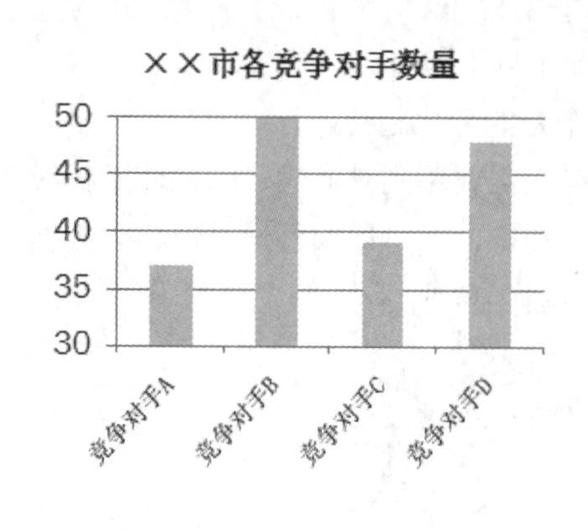

图 2-19　原始柱状图

××市各竞争对手数量
50 48 39 37
竞争对手B 竞争对手D 竞争对手C 竞争对手A

图 2-20　修改后的柱状图

【例 2-4】使用柱状图反映不同学生的考试分数。

分析：要直观地对比不同变量的数据值，比较简单的方法是使用柱状图。如可以通过多个柱状图来展示学生的考试分数，并用不同的颜色来表示不同的变量数值。使用柱状图反映不同学生的考试分数如图 2-21 所示。

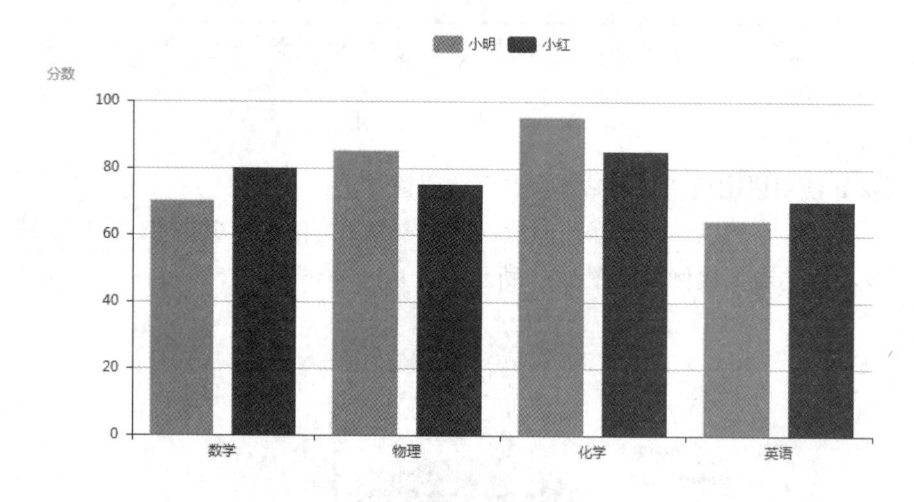

图 2-21　使用柱状图反映不同学生的考试分数

2.2.4　可视化图的使用技巧

可视化图的使用技巧

在实现数据可视化时，需要人们了解和掌握其中的一些设计方法和技巧。

1. 明确业务指标

当拿到业务需求后，首先就是要确认需求，梳理有疑问的地方，及时与产品经理沟通。在沟通这一步中，着重考虑 3 个指标：主要指标、次要指标、辅助指标。主要指标反映核心业务，一般位于屏幕中央；次要指标用于进一步阐述分析，一般位于屏幕两侧；辅助指标是主要指标的补充信息，可不显示或显示在屏幕两侧或鼠标经过时显示，如图 2-22 所示。这 3 个指标将会关系到我们选择什么样的图表类型，以及页面的布局如何呈现。明确了业务指标后，在进行设计时一般让有关联的指标相邻或靠近，把图表类型相近的指标放在一起，这样布局的好处是能减少认知负担并提高信息传递的效率。

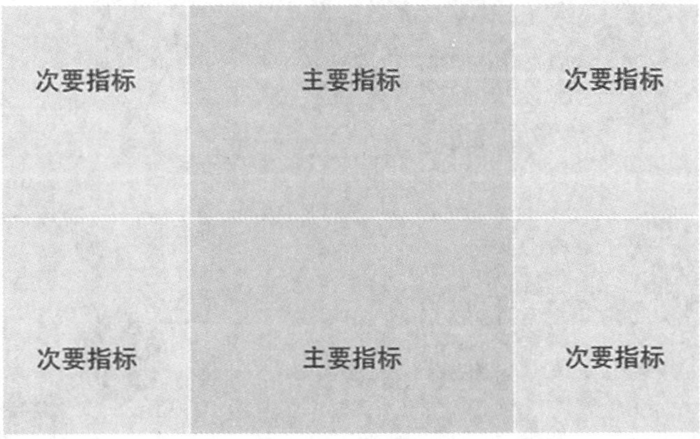

次要指标	主要指标	次要指标
次要指标	主要指标	次要指标

图 2-22 业务指标的可视化布局

2. 选择合适的数据

可视化设计需要解决的关键问题是设计者如何选择最合适的数据以便进行可视化的展示。一般来讲，一个好的可视化作品必须要展示适量的信息内容，从而保证用户获取数据信息的效率。因此，可视化设计中对数据的选择应当是适中的，过少的数据信息并不能让用户深刻地理解数据，而过多的数据信息则很可能让可视化图表的展示显得凌乱和复杂。

失败的可视化案例可能主要存在两种极端情况：过多或者过少的数据信息展示。一种极端情况，可视化设计者想传递的信息量过多，增加可视化视觉负担的同时还会使观赏者难以理解，重要信息淹没在众多的次要信息之中，可视化设计无法快速准确地叙述想表达的故事；另一种极端情况，可视化设计者高度精简了信息，对用户形成了认知障碍，用户无法衔接相关数据，片段的信息无法串联形成可视化的故事。

3. 交互设计

数据可视化系统中除了视觉呈现部分，另一个核心要素是人机交互。交互技术是用户与信息系统之间的信息交流方法。对于高维多元数据可视化系统而言，交互是必需的要素之一。这种必需体现在两个方面：其一，高维多元数据大规模特性所造成的数据过载，让有限的可视化空间无法呈现全部数据，同时也难以表现高维复杂结构，因而需要交互技术弥补其中的差距；其二，交互过程本身也是由用户主动参与的建立知识心智模型的过程，交互技术非常有助于用户理解数据、发现模式。对于现代可视分析学而言，交互技术是必不可少的组成部分。

数据可视化设计在需要用户交互操作时，要保证操作的引导性和预见性，做到交互之前有引导，交互之后有反馈，使整个可视化故事自然、连贯，还要保证交互操作的直观性、易理解性和易记忆性，降低用户的使用门槛。

图 2-23 所示是一个邮件联系人关联图。该图中人员非常多，因此用户可以通过交互（鼠标选中节点）来了解邮件联系人（节点），以便进一步研究。图 2-24 所示为在 EChart 中的用户交互设计，用户可以使用鼠标点击感兴趣的区域来显示不同的内容。

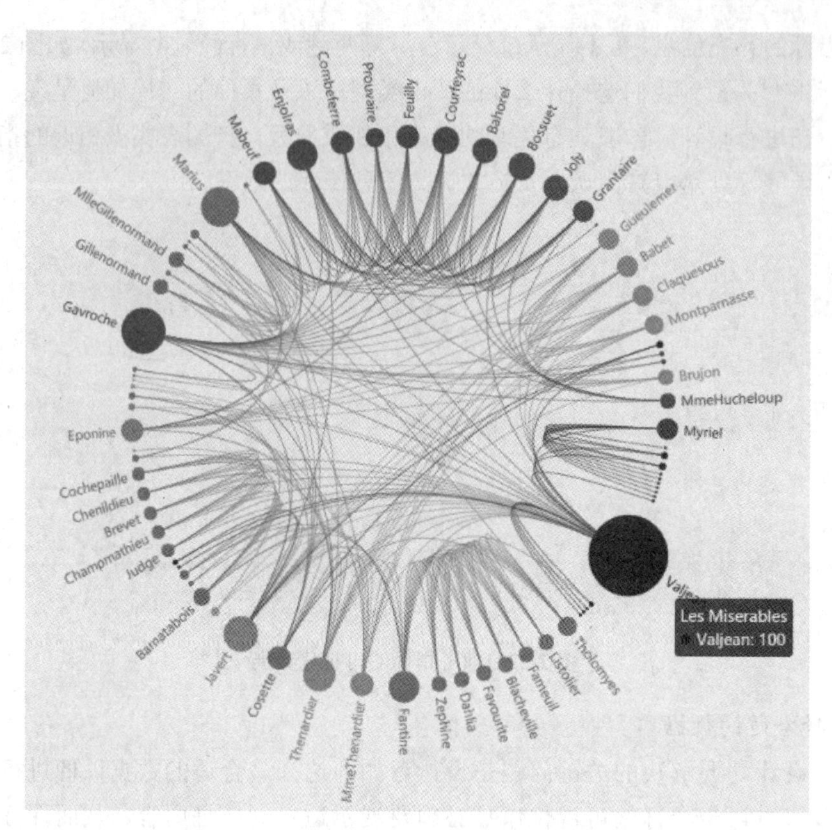

图 2-23 交互设计——邮件联系人关联图

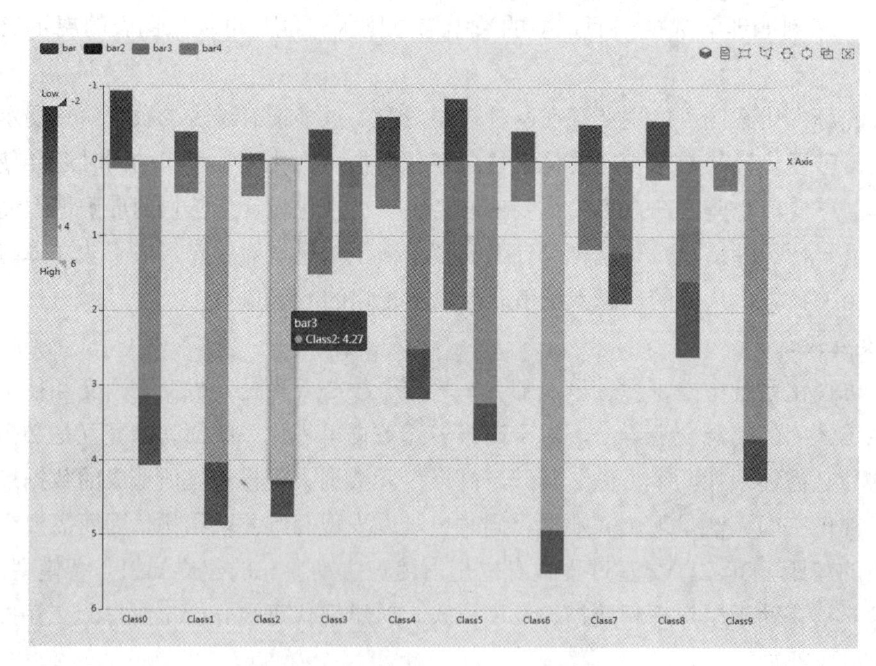

图 2-24 在 EChart 中的用户交互设计

2.3 数据可视化常见方法

数据可视化的常见方法主要包括文本可视化、社交网络可视化、日志数据可视化和地理空间信息可视化。

2.3.1　文本可视化

文本可视化是指将文本中复杂的或者难以通过文字表达的内容和规律以视觉符号的形式表达出来，同时向人们提供与视觉信息进行快速交互的功能，使人们能够利用与生俱来的视觉感知的并行化处理能力快速获取大数据中所蕴含的关键信息。

1. 文本可视化概述

文字是传递信息最常用的载体。在当前这个信息爆炸的时代，人们接收信息的速度已经小于信息产生的速度，尤其是文本信息。当大段大段的文字摆在面前时，已经很少有耐心去认真把它读完，经常是先找文中的图片来看。而文本可视化则可以让人们更加直观迅速地获取和分析信息。

因此，文本可视化涵盖了信息收集、数据预处理、知识表示、可视化呈现和用户认知等过程。其中，数据挖掘和自然语言处理等技术充分发挥计算机的自动处理能力，将无结构的文本信息自动转换为可视的有结构信息。而可视化呈现使人类视觉认知、关联、推理的能力得到充分的发挥。特别是在人工智能时代，文本可视化有效地结合了机器智能和人工智能，为人们更好地理解文本和发现知识提供了新的有效途径。图 2-25 所示为文本可视化框架。

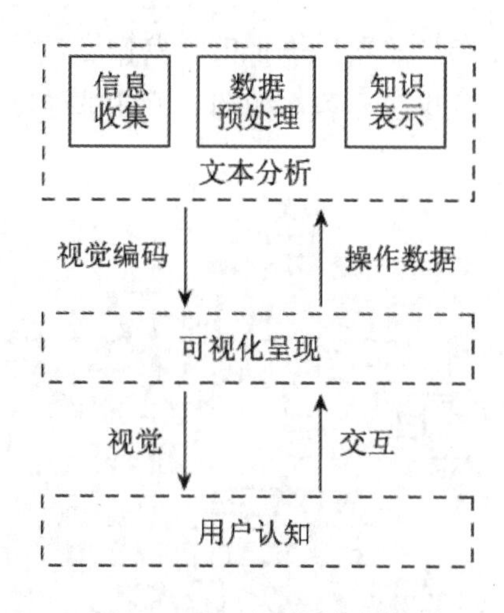

图 2-25　文本可视化框架

从图 2-25 可以看出，文本可视化流程主要包括以下 3 个方面：

- 文本分析。文本分析依赖于数据挖掘与自然语言处理，因此词袋模型、命名实体识别、关键词抽取、主题分析、情感分析、数据预处理、知识表示等都是较常用的文本分析技术。
- 可视化呈现。可视化呈现是将文本分析后的数据用视觉编码的形式来处理，其中涉及的内容有尺寸、颜色、形状、方位、纹理等，并使用各种图表来描述。
- 用户认知。用户认知也叫作用户感知，是指从数据的可视化结果中提取有用的信息、知识和灵感。用户可以借助数据可视化结果感受数据的不同，从中提取信息、知识和灵感，并从中发现数据背后隐藏的现象和规律。

2. 文本可视化的类型

文本可视化类型，除了包含常规的图表类，如柱状图、饼图、折线图等表现形式，在文本领域用得比较多的可视化类型主要有以下 3 种：

- 基于文本内容的可视化。基于文本内容的可视化研究包括基于词频的可视化和基于词汇分布的可视化，常用的有词云、分布图和 Document Cards 等。
- 基于文本关系的可视化。基于文本关系的可视化研究文本内外关系，帮助人们理解文本内容和发现规律。常用的可视化形式有树状图、节点连接的网络图、力导向图、叠式图和 Word Tree 等。
- 基于多层面信息的可视化。基于多层面信息的可视化主要研究如何结合信息的多个方面帮助用户从更深层次理解文本数据，发现其内在规律。其中，包含时间信息和地理坐标的文本可视化近年来受到越来越多的关注。常用的有地理热力图、ThemeRiver、SparkClouds、TextFlow 和基于矩阵视图的情感分析可视化等。

3. 文本可视化的实现

词云，又称为标签云或文本云，是一种典型的文本可视化技术。词云对文本中出现频率较高的“关键词”予以视觉上的突出，从而形成“关键词云层”或“关键词渲染”。在词云中会过滤掉大量的文本信息，使浏览网页者只要一眼扫过文本就可以领略文本的主旨。

词云一般使用字体的大小与颜色对关键词的重要性进行编码，因此一般越重要（权重越大）的关键词字体越大，颜色也越显著，如图 2-26 和图 2-27 所示。

图 2-26 词云（1）

目前，要想制作词云，有两种方法。一种方法是登录在线词云制作网站，制作在线词云，如易词云，网址为 http://yciyun.com/。图 2-28 所示为登录易词云制作的词云效果。

图 2-27　词云（2）

图 2-28　制作在线词云

另一种方法是使用 Python 等软件来进行本地开发。使用 Python3 制作词云，需要导入 wordcloud 库，该库是 Python 中的一个非常优秀的词云展示第三方库。此外，为了能够在 Python3 中显示中文字符，还需要下载安装另外一个库：jieba，该库也是一个 Python 第三方库，用于中文分词。jieba 中文分词涉及的算法包括：

- 基于 Trie 树结构实现高效的词图扫描，生成句子中汉字所有可能成词情况所构成的有向无环图（DAG）。

- 采用了动态规划查找最大概率路径，找出基于词频的最大切分组合。
- 对于未登录词，采用了基于汉字成词能力的 HMM 模型，使用了 Viterbi 算法。

jieba 中文分词支持的 3 种分词模式为：

- 精确模式：试图将句子最精确地切开，适合文本分析。
- 全模式：把句子中所有可以成词的词语都扫描出来，速度非常快，但是不能解决歧义问题。
- 搜索引擎模式：在精确模式的基础上，对长词再次切分，提高召回率，适合用于搜索引擎分词。

图 2-29 所示为 jieba 进行中文切词的效果。

```
 RESTART: D:/Users/xxx/AppData/Local/Programs/Python/Python37/词云/2020.8.24.py
Building prefix dict from the default dictionary ...
Loading model from cache C:\Users\xxx\AppData\Local\Temp\jieba.cache
Loading model cost 0.893 seconds.
Prefix dict has been built succesfully.
锻炼身体/，/保卫祖国/。
锻炼/锻炼身体/身体///保卫/保卫祖国/祖国//
锻炼/身体/锻炼身体/，/保卫/祖国/保卫祖国/。
>>>
```

图 2-29　jieba 中文切词

实现代码如下：

```
import jieba
seg_str = "锻炼身体，保卫祖国。"
print("/".join(jieba.lcut(seg_str)))
print("/".join(jieba.lcut(seg_str, cut_all=True)))
print("/".join(jieba.lcut_for_search(seg_str)))
```

【例 2-5】使用 Python 制作中文词云。

分析：要制作中文词云，需要导入外部的文档，并使用 wordcloud 库和 jieba 库来实现，最后用 Python 绘图库来显示，显示效果如图 2-30 所示。

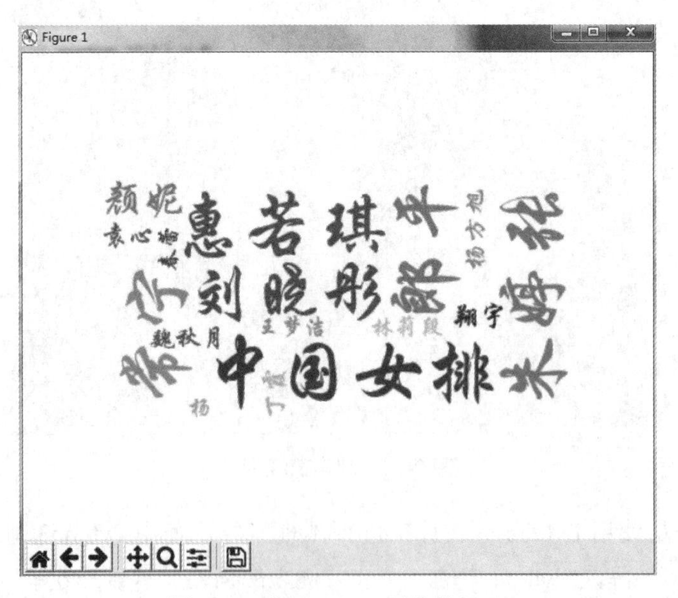

图 2-30　使用 Python 制作的词云

实现代码如下：

```
from wordcloud import WordCloud
import jieba
```

```
with open('22.txt','r',encoding='UTF-8') as f:
  text = f.read()
cut_text =" ".join(jieba.cut(text))
cloud = WordCloud(
    #设置字体，不指定就会出现乱码
    font_path=" C:\\Windows\\Fonts\\STXINGKA.TTF",
    #font_path=path.join(d,'simsun.ttc'),
    #设置背景色
    background_color='white',
    #词云形状
    max_words=4000,
    #最大号字体
    max_font_size=60
  )
wCloud = cloud.generate(cut_text)
wCloud.to_file('cloud.jpg')
import matplotlib.pyplot as plt
plt.imshow(wCloud, interpolation='bilinear')
plt.axis('off')
plt.show()
```

其中 22.txt 的内容如下：

中国女排郎平惠若琪朱婷张常宁刘晓彤颜妮袁心玥龚翔宇杨方旭魏秋月丁霞林莉段放杨珺菁王梦洁曾春蕾

使用 Python 制作词云，需要用到 matplotlib 库，这是一个 Python 中的绘图库，对该库的使用方式在后续章节中会详细介绍。

2.3.2 社交网络可视化

随着社交网站的不断发展，社交网络在人们的日常生活中扮演着越来越重要的角色。

1. 社交网络可视化概述

社交网络可视化通常是展示数据在网络中的关联关系，一般用于描绘互相连接的实体。例如腾讯微博、新浪微博等都是目前网络上较为出名的社交网站，基于这些社交网站提供的服务建立起来的虚拟化网络就是社交网络。在具体实现中，社交网络由节点和节点之间的连接组成。这些节点通常是指个人或组织，节点之间的连接关系有朋友关系、亲戚关系、同学关系、社交媒体中的关注关系等。因此，社交网络通常反映了用户通过各种途径认识的人：家庭成员、工作同事、开会结识的朋友、高中同学、俱乐部成员、朋友的朋友等。图 2-31 所示为社交网络图。

2. 社交网络可视化原理与实现

社交网络是一种复杂网络，单纯地研究网络中的节点或计算网络中的统计信息并不能完全揭示网络中的潜在关系。因此，对于社交网络来说最直观的可视化方式是网络结构。

在表现上，社交网络图侧重于显示网络内部的实体关系，它将实体作为节点，一张社交网络图可以由极大量节点组成，并用边连接所有的节点。通过分析社交网络图可以直观地看出每个人或每个组织的相互关系。

在 Python3 中可以制作社交网络图，在制作时需要先导入 networkx 库，该库是一个用 Python 语言开发的图论与复杂网络建模工具，内置了常用的图和复杂网络分析算法，可以方便地进行复杂网络数据分析、仿真建模等工作。

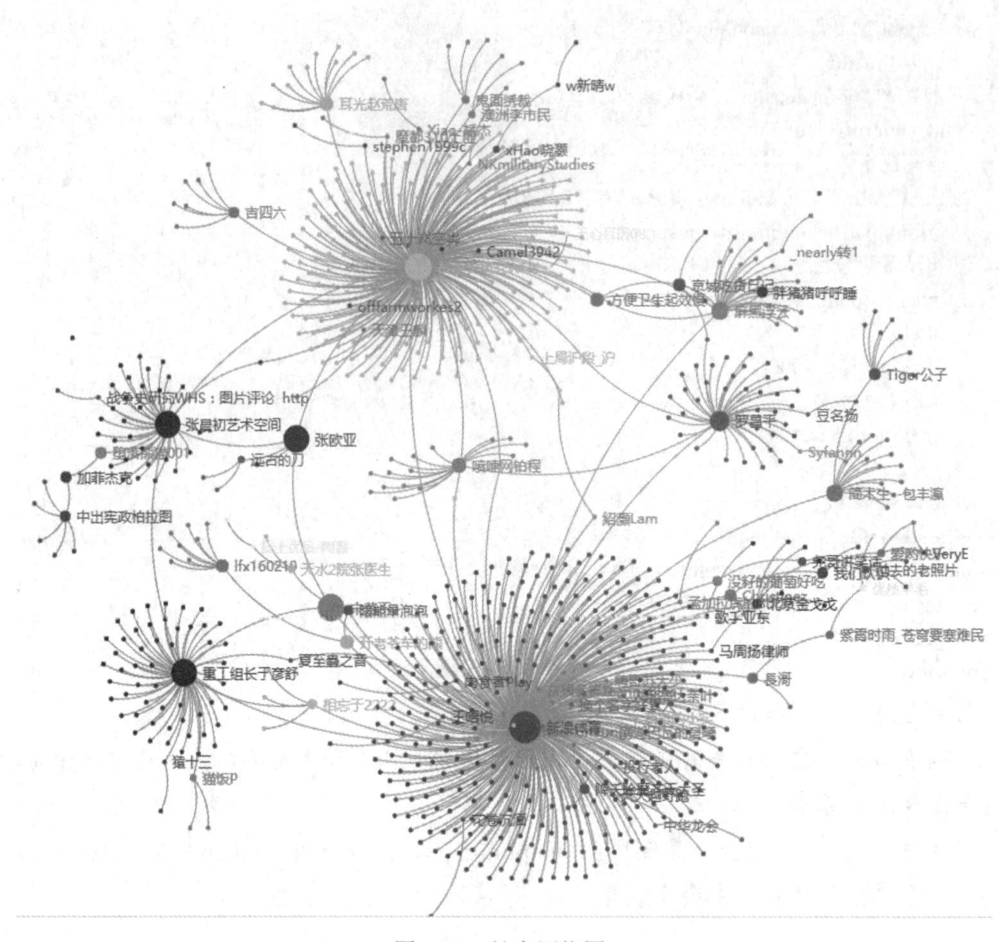

图 2-31 社交网络图

使用 networkx 库绘制网络图时，常用 node 表示节点，cycle 表示环（通常环是封闭的），edges 表示边。

图 2-32 所示为用 Python 制作的社交网络图，该图是一个有向图，图中一共有 3 个节点和 3 条边；图 2-33 所示为用 Python 制作的无向图，图中一共有 3 个节点和 2 条边。

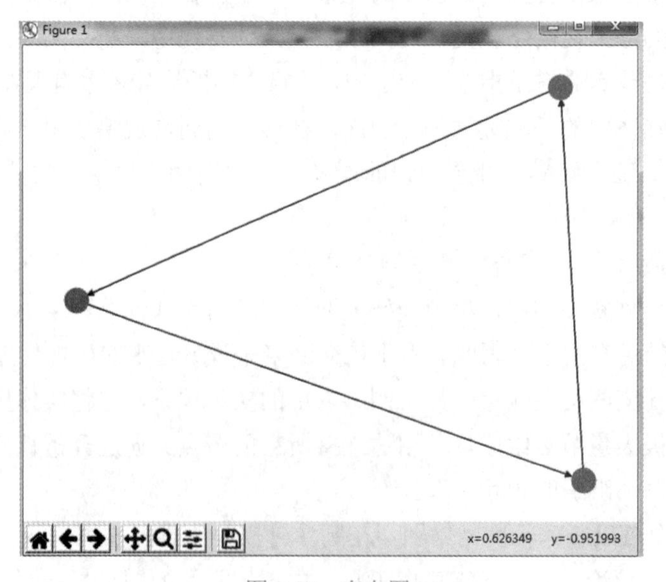

图 2-32 有向图

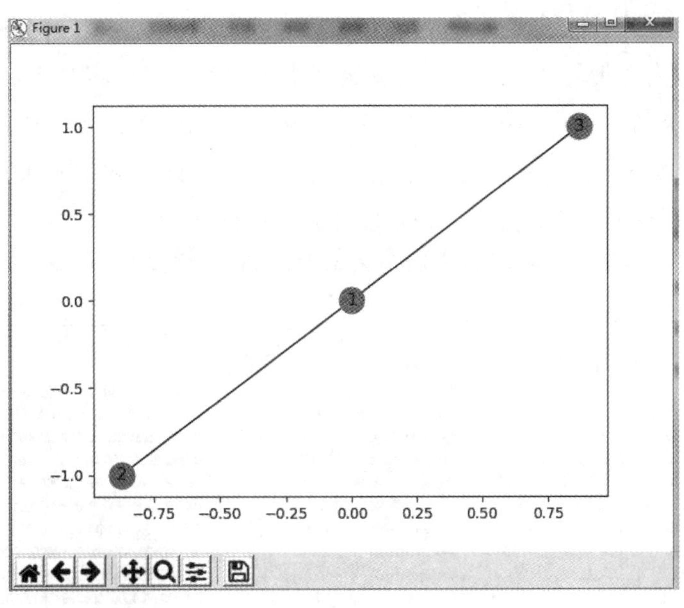

图 2-33　无向图

图 2-33 实现的社交网络图代码如下：

```
from matplotlib import pyplot as plt
import networkx as nx
G=nx.Graph()
G.add_nodes_from([1,2,3])
G.add_edges_from([(1,2),(1,3)])
nx.draw_networkx(G)
plt.show()
```

代码含义如下：

from matplotlib import pyplot as plt：导入 Python3 中的 matplotlib 绘图库。

import networkx as nx：导入 Python3 中的 networkx 库。

G=nx.Graph()：绘制图。

G.add_nodes_from([1,2,3])：绘制节点。

G.add_edges_from([(1,2),(1,3)])：绘制边。

nx.draw_networkx(G)：绘制网络图。

plt.show()：显示图形。

2.3.3　日志数据可视化

日志数据是一种记录所观察对象的行为数据。例如电子商务平台每天都会产生大量的日志数据。

1. 日志数据概述

在人们的工作和生活中存在着很多日志数据：网站服务器记录的该服务器下所有的活动行为，如用户的 IP 地址、用户的访问记录、用户的点击量等；全球定位系统记录的每一分钟各种交通工具的轨迹信息等。通过查看日志数据，管理者可以了解到具体哪个用户、在具体什么时间、在哪台设备上或者什么应用系统中、做了什么具体的操作。

日志数据的来源多种多样，主要有服务器、存储、网络设备、安全设备、操作系统、中间件、数据库、业务系统等。

日志数据可以分为硬件设备状态日志和应用系统日志两大类。硬件设备状态日志包括服务器的 CPU 或内存使用状态、存储设备温度或磁盘容量等健康度状态、网络设备流量或行为分析的状态等。应用系统日志包括 Windows、Linux、UNIX 操作系统的日志数据，Oracle、DB2、SQL Server、MySQL 等数据库日志数据，Apache、Weblogic、Tomcat 等中间件日志数据，银行网银、财务等业务系统日志数据等。

图 2-34 所示为在网站后台数据库服务器中存储的日志数据。

结果 消息

	Operation	Context	AllocUnitName	Log Record Length	Log Record
298	LOP_SET_BITS	LCX_IAM	dbo.SomeTable	60	0x000036001800000C80000001900020081020000000070...
299	LOP_SET_BITS	LCX_DIFF_MAP	Unknown Alloc Unit	56	0x00003600000000000000000000000000000000000000071...
300	LOP_FORMAT_PAGE	LCX_HEAP	dbo.SomeTable	8276	0x000050001800000C80000001A000200810200000000001...
301	LOP_FORMAT_PAGE	LCX_HEAP	dbo.SomeTable	8276	0x000050001800000C80000001C000200810200000000001...
302	LOP_FORMAT_PAGE	LCX_HEAP	dbo.SomeTable	8276	0x000050001800000C80000001D000200810200000000001...
303	LOP_FORMAT_PAGE	LCX_HEAP	dbo.SomeTable	8276	0x000050001800000C80000001E000200810200000000001...
304	LOP_FORMAT_PAGE	LCX_HEAP	dbo.SomeTable	8276	0x000050001800000C80000001F0002008102000000000010...
305	LOP_FORMAT_PAGE	LCX_HEAP	dbo.SomeTable	8276	0x000050001800000C8000000200002008102000000000010...
306	LOP_FORMAT_PAGE	LCX_HEAP	dbo.SomeTable	8276	0x000050001800000C8000000210002008102000000000010...
307	LOP_SET_FREE_SPACE	LCX_PFS	Unknown Alloc Unit	52	0x0000340000000000000000000000000000000000000000A0...
308	LOP_SET_FREE_SPACE	LCX_PFS	Unknown Alloc Unit	52	0x0000340000000000000000000000000000000000000000A0...
309	LOP_SET_FREE_SPACE	LCX_PFS	Unknown Alloc Unit	52	0x0000340000000000000000000000000000000000000000A0...
310	LOP_SET_FREE_SPACE	LCX_PFS	Unknown Alloc Unit	52	0x0000340000000000000000000000000000000000000000A0...
311	LOP_SET_FREE_SPACE	LCX_PFS	Unknown Alloc Unit	52	0x0000340000000000000000000000000000000000000000A0...
312	LOP_SET_FREE_SPACE	LCX_PFS	Unknown Alloc Unit	52	0x0000340000000000000000000000000000000000000000A0...

图 2-34 在网站后台数据库服务器中存储的日志数据

2. 日志数据可视化实现

日志数据记录着对象随着时序不断变化的特征信息，因此对日志数据进行分析能够有效地挖掘对象的行为特征。但是，由于日志数据存储量极大，因此一般要进行可视化才能呈现日志数据中隐藏的大量不易于被人们直接发觉的各种信息。

例如在电商行业中，随着消费者行为数据的不断增多，实现数据可视化可将一大堆密密麻麻的数字转化为有价值的图表形式，从而更直观地向用户展示数据之间的联系和变化情况，以此减少用户的阅读和思考时间，以便很好地作出决策。

在具体实施中，可以通过专业的统计数据分析方法理清海量数据指标与维度，按主题、成体系呈现复杂数据背后的联系；或是将多个视图整合，展示同一数据在不同维度下呈现的数据背后的规律，帮助用户从不同角度分析数据、缩小答案的范围、展示数据的不同影响。在电商数据可视化图表中，除了原有的饼状图、柱形图、热力图、地理信息图等数据展现方式外，还可以通过图像的颜色、亮度、大小、形状、运动趋势等多种方式在一系列图形中对数据进行分析，帮助用户挖掘数据之间的关联。

在电商业的可视化分析实例中，以阿里指数为例，网址为 https://shu.taobao.com/。该网站以阿里电商数据为核心，为媒体或者研究人员提供可靠的数据分析。值得注意的是，淘宝指数所用的数据全部来自于用户在淘宝上的搜索和交易数据。登录该网站后，选择“区域指数”，如图 2-35 所示；选择交易的省份，可以查看相关的热门交易类目，如图 2-36 所示；查看热买排行榜的商品，如图 2-37 所示；查看搜索词排行榜，如图 2-38 所示，图中显示的搜索词第一个是“无”，是指浏览者在随意浏览，并无特定的关键词查询。

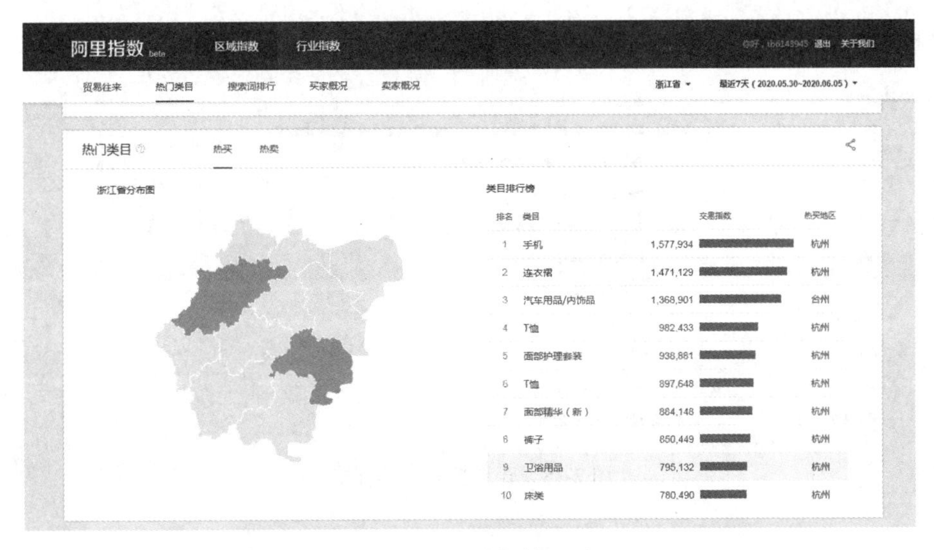

图 2-35 区域指数界面

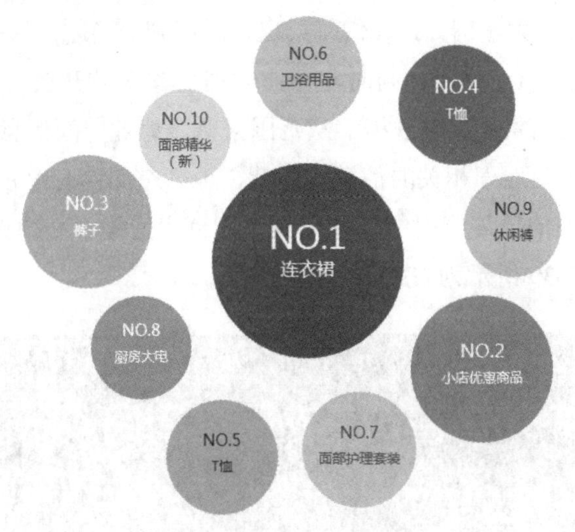

图 2-36 查看相关的热门交易类目

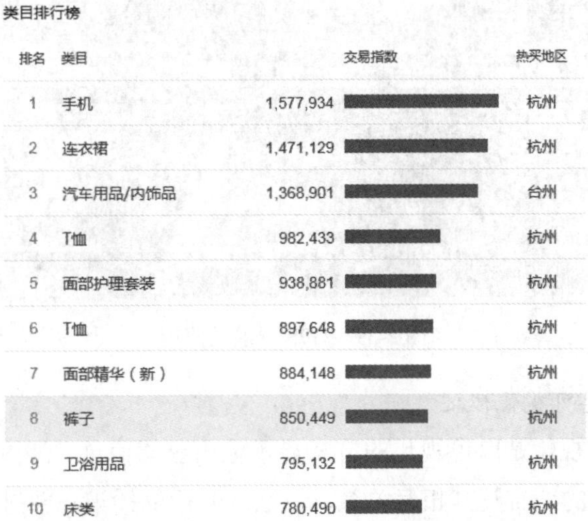

类目排行榜

排名	类目	交易指数	热买地区
1	手机	1,577,934	杭州
2	连衣裙	1,471,129	杭州
3	汽车用品/内饰品	1,368,901	台州
4	T恤	982,433	杭州
5	面部护理套装	938,881	杭州
6	T恤	897,648	杭州
7	面部精华（新）	884,148	杭州
8	裤子	850,449	杭州
9	卫浴用品	795,132	杭州
10	床类	780,490	杭州

图 2-37 查看热买排行榜的商品

搜索词排行榜　搜索榜　涨幅榜

排名	搜索词	搜索指数	搜索涨幅	操作
1	无	14,645	109.81% ↑	
2	连衣裙	7,901	1.65% ↓	
3	华为	6,773	18.23% ↑	
4	手机	6,749	3.89% ↑	
5	苹果	5,526	71.97% ↑	
6	t恤	5,479	0.61% ↑	
7	苹果手机	4,924	87.83% ↑	
8	小米	4,783	10.74% ↑	
9	耐克	4,591	26.19% ↑	
10	阿迪达斯	4,465	26.98% ↑	

图 2-38　查看搜索词排行榜

2.3.4　地理空间信息可视化

据不完全统计，人们所接触的数据中有 80% 与地理空间位置相关。在大数据时代也不例外，甚至占比还在加大。例如，我们每天出行时用到的导航、打车、共享单车等软件，都会在 APP 上实时展示当前位置。同时，行业数据也越来越开放，公众可以方便地查看航班、船舶、公交车、气象等实时数据。从范围来讲，地理空间信息范围较广，常指地球表面、地下及地上所有与地理相关的信息。因此，地理空间信息可视化是 GIS（地理信息系统）的核心，在人们的日常应用中随处可见，如百度地图、高德地图、GPS 导航系统、手机信息跟踪等。图 2-39 所示为 GPS 导航的应用。

图 2-39　GPS 导航的应用

1. 地理空间信息可视化概述

地理空间信息可视化是以可视化的方式显示输出空间信息，通过视觉传输和空间认知活动去探索空间事物的分布及其相互关系，以获取有用的知识，并进而发现规律。

地理空间信息可视化从表现内容上来分，有地图（图形）、多媒体、虚拟现实等；从空间维数上来分，有二维可视化、三维可视化、多维动态可视化等。

由于地理空间信息通常从真实世界中采样获得，因此所有与地理空间信息有关的应用都需要以地图为载体。而目前人们常用的将地理空间信息数据投影到地球表面的方法称为地图投影。

地图投影是利用一定的数学法则把地球表面的经纬线转换成平面上的理论和方法。因为地球是一个赤道略宽两极略扁的不规则的梨形球体，故其表面是一个不可展平的曲面，所以运用任何数学方法进行这种转换都会产生误差和变形，为按照不同的需求缩小误差，就产生了各种投影方式。

由于球面上任何一点的位置是用地理坐标 (λ,φ) 表示的，而平面上的点的位置是用直角坐标 (x,y) 或极坐标 (ρ,θ) 表示的，所以要想将地球表面上的点转移到平面上，必须采用一定的方法来确定地理坐标与平面直角坐标或极坐标之间的关系。这种在球面和平面之间建立点与点之间函数关系的数学方法就是地图投影方法。地图投影变形是球面转化成平面的必然结果，没有变形的投影是不存在的。

地图投影选择得是否恰当，直接影响地图的精度和实用价值。用不同投影方法建立的经纬线网形式不同，它们的变形性质和变形分布规律也各不相同。在实际应用中，应尽可能地使地图投影的变形最小，目前没有哪一个投影转换方式可以完整、无变形地表达地球表面现实。选择地图投影时应考虑制图区域的范围、形状、地理位置、地图的用途等几个因素。图 2-40 所示为圆柱方位投影，即将地球通过圆柱方位进行投影；图 2-41 所示为平面方位投影。

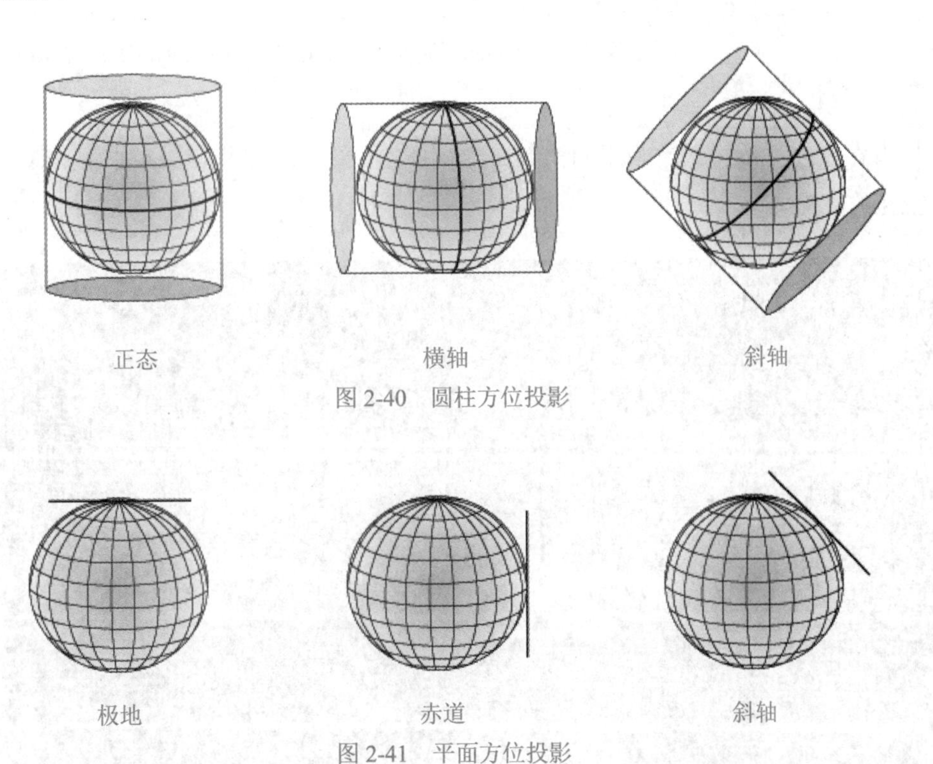

图 2-40　圆柱方位投影

图 2-41　平面方位投影

2. 地理空间信息可视化实现

地理空间信息可视化建模与传统可视化建模的最大区别是，用户可以在自己的地理空间中交互，从而获取不同层面的信息。在地理空间信息可视化的实现中经常要使用到 3D

图形，3D 图形可以让地理空间信息的展现变得真实。

在 Python3 中可以通过导入 Axes3D 库来绘制 3D 图形，图 2-42 所示是 Python 绘制的 3D 螺旋图。

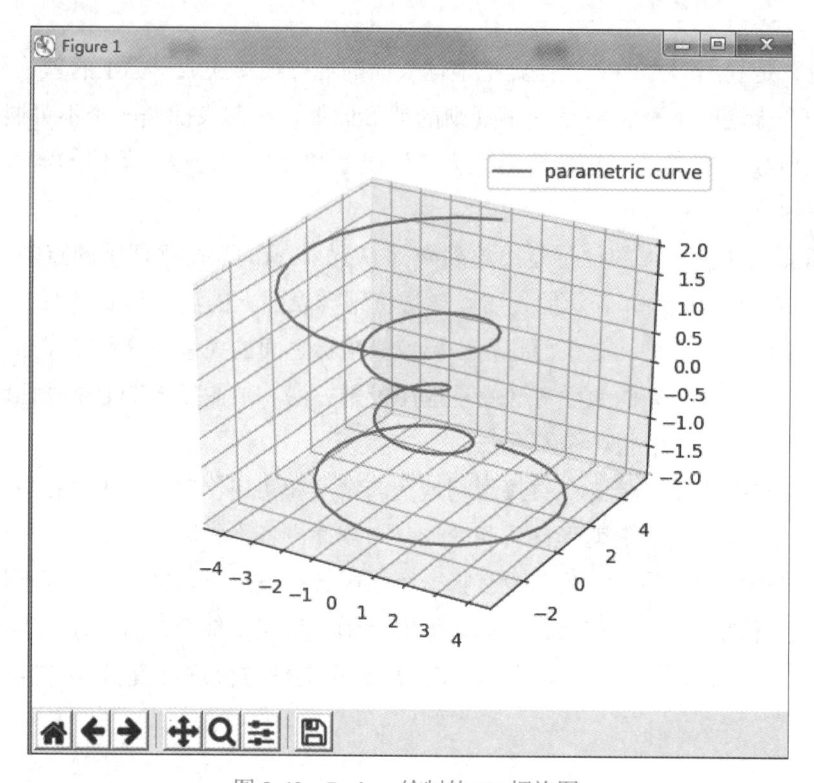

图 2-42 Python 绘制的 3D 螺旋图

使用其他软件也可以绘制空间信息可视化地图，图 2-43 和图 2-44 所示为地理空间信息可视化的应用。

图 2-43

图 2-43 地理空间信息可视化的应用

图 2-44　地理空间信息可视化的应用

图 2-44

2.4　实训

（1）仔细观察图 2-45 和图 2-46，指出该可视化图的特点。

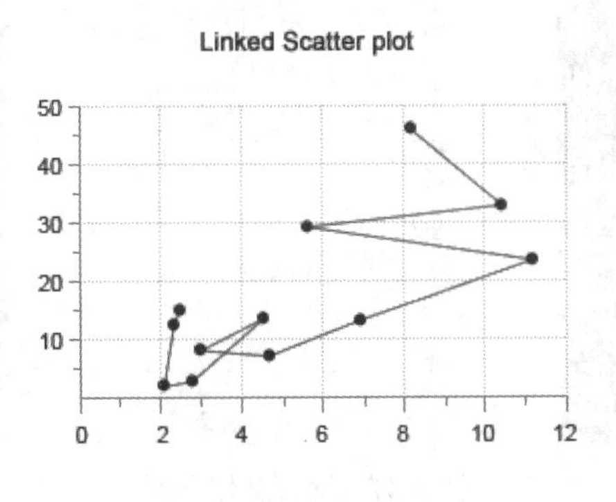

图 2-45　可视化图

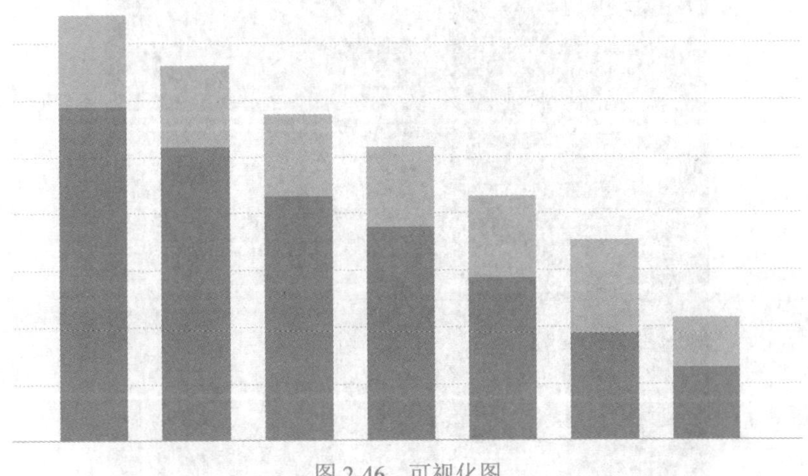

图 2-46　可视化图

（2）登录 http://yciyun.com/，注册后制作一个在线词云并下载保存，如图 2-47 和图 2-48 所示。

图 2-47　词云制作界面

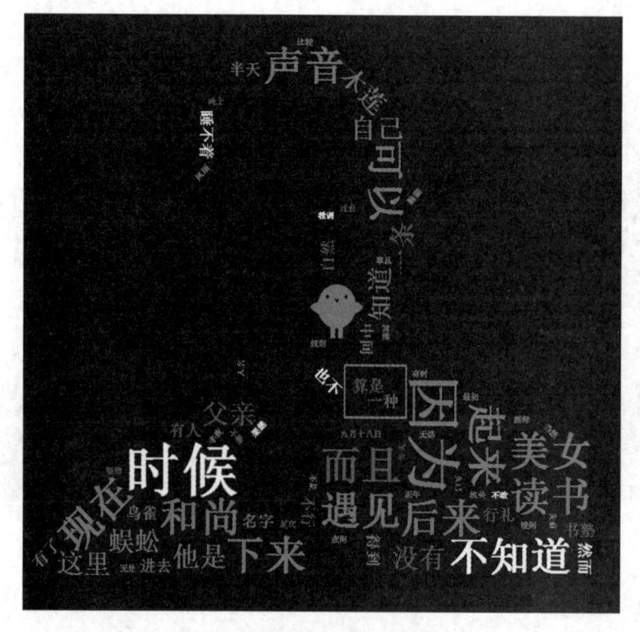

图 2-48　词云制作效果

图 2-48

（3）制作社交网络图，代码如下：

```
from matplotlib import pyplot as plt
import networkx as nx
G=nx.Graph()
G.add_nodes_from([1,2,3,4])
G.add_edges_from([(1,2),(1,3),(1,4)])
nx.draw_networkx(G)
plt.show()
```

运行显示效果如图 2-49 所示。

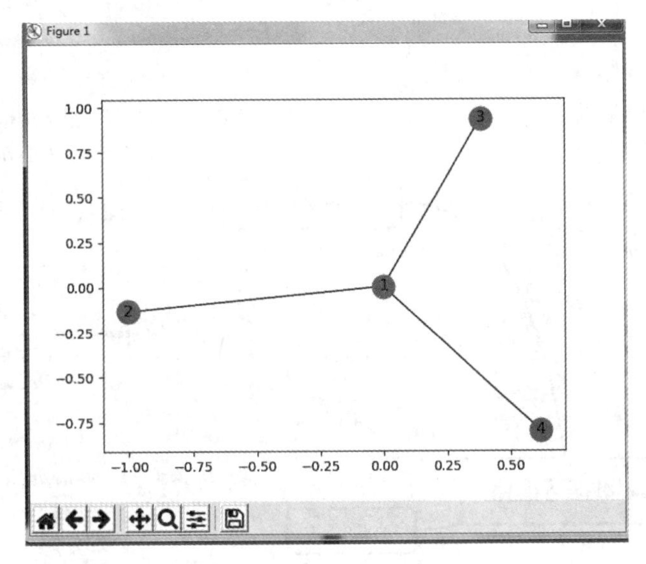

图 2-49　显示效果

练习 2

1．阐述视觉通道的类型。
2．阐述折线图和饼图的特点。
3．阐述文本可视化的特点。
4．什么是社交网络？社交网络可视化有哪些用途？
5．什么是日志数据？请查看电子商务网站中的日志数据并记录。
6．什么是地图投影？地图投影有哪些作用？

第 3 章　Excel 数据可视化

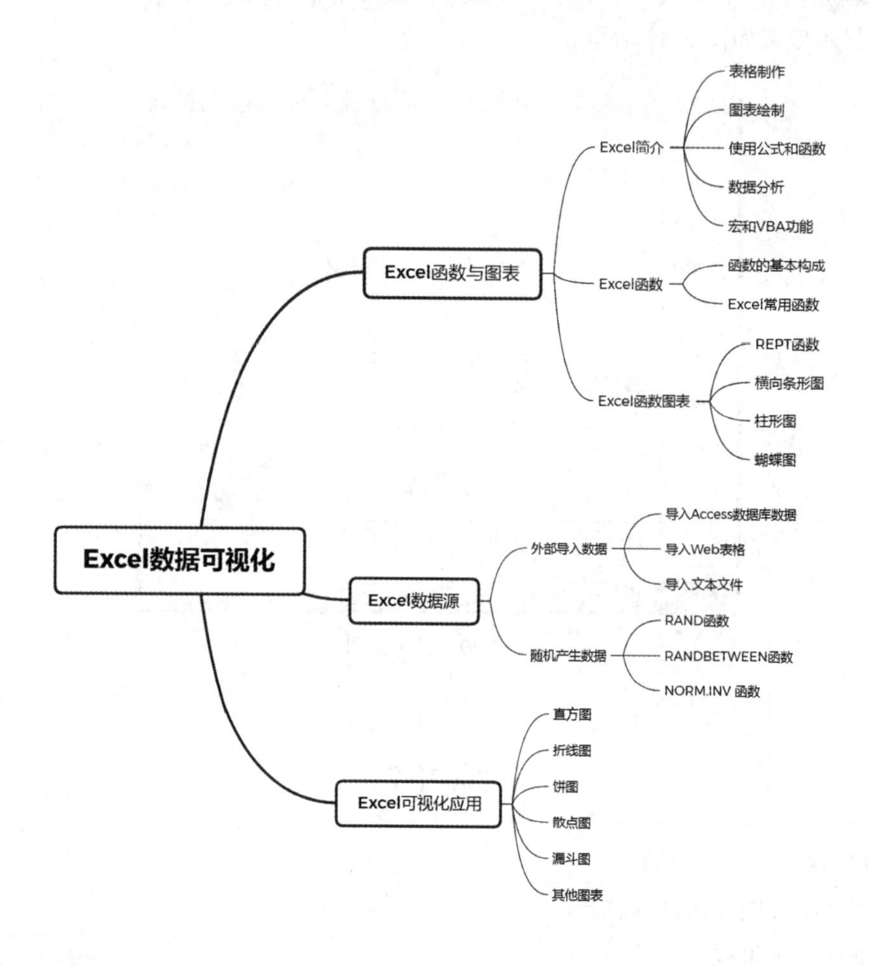

本章导读

Excel 是 Microsoft Office 中一个使用率较高的电子表格软件，可以进行各种数据处理、统计分析和辅助决策操作，广泛应用于管理、统计、财经、金融等众多领域。本章主要介绍 Excel 的基本概念、公式函数的基本用法、函数图表的制作、数据源的导入、随机数据的处理和可视化图表的制作等内容。

本章要点

- Excel 基础
- Excel 的公式和函数
- Excel 的数据处理
- Excel 数据可视化图表

3.1 Excel 函数与图表

Excel 是 Microsoft Office 办公系统中的一个组件，也是一般办公中数据处理的常用软件。可以使用 Excel 创建工作簿文件，在每个工作簿中可以创建若干工作表，可以编写公式以对数据进行运算，以多种方式分析处理数据并以多种较为专业的图表来显示数据分析结果。

本章主要讲述 Excel 2016 的可视化技术。

3.1.1 Excel 简介

信息、数据、数据库、数据库管理系统、数据库系统是与数据库技术密切相关的基本概念，数据库主要用来存储数据。在不使用数据库的情况下，Excel 是一般数据存储和处理的有效工具。Excel 所处理的数据相对较少，但其应用功能较完善。

1. 表格制作

Excel 的基本功能就是制作表格，它的一个工作簿文件可以包含若干工作表，一个工作表可以包含 1048576 行的数据，有相对充足的空间进行存储，大部分的数据处理 Excel 基本都可以搞定。

在输入数据时，也提供了一些快速准确输入数据的方法，如数据的自动填充、数据验证等。如自动生成若干 100 以内的随机整数：用鼠标选择放置数据的若干单元格，多个单元格可以通过 Shift 键或 Ctrl 键进行连续或不连续的选择；选择后直接输入公式“=int(rand()*100)”，公式输入完毕后使用组合键 Ctrl+Enter 完成数据输入，如图 3-1 所示。

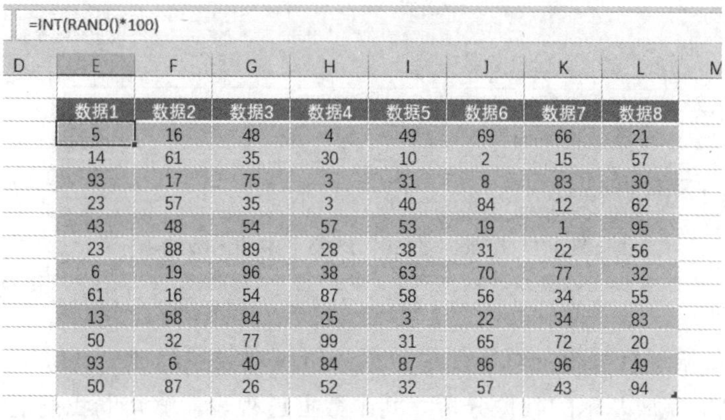

=INT(RAND()*100)

数据1	数据2	数据3	数据4	数据5	数据6	数据7	数据8
5	16	48	4	49	69	66	21
14	61	35	30	10	2	15	57
93	17	75	3	31	8	83	30
23	57	35	3	40	84	12	62
43	48	54	57	53	19	1	95
23	88	89	28	38	31	22	56
6	19	96	38	63	70	77	32
61	16	54	87	58	56	34	55
13	58	84	25	3	22	34	83
50	32	77	99	31	65	72	20
93	6	40	84	87	86	96	49
50	87	26	52	32	57	43	94

图 3-1 数据的生成和填充

Excel 在制作表格时可以对单元格样式进行自定义设定，也可以使用各种系统设定好的表格样式，或通过条件格式根据数据取值自动设定相关样式，如图 3-2 所示。

2. 图表的绘制

图表可以帮助我们更好地理解数据中包含的信息，Excel 中有大量自带的图表模板，其中常用的有散点图、条形图、折线图、饼图、面积图、股价图、雷达图等，我们可以根据需要选择适合的图形来对数据进行展示，如图 3-3 所示。

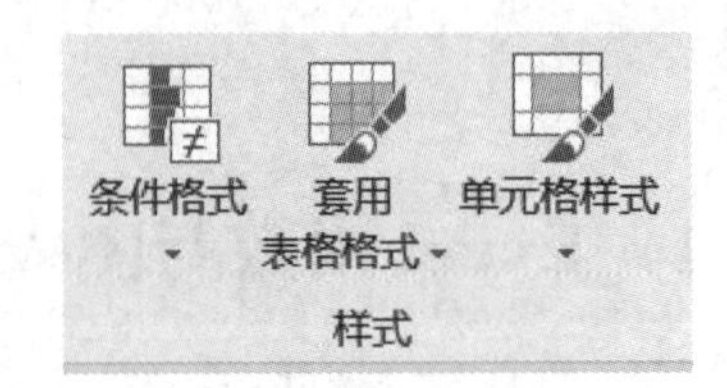

图 3-2　Excel 表格样式的设置

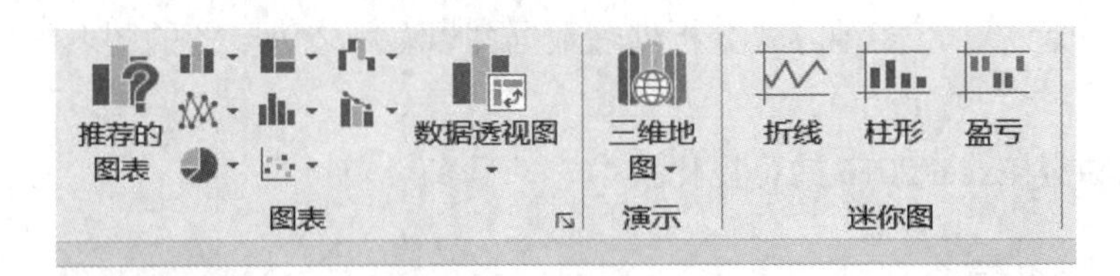

图 3-3　Excel 中的图表工具选项

3. 公式和函数应用

在 Excel 单元格中输入等号（=）后即可输入相关计算公式完成计算，也可以采用系统提供的函数进行数据计算和处理。函数是 Excel 的最常用功能之一，从基础的求和、求平均数、求最大值到复杂的如 IF、LOOKUP、MATCH 以及数组函数和诸如财务运算等的专业函数，这些函数可以帮助我们完成数据的计算和分析。函数之间可以进行组合应用来实现不同的运算结果，也正因为如此，单个函数虽然学起来简单，但实际应用时却较为困难，需要用户根据不同的情况进行组合应用。Excel“公式”选项卡中的函数选项如图 3-4 所示。

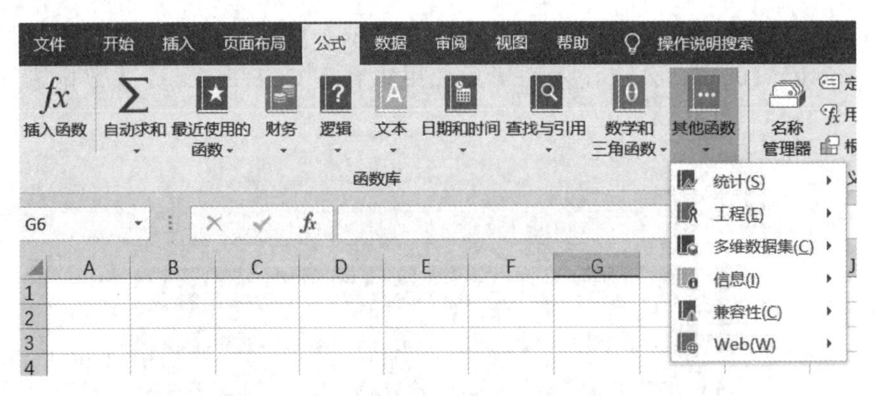

图 3-4　Excel“公式”选项卡中的函数选项

4. 数据分析

Excel 能对数据进行分析。可以使用数据分析函数以及筛选、高级筛选、分类汇总和数据透视表等功能完成基本的数据分析。其中数据透视表能够帮助我们把需要的结果直接整理出来，简单易学，只需要简单拖拽即可实现，对于大量格式化的数据非常实用，缺点是只能进行简单的描述性数据分析。另外，还可以使用 Excel 中的数据分析功能对数据就行相关性分析、方差分析、回归分析、规划求解等，以满足复杂一点的数据分析需求。

5. 宏和 VBA 功能自定义

虽然 Excel 本身已经有设定好的功能可以使用，但是用户也可以使用自定义来开发相关功能，甚至利用 VBA 编程来优化操作。宏是一种可用于自动执行任务添加功能的工具。例如，如果向窗体中添加命令按钮，会将该按钮的 OnClick 事件与宏关联，该宏包含用户希望每次单击按钮时执行的命令。Excel 宏功能选项如图 3-5 所示。

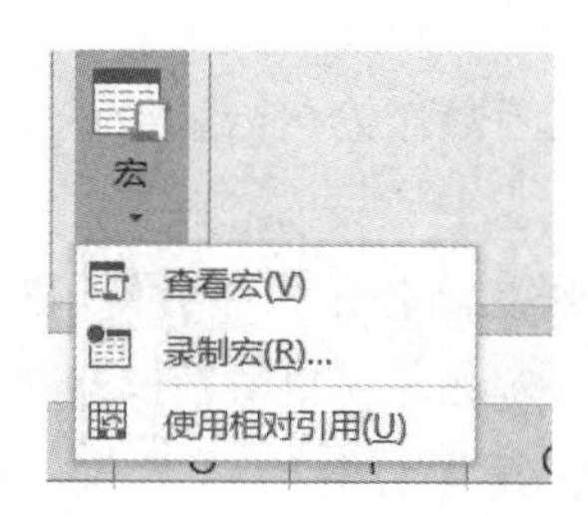

图 3-5　Excel 宏功能选项

Excel VBA 是一种宏语言，许多重复烦琐的操作使用 VBA 处理就会变得很高效。VBA 可以根据我们编写的代码自动完成多个步骤的操作。使用组合键 Alt+F11 或在工作表标签上右击查看代码都可以打开 VBA 开发界面，如图 3-6 所示。

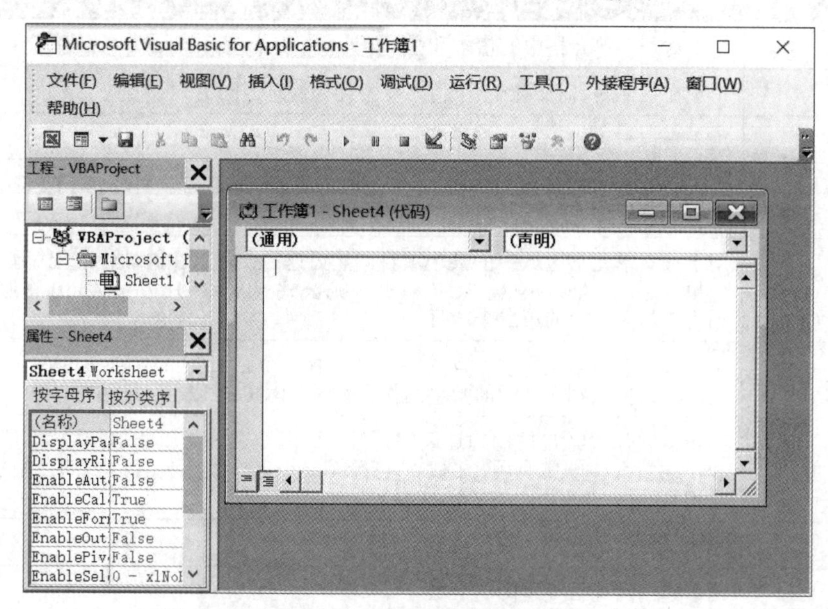

图 3-6　Excel VBA 开发界面

3.1.2　Excel 函数

在 Excel 中，函数实际上是一个预先定义的特定计算公式。按照这个特定的计算公式对一个或多个参数进行计算，并得出一个或多个计算结果即函数值。使用这些函数不仅可以完成许多复杂的计算，而且可以简化公式的繁杂程度。

Excel 函数的基本构成：

- 结构。函数的结构以等号（=）开始，后面紧跟函数名称和左括号，然后以逗号分隔输入该函数的参数，最后是右括号。
- 函数名称。单击某个单元格，然后按 Shift + F3 组合键，这将启动“插入函数”对话框。
- 参数。函数的参数可以是数字、文本、逻辑值（如 TRUE 或 FALSE）、数组、错误值（如 #N/a 或单元格引用）。指定的参数都必须为有效参数值。参数也可以是常量、公式或其他函数。
- 参数工具提示。在键入函数时，会出现一个带有语法和参数的工具提示。例如在

单元格中输入“=INT(”时会出现工具提示。注意仅在使用内置函数时才出现工具提示。

函数可以嵌套使用，即将相应函数作为另一函数的参数使用。在嵌套使用函数时应注意以下两点：

- 函数的有效返回值。当将嵌套函数作为参数使用时，该嵌套函数返回的值类型必须与参数使用的值类型相同（例如，如果参数返回一个 TRUE 或 FALSE 值，那么嵌套函数也必须返回一个 TRUE 或 FALSE 值）；否则，Excel 会显示 #VALUE! 错误值。
- 嵌套级别限制。一个公式可以包含多达七级的嵌套函数。如果将一个函数 B 用作另一个函数 A 的参数，则函数 B 相当于第二级函数。Excel 中的常用函数见表 3-1。

表 3-1　Excel 中的常用函数

函数	说明
SUM	用于对若干单元格中的值求和
IF	用于在条件为真时返回一个值，在条件为假时返回另一个值
LOOKUP	用于查询一行或一列并查找另一行或列中相同位置的值
VLOOKUP	用于按行查找表或区域中的内容。例如，按学号查找学生姓名，或通过查找姓名来查找该学生的电话号码
MATCH	用于搜索单元格区域中的某个项目，然后返回该项目在区域中的相对位置。例如，如果区域 A1:A3 包含值 5、7 和 38，则公式 = MATCH(7,A1:A3,0) 将返回数字 2，因为 7 是区域中的第二个项目
CHOOSE	用于根据索引号从最多 254 个数值中选择一个。如 value1 到 value7 表示一周的 7 天，那么将 1 到 7 之间的数字用作索引时 CHOOSE 将返回其中的某一天
DATE	用于返回代表特定日期的连续序列号。此函数在公式而非单元格引用提供年、月和日的情况中非常有用。例如，可能有一个工作表所包含的日期使用了 Excel 无法识别的格式（如 YYYYMMDD）
DATEDIF	用于计算两个日期之间的天数、月数或年数
DAYS	用于返回两个日期之间的天数
FIND FINDB	函数 FIND 和 FINDB 用于在第二个文本串中定位第一个文本串。这两个函数返回第一个文本串的起始位置的值，该值从第二个文本串的第一个字符算起
INDEX	用于返回表格或区域中的值或值的引用

【例 3-1】根据不同部门的提成系数对员工销售表按部门填充相应提成系数，如图 3-7 所示。

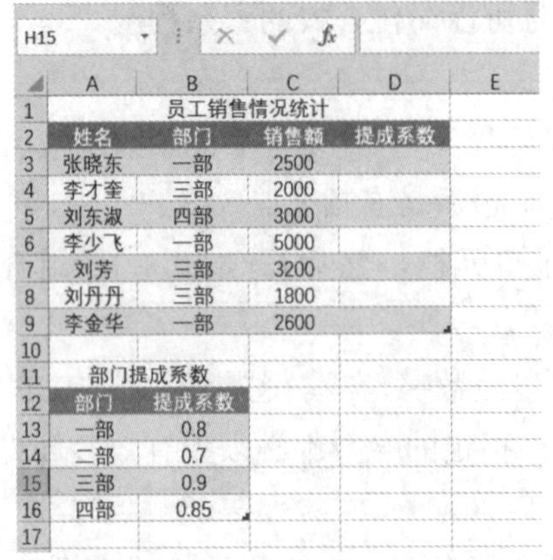

	A	B	C	D
1	员工销售情况统计			
2	姓名	部门	销售额	提成系数
3	张晓东	一部	2500	
4	李才奎	三部	2000	
5	刘东淑	四部	3000	
6	李少飞	一部	5000	
7	刘芳	三部	3200	
8	刘丹丹	三部	1800	
9	李金华	一部	2600	
10				
11	部门提成系数			
12	部门	提成系数		
13	一部	0.8		
14	二部	0.7		
15	三部	0.9		
16	四部	0.85		
17				

图 3-7　员工销售表各提成信息表

在该例任务中，可以使用 MATCH 函数匹配员工表中的部门和提成系数表中的部门，从而得到其索引位置，再通过 INDEX 函数取得提成系数中相应索引的值。

MATCH 函数的语法：

```
MATCH(lookup_value, lookup_array, [match_type])
```

函数参数含义：

- lookup_value：要在 lookup_array 中匹配的值。
- lookup_array：要搜索的单元格区域。
- match_type：匹配方法。取值为 -1、0、1，其中 0 为精确匹配。

可以在 D3 单元格中使用公式 =INDEX($B$13:$B$16,MATCH(B3,$A$13:$A$16,0))，结果如图 3-8 所示。

D3 =INDEX($B$13:$B$16,MATCH(B3,$A$13:$A$16,0))

	A	B	C	D
1	员工销售情况统计			
2	姓名	部门	销售额	提成系数
3	张晓东	一部	2500	0.8
4	李才奎	三部	2000	0.9
5	刘东淑	四部	3000	0.85
6	李少飞	一部	5000	0.8
7	刘芳	三部	3200	0.9
8	刘丹丹	三部	1800	0.9
9	李金华	一部	2600	0.8
10				
11	部门提成系数			
12	部门	提成系数		
13	一部	0.8		
14	二部	0.7		
15	三部	0.9		
16	四部	0.85		

图 3-8 员工销售提成系数填写效果

该例也可以使用 LOOKUP 函数完成，使用 LOOKUP 函数需要将提成表中的部门系列按照升序排序，再使用公式 =LOOKUP(B3,$A$13:$A$16,$B$13:$B$16) 也可以完成系数的查找填充。

3.1.3 Excel 函数图表

Excel 函数图表

在 Excel 中可以直接通过函数实现简易图表显示。较常用的函数为 REPT 函数，其作用是将文本重复一定次数。

函数语法：

```
REPT(text, number_times)
```

函数参数含义：

- text：需要重复显示的文本，如“|”。
- number_times：用于指定文本重复次数的正数。

使用 REPT 函数配合 PLAYBILL.ttf 字体（字体需要另行下载）即可完成简易数据图表的显示。

1. 制作横向条形图

在部门员工数据表中计算出每个员工的提成，在“图形”列中输入公式使用 REPT 函数显示横向条形图。首先输入公式 =REPT("|",E3/20)，完成后再将单元格字体更改为 PLAYBILL，并可以自定义其字体颜色，如图 3-9 所示。

F3 =REPT("|",E3/20)

	A	B	C	D	E	F
1		员工销售情况统计				
2	姓名	部门	销售额	提成系数	提成	图形
3	张晓东	一部	2500	0.8	2000	
4	李才奎	三部	2000	0.9	1800	
5	刘东淑	四部	3000	0.85	2550	
6	李少飞	一部	5000	0.8	4000	
7	刘芳	三部	3200	0.9	2880	
8	刘丹丹	三部	1800	0.9	1620	
9	李金华	一部	2600	0.8	2080	

图 3-9 REPT 横向条形图

2. 制作柱形图

首先将数据横向放置（即通过选取“姓名”列和“提成”列进行复制，在“选择性粘”中选中数值和转置），然后在数据上方的单元格中输入公式 =REPT("|",B12/20)，完成后更改字体为 PLAYBILL，再设置单元格格式，将公式单元格中的文字方向旋转 90°，自定义字体颜色后即可完成 REPT 柱形图的显示，如图 3-10 所示。

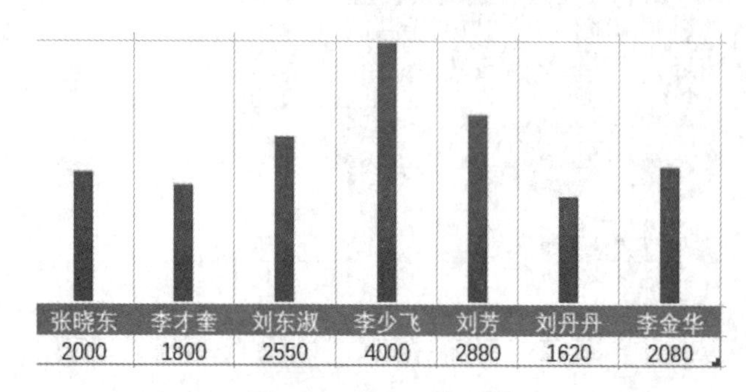

图 3-10 REPT 柱形图

3. 制作蝴蝶图

蝴蝶图是一种特殊类型的条形图，可以很直观地比较两组数据的不同之处。通过蝴蝶图对比两个月的销售情况，制作方法和横向条形图类似，修改字体图形的对齐方向即可，制作结果如图 3-11 所示。

	A	B	C	D	E	F
1		月份销售对比				
2	姓名	部门	一月销售额	二月销售额	蝴蝶图	
3	张晓东	一部	2500	3000		
4	李才奎	三部	2000	2800		
5	刘东淑	四部	3000	1780		
6	李少飞	一部	5000	3200		
7	刘芳	三部	3200	2900		
8	刘丹丹	三部	1800	2200		
9	李金华	一部	2600	3500		

图 3-11 REPT 蝴蝶图

当然如果不使用 REPT 函数，也可以直接对选中的若干单元格使用“条件格式”来完成数据的简易可视化显示。在“条件格式”中可以设定不同的数据条、色阶和图标集来显示数据，如图 3-12 所示。

在“条件格式”中可以自定义显示规则，表中的一月销售额采用了三色刻度样式，二月销售额采用了图标集样式，三月销售额采用了数据条样式中的渐变填充，处理结果如图 3-13 所示。

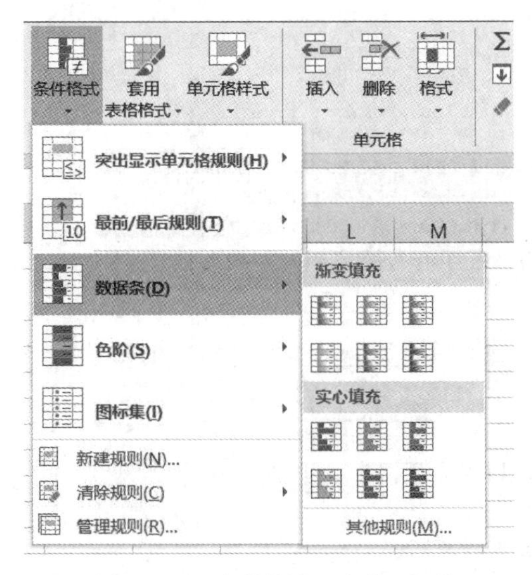

图 3-12 “条件格式”中的可视化

2	姓名	部门	一月销售额	二月销售额	三月销售额
3	张晓东	一部	2500	3000	1900
4	李才奎	三部	2000	2800	3100
5	刘东淑	四部	3000	1780	1950
6	李少飞	一部	4000	3200	2600
7	刘芳	三部	3200	2900	1800
8	刘丹丹	三部	1800	2200	2000
9	李金华	一部	2600	3500	2500

图 3-13 通过“条件格式”设置的单元格数据显示

3.2 Excel 数据源

Excel 可以进行数据的处理分析和图表展示，其处理的数据可以是 Excel 工作簿工作表已有的数据，也可以是存储在外部数据源（如文本文件、数据库或联机分析处理（OLAP）多维数据集）中的数据。连接使用外部数据的主要优点是可以定期分析此数据，而无需重复将数据复制到工作簿中，那是一个耗时且容易出错的操作。连接到外部数据后，如果数据源的信息发生更新，可以在 Excel 工作簿中直接刷新数据。

3.2.1 外部导入数据

在 Excel 中选择“数据”选项卡（如图 3-14 所示），可以看到 Excel 可以从 Access、网页、文本文件、CSV 文件、XML 文件、其他工作簿，以及 SQL Server、MySQL 或其他 ODBC 连接等各种来源中导入数据（注：不同版本的 Excel 导入方法略有不同）。

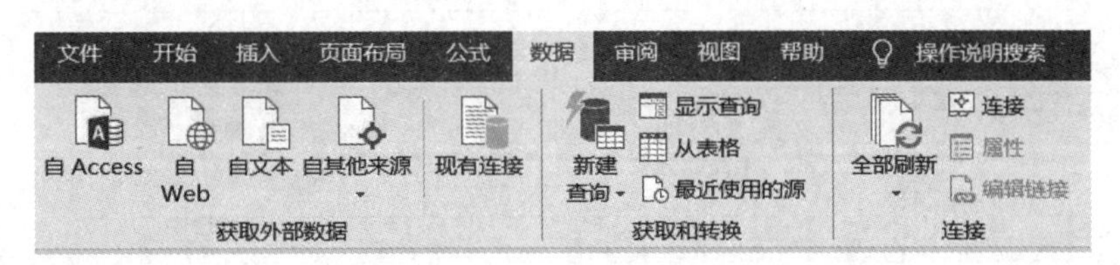

图 3-14 Excel 中的数据源选项

下面就来学习使用图 3-14 中 Excel 提供的数据导入方法进行外部数据的导入。

1. 导入 Access 数据库中的数据

（1）单击“数据”选项卡“获取外部数据”组中的“自 Access”，将弹出文件选择框，打开相应的 Access 数据库文件，再选择需要打开的数据表，如图 3-15 所示。

（2）单击“确定”按钮，弹出“导入数据”对话框，在其中选择数据在工作簿中的显示方式和数据需要存放的位置后单击“确定”按钮即可完成数据导入，如图 3-16 所示。

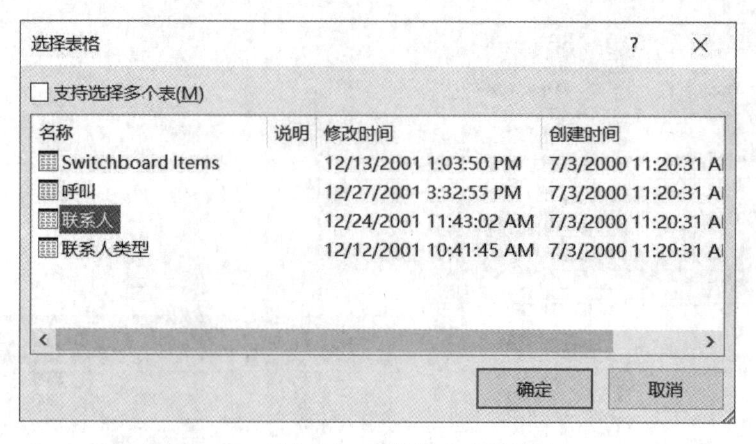

图 3-15 选择 Access 数据库中的数据表

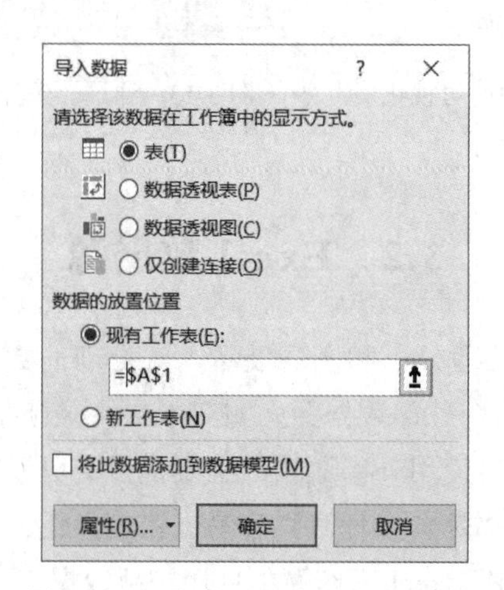

图 3-16 导入数据存放的方式和位置

2. 导入 Web 数据

（1）单击“数据”选项卡“获取外部数据”组中的“自 Web”，弹出“新建 Web 查询”对话框，在“地址”栏中输入含有表格的页面地址，单击“转到”按钮进行访问，如图 3-17 所示。

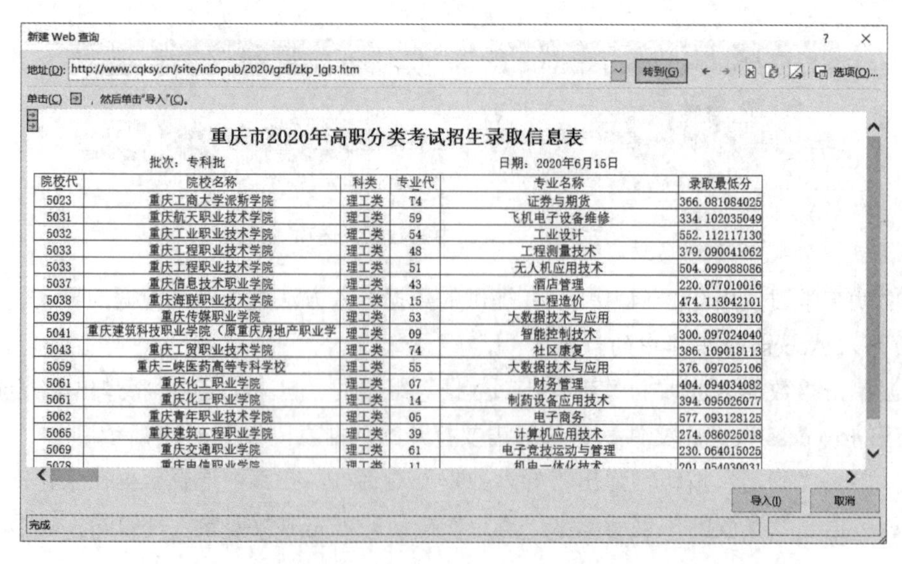

院校代	院校名称	科类	专业代	专业名称	录取最低分
5023	重庆工商大学派斯学院	理工类	T4	证券与期货	366.081084025
5031	重庆航天职业技术学院	理工类	59	飞机电子设备维修	334.102035049
5032	重庆工业职业技术学院	理工类	54	工业设计	552.112117130
5033	重庆工程职业技术学院	理工类	48	工程测量技术	379.090041062
5033	重庆工程职业技术学院	理工类	51	无人机应用技术	504.099088086
5037	重庆信息技术职业学院	理工类	43	酒店管理	220.077010016
5038	重庆海联职业技术学院	理工类	15	工程造价	474.113042101
5039	重庆传媒职业学院	理工类	53	大数据技术与应用	333.080039110
5041	重庆建筑科技职业学院（原重庆房地产职业学	理工类	09	智能控制技术	300.097024040
5043	重庆工贸职业技术学院	理工类	74	社区康复	386.109018113
5059	重庆三峡医药高等专科学校	理工类	55	大数据技术与应用	376.097025106
5061	重庆化工职业学院	理工类	07	财务管理	404.094034082
5061	重庆化工职业学院	理工类	14	制药设备应用技术	394.095026077
5062	重庆青年职业技术学院	理工类	05	电子商务	577.093128125
5065	重庆建筑工程职业学院	理工类	39	计算机应用技术	274.086025018
5069	重庆交通职业学院	理工类	61	电子竞技运动与管理	230.064015025

图 3-17 “新建 Web 查询”对话框

（2）单击“导入”按钮后 Web 中的相关表格数据将被导入到 Excel 中，导入结果如图 3-18 所示。

	A	B	C	D	E	F
1	重庆市2020年高职分类考试招生录取信息表					
2	批次：专科批				日期：2020年6月15日	
3	院校代号	院校名称	科类	专业代号	专业名称	录取最低分
4	5023	重庆工商大学派斯学院	理工类	T4	证券与期货	366.081084
5	5031	重庆航天职业技术学院	理工类	59	飞机电子设备维修	334.102035
6	5032	重庆工业职业技术学院	理工类	54	工业设计	552.1121171
7	5033	重庆工程职业技术学院	理工类	48	工程测量技术	379.0900411
8	5033	重庆工程职业技术学院	理工类	51	无人机应用技术	504.0990881
9	5037	重庆信息技术职业学院	理工类	43	酒店管理	220.07701
10	5038	重庆海联职业技术学院	理工类	15	工程造价	474.1130421
11	5039	重庆传媒职业学院	理工类	53	大数据技术与应用	333.0800391
12	5041	重庆建筑科技职业学院（原重庆房地产职业学院）	理工类	09	智能控制技术	300.097024
13	5043	重庆工贸职业技术学院	理工类	74	社区康复	386.1090181
14	5059	重庆三峡医药高等专科学校	理工类	55	大数据技术与应用	376.0970251
15	5061	重庆化工职业学院	理工类	07	财务管理	404.0940341
16	5061	重庆化工职业学院	理工类	14	制药设备应用技术	394.0950261
17	5062	重庆青年职业技术学院	理工类	05	电子商务	577.0931281
18	5065	重庆建筑工程职业学院	理工类	39	计算机应用技术	274.086025
19	5069	重庆交通职业学院	理工类	61	电子竞技运动与管理	230.064015
20	5078	重庆电信职业学院	理工类	11	机电一体化技术	201.05403
21	5082	重庆安全技术职业学院	理工类	12	信息安全与管理	313.08502

图 3-18　Web 数据导入 Excel 结果

3. 导入文本数据

（1）如需从文本文件导入数据可以选择“自文本”，然后通过文本导入向导完成数据导入。在文本导入向导的第一步中可根据文本文件中数据保存的方式进行选择，如选择分隔符号来识别文本文件中的数据，如图 3-19 所示。

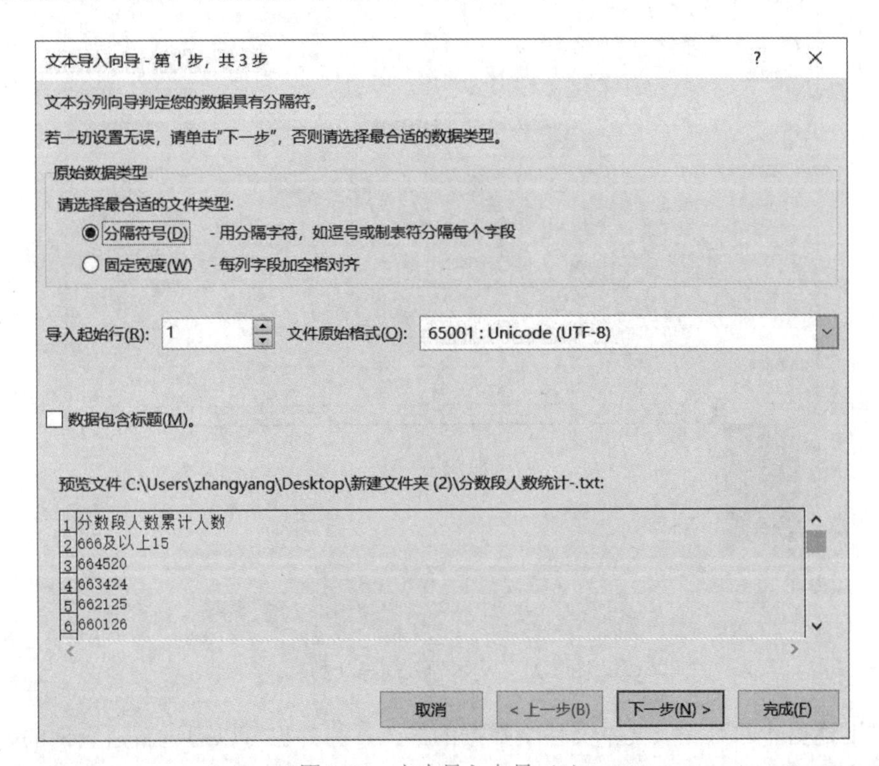

图 3-19　文本导入向导（1）

（2）选择文本文件中数据使用的具体分隔符号，系统将根据选择的符号对源数据进行拆分，如图 3-20 所示。

（3）设置相关列的数据格式。在对话框下方的数据预览栏中可以单击相应的数据列，在对话框上方对该列的数据格式进行简单的设定，一般采用默认值即可，也可以选择不导入某些列，如图 3-21 所示。

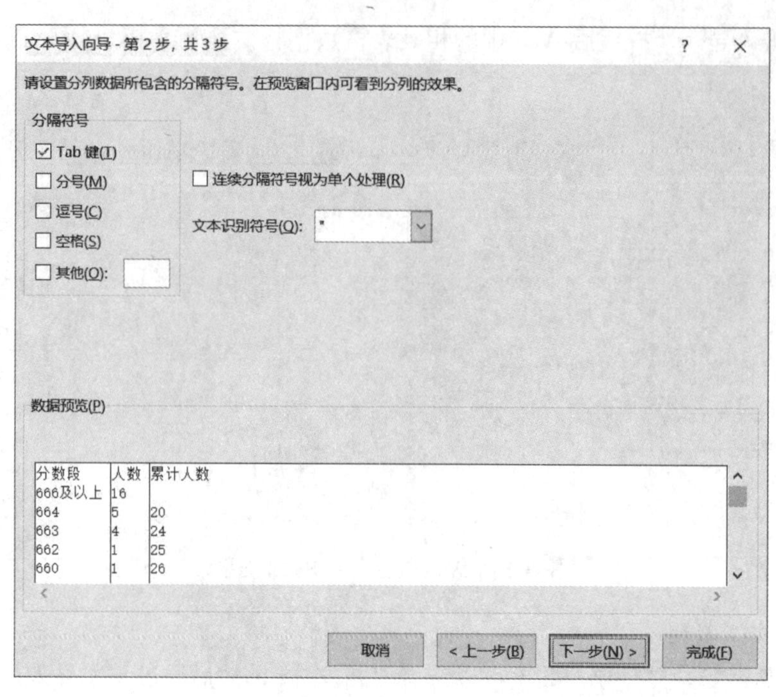

图 3-20 文本导入向导（2）

文本导入向导 - 第 3 步，共 3 步

使用此屏内容可选择各列，并设置其数据格式。

列数据格式

常规(G)

文本(T)

日期(D): YMD

不导入此列(跳过)(I)

“常规”数据格式将数值转换成数字，日期值会转换成日期，其余数据则转换成文本。

高级(A)...

数据预览(P)

常规	常规	常规
分数段	人数	累计人数
666及以上	16	
664	5	20
663	4	24
662	1	25
660	1	26

取消 < 上一步(B) 下一步(N) > 完成(F)

图 3-21 文本导入向导（3）

通过上述操作即可完成文本文件中数据的导入。另外也可以通过新建查询的方式从其他工作簿或 ODBC 数据源中查询数据导入。

ODBC（开放数据库互连）提供一个标准的 API，可用于处理不同数据库的客户应用程序。使用 ODBC API 的应用程序可以与任何具有 ODBC 驱动程序的关系数据库进行通信。ODBC 是为客户应用程序访问关系数据库而提供的一个标准接口，对于不同的数据库，ODBC 提供了统一的 API，使用该 API 可访问任何提供了 ODBC 驱动程序的数据库。如果系统中的 ODBC 驱动程序并不支持要访问的外部数据库，则需要从第三方供应商（如数据库制造商）那里获取并安装与 Microsoft Office 兼容的 ODBC 驱动程序。下面以 MySQL 数据导入为例进行讲解。

4. 导入 MySQL 数据库中的数据

如果需要导入 MySQL 数据库中的数据，可以通过 ODBC 连接完成。如果系统中缺少 MySQL 的 ODBC 驱动，可以在 https://downloads.mysql.com/archives/c-odbc/ 页面中根据运行的 MySQL 服务版本进行下载并安装。

（1）安装 MySQL 的 ODBC 驱动后，打开 Windows 管理工具中的 ODBC 数据源进行设置，或直接运行 C:\Windows\SysWOW64\odbcad32.exe 打开设置界面。在打开的 ODBC 数据源管理程序中添加新数据源，在新数据源中选择安装的 MySQL ODBC 8.0 Unicode Driver 驱动，如图 3-22 所示。

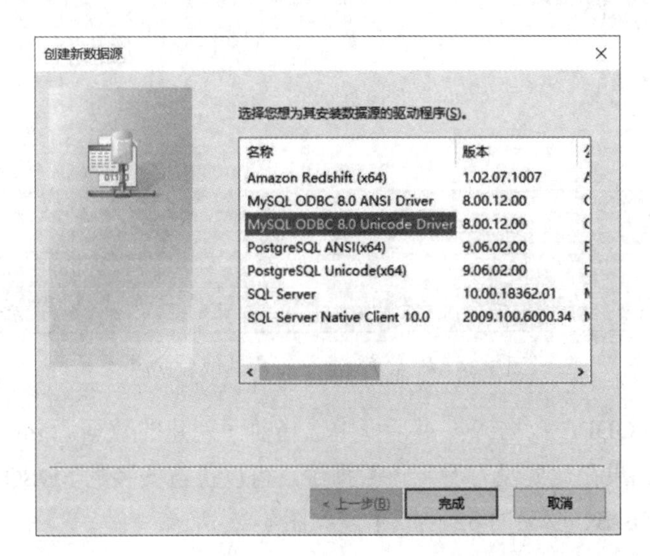

图 3-22 添加新数据源

（2）在出现的 MySQL 数据源连接配置中添加 MySQL 数据源相关信息，包括数据源的名称、地址、用户名、密码和使用的数据库，配置完成后可单击 Test 按钮进行连接测试，如图 3-23 所示。

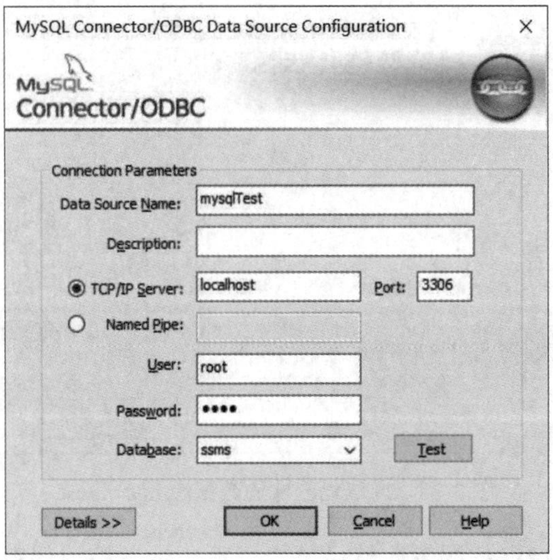

图 3-23 MySQL 数据源连接配置

（3）完成 ODBC 连接后即可打开 Excel 进行 MySQL 数据导入，选择 Excel“数据”选项卡“获取外部数据”组“自其他来源”中的“来自数据连接向导”，在弹出的对话框中选择 ODBC DSN 选项，然后单击“下一步”按钮，如图 3-24 所示。

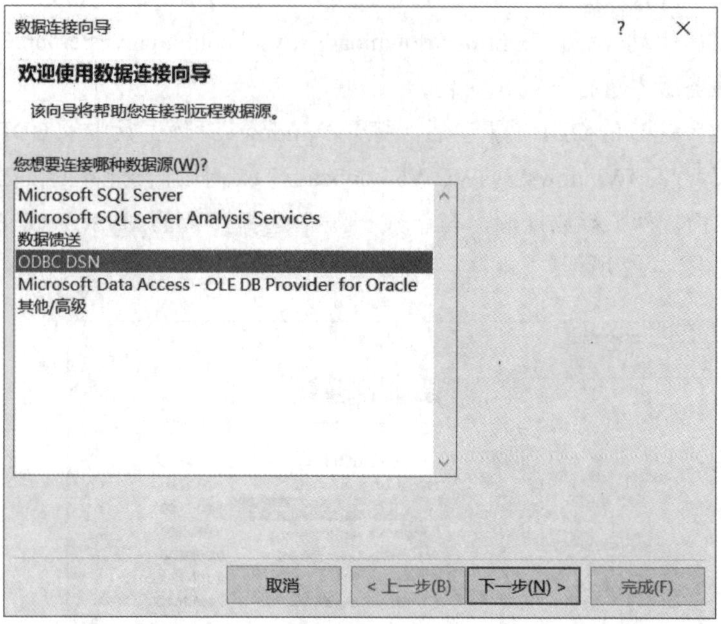

数据连接向导
?
欢迎使用数据连接向导
该向导将帮助您连接到远程数据源。
您想要连接哪种数据源(W)?
Microsoft SQL Server
Microsoft SQL Server Analysis Services
数据馈送
ODBC DSN
Microsoft Data Access - OLE DB Provider for Oracle
其他/高级
取消
< 上一步(B)
下一步(N) >
完成(F)
图 3-24 在数据连接向导中选取数据源

（4）在“连接 ODBC 数据源”对话框中选择前面创建的数据源 mysqlTest，然后单击“下一步”按钮，如果在此处没有看到该数据源，可以检查安装的 MySQL 的 ODBC 驱动，重新安装 MySQL ODBC 驱动的 32 位版本，如图 3-25 所示。

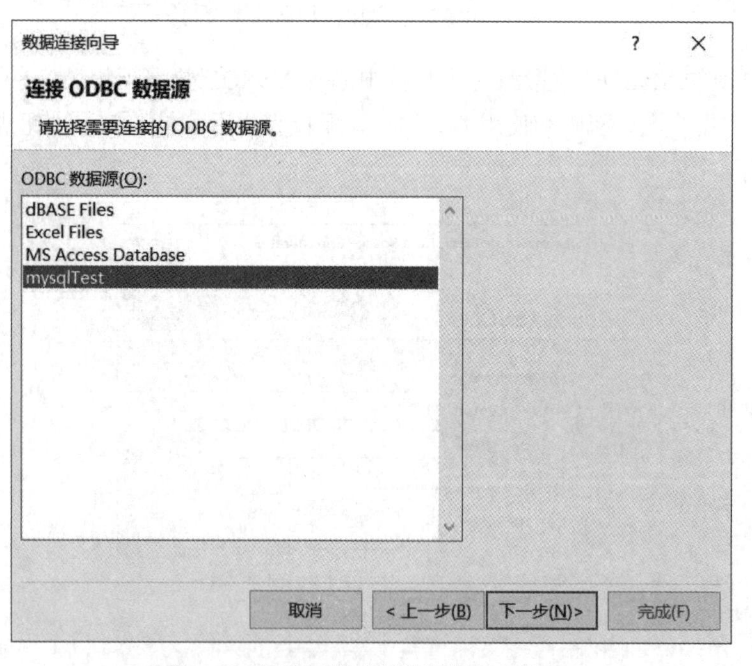

数据连接向导
?
连接 ODBC 数据源
请选择需要连接的 ODBC 数据源。
ODBC 数据源(O):
dBASE Files
Excel Files
MS Access Database
mysqlTest
取消
< 上一步(B)
下一步(N)>
完成(F)
图 3-25 选取已创建的数据源 mysqlTest

（5）选择数据库并指定数据表，然后单击“下一步”按钮保存连接，接着确认导入数据在 Excel 中的位置即可完成 MySQL 数据的导入，如图 3-26 所示。

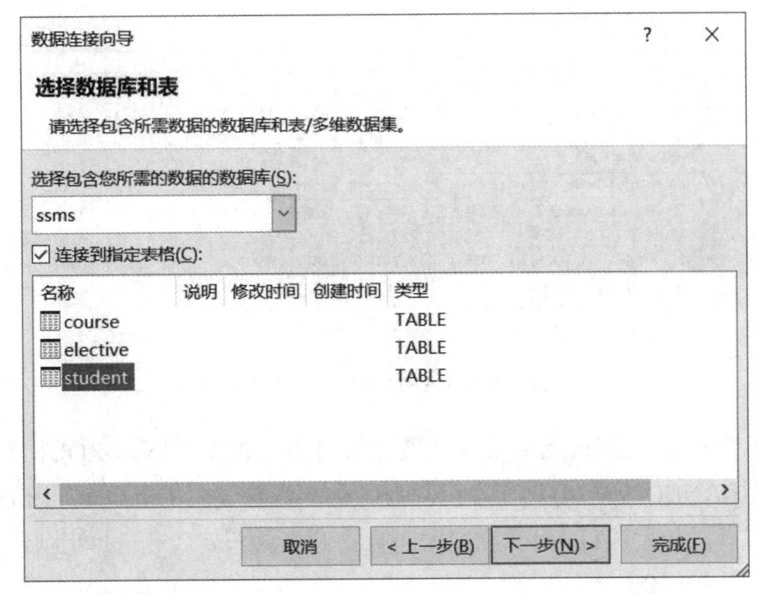

图 3-26 选择需要导入的 MySQL 数据库中的表

（6）如果只需要导入数据表中的部分数据，则可选择“自其他来源”中的“查询方式”选项，即“来自 Microsoft Query”，通过编写 SQL 语句完成数据查询，再将查询到的数据返回 Excel。其他使用 ODBC 连接的数据源操作方法和上述类似。

3.2.2 随机产生数据

在 Excel 中进行数据分析和处理时经常需要用到大量随机数据，我们可以通过 RAND 函数等按要求自动生成。

1. RAND 函数

RAND 函数没有参数，函数返回一个大于等于 0 且小于 1 的随机实数。每次计算工作表时都会返回一个新的随机实数，生成一个 a 和 b 中间的实数可以使用公式：=RAND()*(b-a)+a。基本使用示例见表 3-2。

表 3-2 RAND 函数使用示例

公式	说明
=RAND()	生成大于等于 0 且小于 1 的随机数
=RAND()*100	生成大于等于 0 且小于 100 的随机数
=RAND()*90+10	生成大于等于 10 且小于 100 的随机数
=RAND()*30+40	生成大于等于 40 且小于 70 的随机数

RAND 是一个易失函数，这意味着它将在任何计算时重新计算。生成的随机数会随着表格的变化不断刷新，如果需要确定某个随机数的值，可以在输入公式后在单元格编辑状态按下 F9 键将公式转换为某个固定值，也可以通过复制和选择性粘贴将公式转换为数值。如果在工作表中直接按下 F9 键，则当前表中所有的随机数都将刷新。

【例 3-1】生成 10 ～ 100 的随机数，选中多个单元格后直接输入表 3-2 中的公式，然后按 Ctrl+Enter 组合键填充，产生的随机数结果如图 3-27 所示。

A1 =RAND()*90+10

	A	B	C	D	E	F	G	H
1	92.42414	69.19706	26.08105	88.08432	10.98275	98.47522	31.87898	13.19649
2	10.32198	71.93312	32.06753	40.48575	82.66592	11.52403	68.57956	44.89997
3	46.52022	88.06479	13.89079	89.99108	90.80258	93.73858	29.55389	35.78641
4	77.72236	69.3914	63.76171	96.55014	64.8804	41.06512	59.24247	77.56703
5	69.80401	34.91129	44.807	82.04652	77.64197	67.59432	92.86767	40.36112
6	92.32623	30.50268	41.64749	23.79208	91.38027	16.12136	29.36411	90.53986
7	43.53535	72.83066	16.02536	96.22967	22.00493	54.22712	78.97254	73.15357
8	11.38848	61.2925	81.93457	44.74747	17.91622	66.9608	15.15921	84.55457
9	80.73699	80.42501	90.18497	73.63693	52.61486	46.75753	13.24306	62.15158
10	10.04515	71.35944	82.28246	87.37239	22.04039	78.46222	77.89575	77.22672
11	59.89846	88.0528	26.68163	26.36363	96.1756	15.14456	83.16094	46.90056

图 3-27 使用 RAND 函数生成若干随机数

注意：如果需要生成整数，可以在生成随机数的公式中使用 INT、ROUND 等取整函数，如公式：=INT(RAND()*90+10) 向下舍入取整。如果需要控制小数位数，可以采用取整后除 10 等方法完成。如生成 [1,10] 区间内的小数，且小数点后只有一位小数，使用公式：=INT(RAND()*90+10)/10。

【例 3-2】生成 1990 年 1 月 1 日到 2020 年 5 月 1 日之间的随机日期。

使用公式：=TEXT(RAND()*("1990-1-1"-"2020-5-1")+"2020-5-1","yyyy-m-d")

生成的结果如图 3-28 所示。

A1 =TEXT(RAND()*("1990-1-1"-"2020-5-1")+"2020-5-1","yyyy-m-d")

	A	B	C	D	E	F
1	2018-3-20	2009-7-30	2003-2-1	2010-5-26	2020-1-23	
2	2010-1-15	2002-5-22	2006-6-24	1996-4-12	2014-2-28	
3	2009-8-7	1993-12-28	2020-4-26	1992-11-6	2001-1-12	
4	1994-3-5	1997-3-20	1995-7-17	1997-5-22	2014-6-3	

图 3-28 RAND 函数生成的随机日期

2. RANDBETWEEN 函数

RANDBETWEEN 函数用于返回位于两个指定数之间的一个随机整数。如公式：=RANDBETWEEN(1,100) 得到介于 1 和 100 之间的一个随机整数。

【例 3-3】在单元格中随机生成部门。

使用公式：=CHOOSE(RANDBETWEEN(1,5)," 市场部 "," 财务部 "," 销售部 "," 后勤部 "," 法务部 ")

【例 3-4】生成 100 以内的奇数。

使用公式：=RANDBETWEEN(1,50)*2-1

3. NORM.INV 函数

NORM.INV 函数返回指定平均值和标准偏差的正态累积分布函数的反函数值。语法格式如下：

```
NORM.INV(probability,mean,standard_dev)
```

函数参数：

- probability：对应于正态分布的概率，取值 0<probability<1。
- mean：分布的算术平均值。
- standard_dev：分布的标准偏差，取值 standard_dev>0。

例：公式为 =NORM.INV(RAND(),50,5)，取值结果如图 3-29 所示。

D1 =NORM.INV(RAND(),50,5)

	A	B	C	D	E	F	G	H
1	45.85722	45.38805	38.62854	45.60105	45.72367	50.41185	53.67346	49.77288
2	58.59424	47.95433	47.49086	44.96871	43.89482	40.60092	52.97576	46.24133
3	52.42506	56.26002	45.89225	43.28982	51.98013	55.89867	46.79576	50.1145
4	56.9463	51.46372	59.82864	43.80989	52.02877	55.68573	57.91372	57.97072
5	50.83586	56.38852	55.61963	50.03715	55.76865	48.04059	46.0578	49.79176
6	52.25309	54.30925	51.24611	47.81198	53.29808	50.9967	53.09523	53.68325
7	44.56392	53.8552	36.56032	51.14988	56.82934	40.78786	43.07759	51.49566
8	39.13676	44.08841	45.24183	61.50548	47.9966	49.07718	50.60586	54.76136
9	52.69394	43.54292	37.31804	40.55812	45.13864	43.66569	60.95987	46.69146

图 3-29 NORM.INV 函数生成的随机数

NORM.INV 函数是 Excel 统计函数中的一个，也可以使用其他类似函数来完成特定随机数的生成。

4. 随机数发生器

Excel 中自带的数据分析工具可以完成专业统计软件完成的数据分析工作，包括描述统计、相关系数、傅里叶分析、指数平滑、回归、抽样等。在该工具中也包含了一个随机数发生器以及后面要用到的直方图工具。

分析工具库作为一个 Excel 加载项，需要手动加载后使用。

（1）在“文件”菜单中选择“选项”，在弹出的对话框中选择“加载项”选项卡，在右侧选择“分析工具库”，然后单击“转到”按钮，如图 3-30 所示。

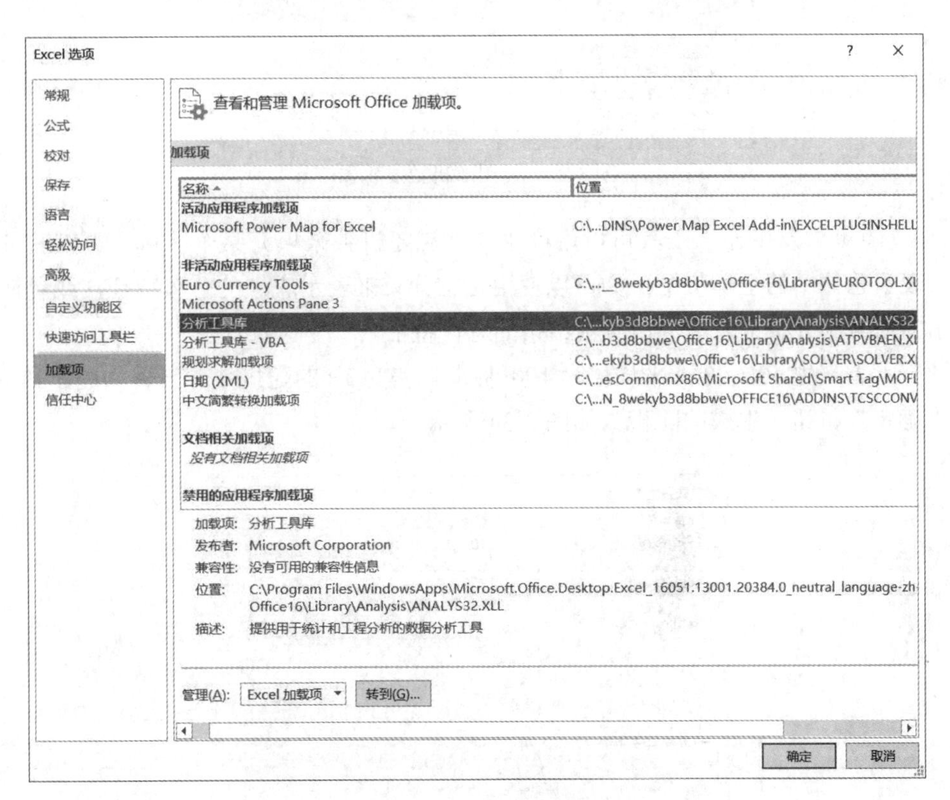

图 3-30 Excel 加载项管理

（2）在弹出的“加载项”对话框中勾选“分析工具库”，单击“确定”按钮，如图 3-31 所示。

（3）加载分析工具库后，“数据分析”命令将出现在“数据”选项卡的“分析”组中。打开数据分析工具，选择随机数发生器并单击“确定”按钮，如图 3-32 所示。

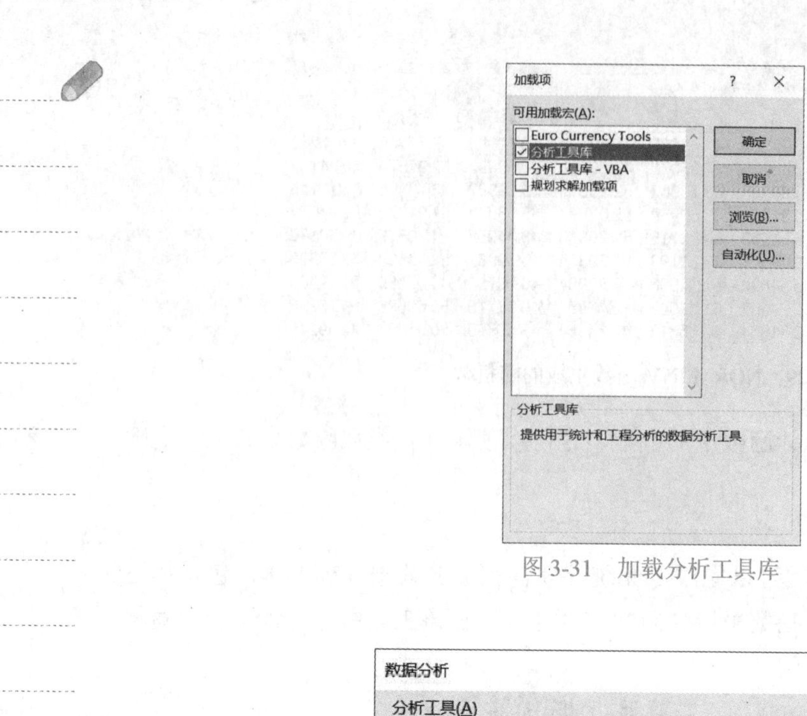

图 3-31 加载分析工具库

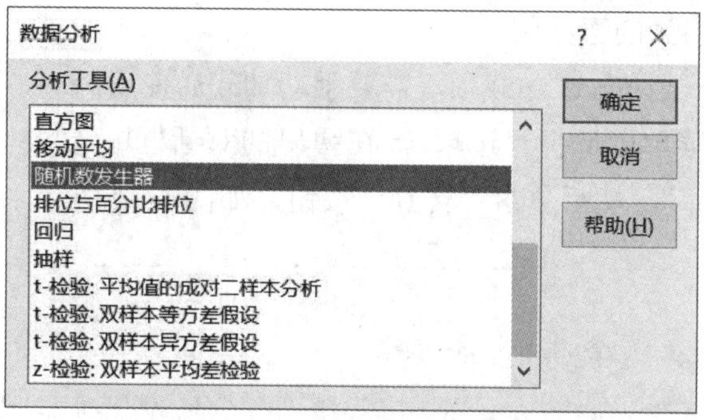

图 3-32 使用随机数发生器

（4）“随机数发生器”工具可以用产生的独立随机数来填充某个区域。可以通过概率分布来表示总体中的主体特征，如可以使用正态分布来表示成绩的总体特征，或者使用双值输出的伯努利分布来表示掷币实验结果的总体特征。

【例 3-5】产生 10 行 8 列平均值为 100、标准偏差为 10 的随机数。设置如图 3-33 所示，单击“确定”按钮，生成的随机数如图 3-34 所示。

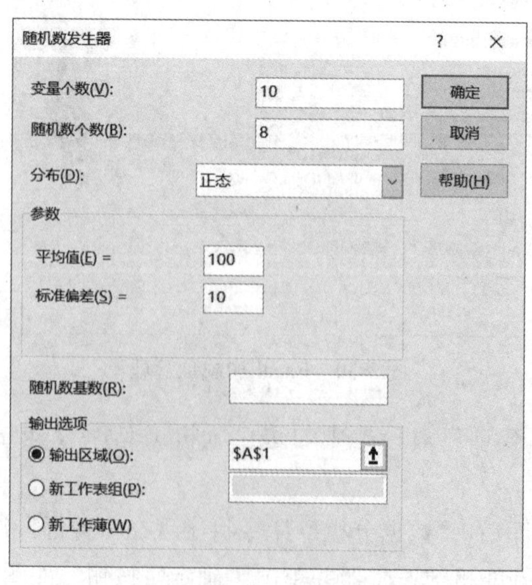

图 3-33 设置正态分布的随机发生器参数

	A	B	C	D	E	F	G	H	I	J
2	102.528	111.865	78.3829	89.4852	93.1077	105.865	106.073	103.83	109.31	105.139
3	106.967	98.3993	103.369	97.229	98.4543	106.401	106.901	105.623	83.4188	92.5406
4	91.0068	90.7094	86.3401	108.006	103.061	87.8454	107.098	104.62	88.3743	95.9687
5	86.9806	110.414	93.6319	96.2878	101.118	106.147	114.874	99.7028	100.728	91.8496
6	99.23	91.2146	109.036	89.7008	93.4263	110.532	88.5573	91.9843	98.3334	94.11
7	111.606	91.1661	113.875	93.9436	99.7617	107.169	95.6891	98.7502	89.3446	110.654
8	84.7329	106.143	97.0521	97.6653	82.1925	102.146	100.408	110.289	98.3133	101.539

图 3-34　生成的平均值为 100 标准偏差为 10 的随机数

【例 3-6】生成 4 行 10 列的概率为 0.5 取值 0、1 的随机数。

设置如图 3-35 所示，单击“确定”按钮，产生的随机数结果如图 3-36 所示。

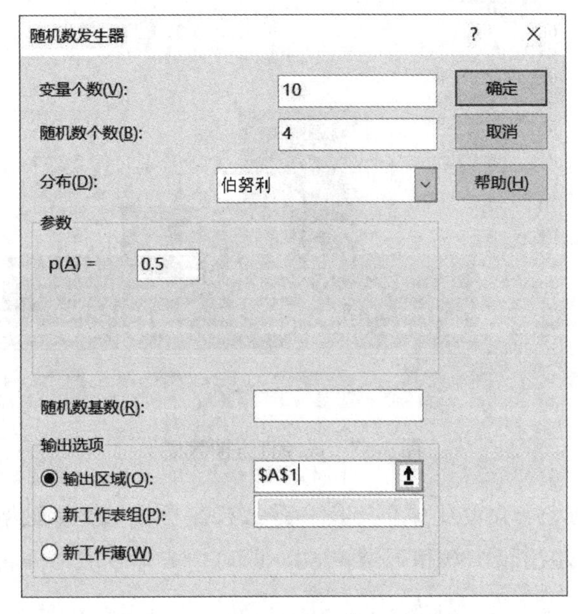

图 3-35　伯努利随机数参数设置

	A	B	C	D	E	F	G	H	I	J
1	1	0	0	1	0	1	1	1	1	0
2	1	0	1	1	1	1	0	0	0	1
3	1	1	0	0	0	1	1	1	0	1
4	1	1	0	0	0	0	0	0	1	1

图 3-36　概率为 0.5 的随机数 0 和 1

3.3　Excel 可视化应用

人类的视觉在快速掌握信息方面占据优势，获取的信息量远远高于其他感官。Excel 可视化正是利用了人类的这种天生优势，帮助我们来增强数据处理和组织的效率。Excel 可视化的最终目的就是明确、有效和优雅地传递信息。数据赋予图形可视化以价值，可视化增加数据的可理解性，两者相辅相成。Excel 可视化能够加深用户对数据的理解和记忆，很容易就能抓住数据的本质，帮助决策者理解数据，掌握数据背后的价值。

Excel 中提供的图表很多，包含 10 多种基础图表及其变化样式，也可以根据可视化展示需要自由组合图表。选择合适的图表进行可视化非常重要，直接影响对数据的科学解读。

不同的数据场景下使用不同的图表进行 Excel 可视化展示，图表尽量做到简洁明了和美观。

3.3.1 直方图

直方图又称频率分布图，是一种显示数据分布情况的柱形图，即不同数据出现的频率。通过这些高度不同的柱形，可以直观、快速地观察数据的分散程度和中心趋势，从而分析流程满足客户需求的程度。

【例 3-7】根据学生成绩表制作直方图统计成绩分布情况，如图 3-37 所示。

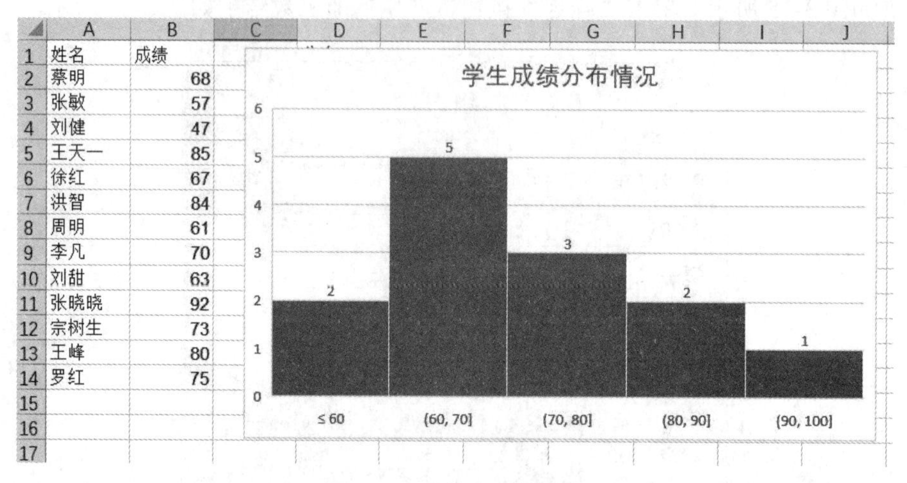

图 3-37　成绩直方图效果

（1）选择插入直方图。自动生成直方图后选择横坐标设置坐标轴格式中的坐标轴选项，分别设置箱宽度 10、溢出箱 100 和下溢箱 60，即可生成学生成绩分布统计的直方图结果，如图 3-38 所示。

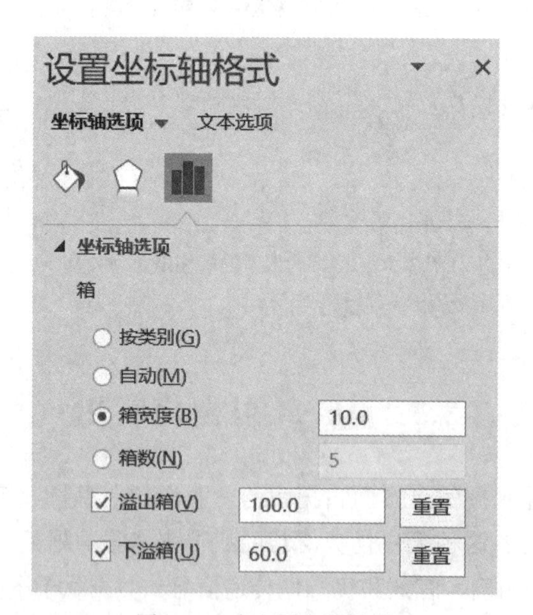

图 3-38　直方图参数设置

（2）制作直方图。也可以使用从加载项添加的数据分析工具库，利用其中的直方图分析工具直接完成。使用直方图工具时需要添加辅助列“分布”数据，按照图 3-39 所示进行参数设置后系统将自动完成数据分析统计并生成结果直方图。

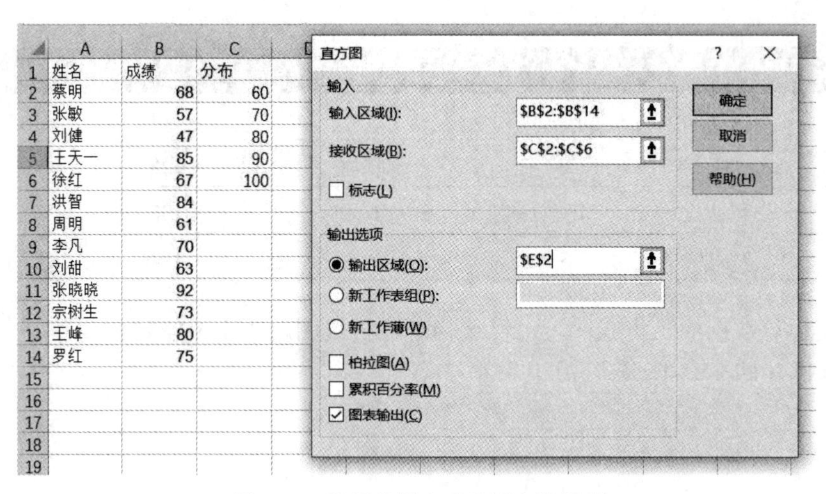

图 3-39　数据分析中直方图参数设置

3.3.2　折线图

折线图一般是按时间进程或类别显示趋势，如图 3-40 所示。

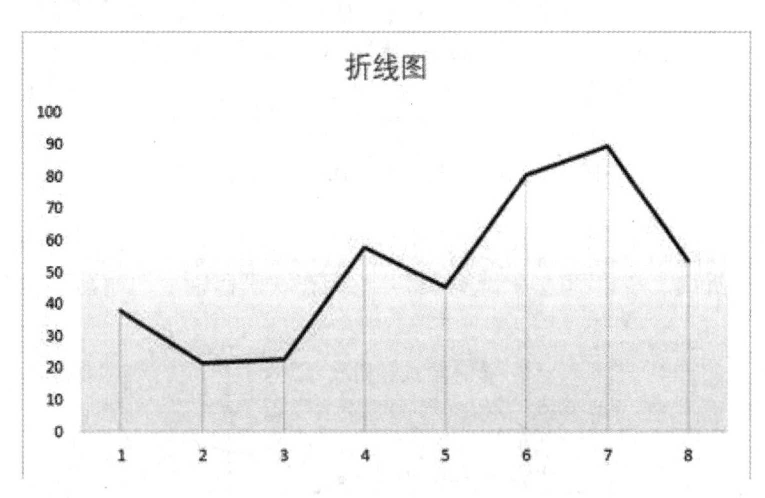

图 3-40　Excel 中的一般折线图

在折线图中，可以显示数据点以表示单个数据，也可以不显示这些数据点，直接显示类数据的走向趋势。当需要显示较多数据点且查看其变化趋势时，使用折线图比较合适。折线图有普通折线图、堆积折线图、百分比堆积折线图、带数据标记的折线图和三维折线图等。折线图中线条的数量不要太多，否则会显得杂乱。

【例 3-8】根据表 3-3 中的降雨量与颗粒物数值绘制折线图。

表 3-3　天气数据统计表

日期	每日降雨量	微粒
2001/1/7	4.1	122
2001/2/7	4.3	117
2001/3/7	5.7	112
2001/4/7	5.4	114
2001/5/7	5.9	110

续表

日期	每日降雨量	微粒
2001/6/7	5	114
2001/7/7	3.6	128
2001/8/7	1.9	137
2001/9/7	7.3	104

（1）使用该数据插入折线图，可以选择普通折线图，由于两组数据值差别较大，默认生成的折线图如图 3-41 所示。

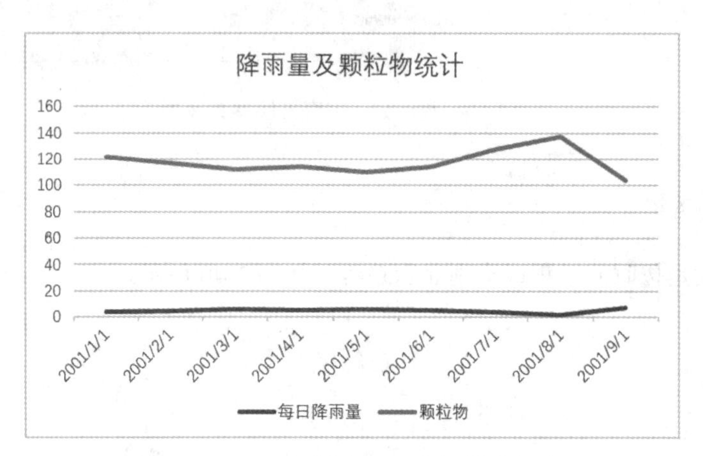

图 3-41　降雨量及颗粒物统计默认折线图

（2）在该折线图中由于降雨量的数值相对较小，导致折线无法正常反映数据变化情况，可以选中该系列折线，在系列选项中选择将其绘制在次坐标轴上，如图 3-42 所示。

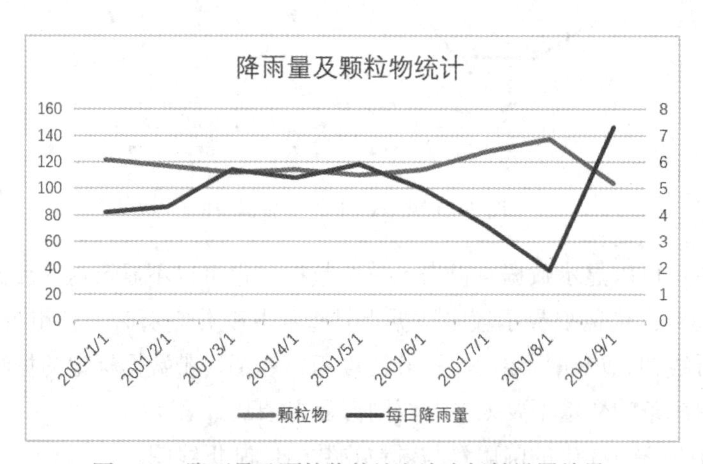

图 3-42　降雨量及颗粒物统计主次坐标轴设置结果

（3）绘制完毕后可以在折线上使用鼠标右键添加数据标签，或在相应位置双击鼠标修改字体、颜色、填充背景等格式设定，此处不再赘述。

3.3.3　饼图

饼图通常用来显示部分占总体的比例，它是用扇形面积，也就是圆心角的度数来表示数量。饼图主要用来显示数据的内部构成，仅有一个要绘制的非负数据系列且几乎没有零值，各类别数据分别代表整个饼图的一部分，各个部分需要标注百分比，且各部分百分比之和必须是100%。饼图根据圆中各个扇形面积的大小来判断某一部分在总体中所占比例的多少。饼图分为普通饼图、三维饼图、子母饼图、复合条饼图和圆环图等，可根据实际数据显示需要选用合适的饼图。

【例 3-9】使用饼图显示计算机配置价格比例数据。

选中各组成部分数据，插入饼图，生成饼图后在其上右击并选择“添加数据标签”中的“添加数据标注”，在饼图上将出现各部分标签及百分比，再进行适当的格式设定即可完成饼图制作，如图3-43所示。

	A	B
1	配件	价格
2	处理器	749
3	显卡	1499
4	主板	599
5	内存	269
6	硬盘	369
7	机箱	159
8	电源	249
9	显示器	1500
10	键鼠装	50
11	参考价格	5443

计算机配置
键鼠装 1%
处理器 14%
显示器 27%
显卡 27%
电源 5%
机箱 3%
硬盘 7%
内存 5%
主板 11%

图3-43 计算机各配件价格饼图

3.3.4 散点图

散点图既能用来呈现数据点的分布，表现两个元素的相关性，如果变量之间不存在相互关系，那么在散点图上就会表现为随机分布的离散的点，如果存在某种相关性，那么大部分的数据点就会相对密集并以某种趋势呈现；也能像折线图一样表示时间推移下的发展趋势。可以说散点图是最灵活多变的图表类型，能够做成带直线或平滑曲线的散点图，也可以做成气泡图等，如图3-44和图3-45所示。一般来说散点图更适合大范围的数据显示使用，如果数据极少或者数据间没有相关性，那么绘制散点图意义不大。

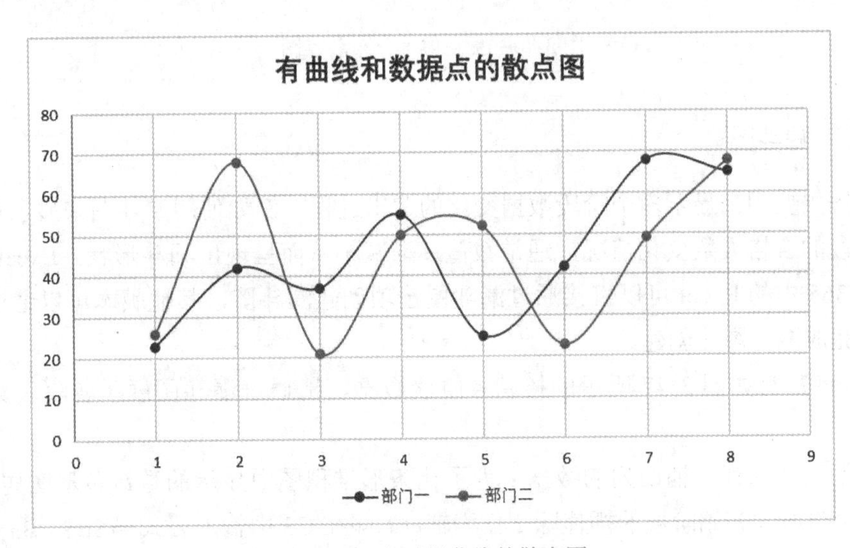

图3-44 有平滑曲线的散点图

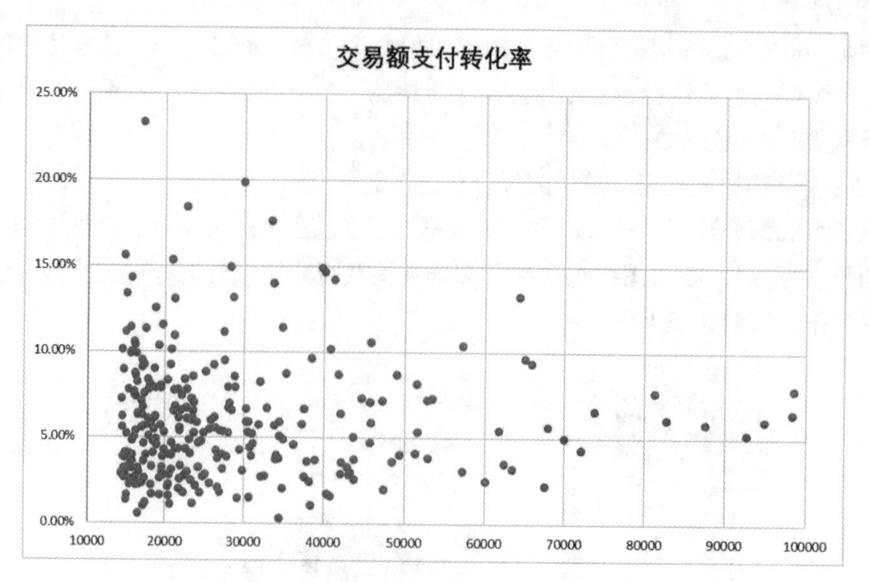

图 3-45 支付转化率散点图

【例 3-10】使用散点图统计学校学生身高体重的分布情况。

制作该散点图时使用的身高体重数据是通过随机数发生器生成的，以 150 和 50 为均值正态分布的 600 行数据，直接生成散点图，适当调整坐标轴得到结果，如图 3-46 所示。

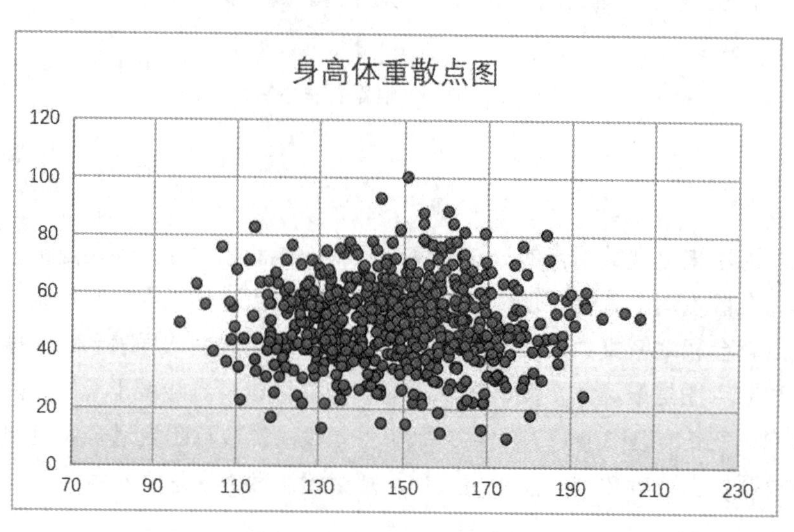

图 3-46 身高体重分布散点图

3.3.5 漏斗图

Excel 漏斗图

漏斗图主要用来显示多个阶段数据变化的逻辑过程。例如使用漏斗图来显示招聘员工中每个阶段的合格人数变化情况。通常数值逐渐减小从而呈现出漏斗形状。Excel 2019 或 Microsoft 365 中的 Excel 可以直接通过漏斗图选项创建漏斗图，其他版本可以通过创建堆积条形图完成漏斗图的创建。

【例 3-11】有如图 3-47 所示的招聘各阶段数据，请通过漏斗图展示各阶段数据变化情况。

（1）创建辅助列。辅助列的数据：为了让条形堆积图中显示的数量条形图居中对齐，故使用每个阶段和初始阶段的插值除 2 作为辅助，即在 C3 中输入公式 =($B$3-B3)/2 填充。

接着选择所有数据插入条形图中的堆积条形图，如图 3-48 所示。

	A	B	C
1	招聘过程数据		
2	阶段	数量	辅助列
3	简历数量	526	0
4	简历初选	438	44
5	初试人数	300	113
6	复试人数	180	173
7	合格人数	100	213
8	入职人数	56	235

图 3-47　招聘过程数据

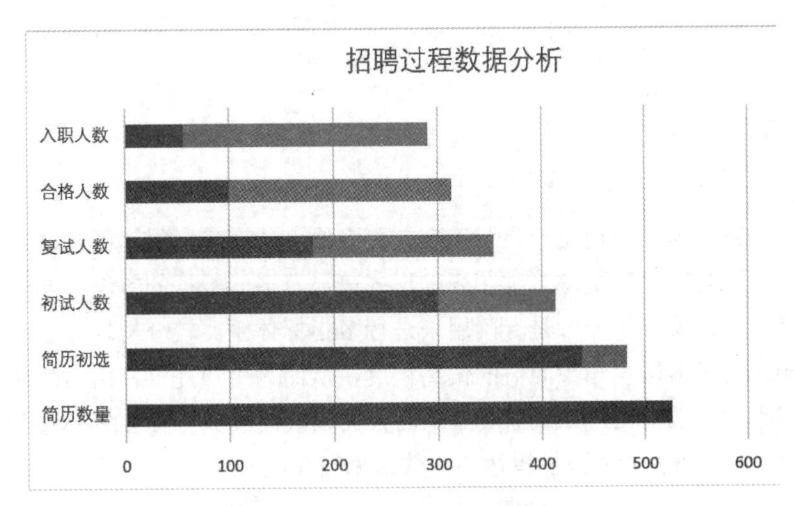

图 3-48　初步生成的堆积条形图

（2）在图表上右击并选择“选择数据”，在“选择数据源”对话框中将“图例项（系列）”中的辅助列项目上移交换堆积数据条的位置，如图 3-49 所示。

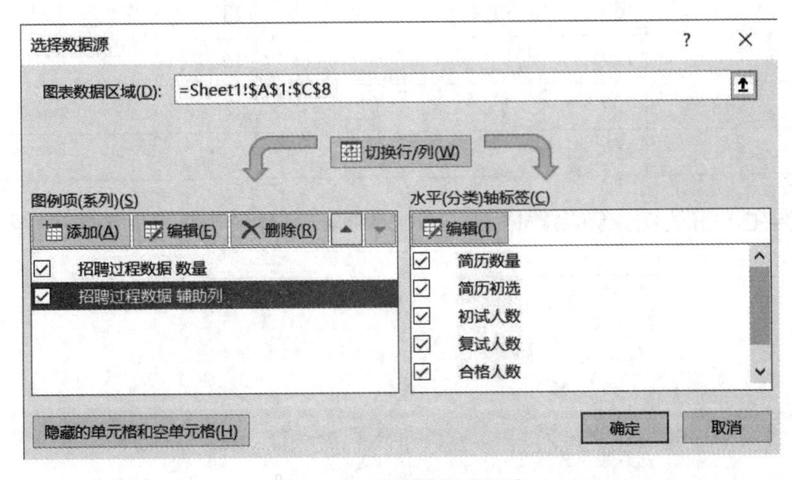

图 3-49　调整数据列顺序

（3）双击纵坐标轴，在“坐标轴选项”中选择“逆序类别”，然后把辅助列的条形图填充改为无填充，再给漏斗图形添加数据标签并设置相关字体颜色格式等，最终完成的漏斗图如图 3-50 所示。

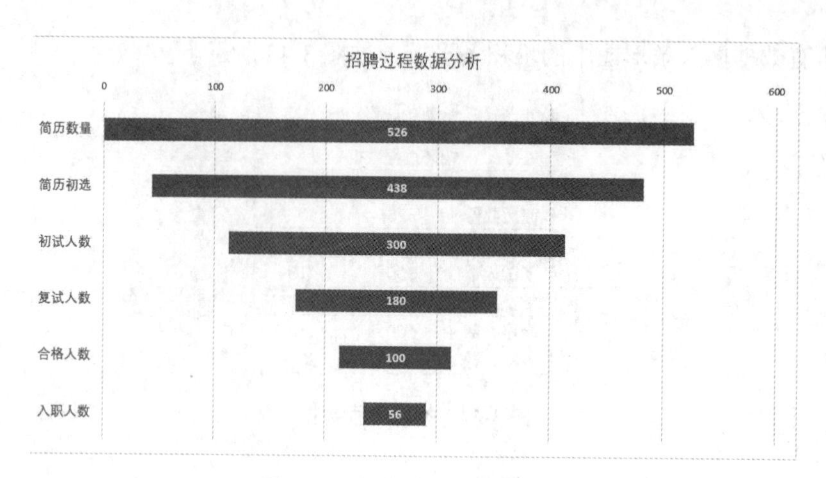

图 3-50 招聘过程数据漏斗图

3.3.6 其他图表

1. 雷达图

雷达图又称蜘蛛网图，适用于显示三个或更多维度的变量。雷达图是以在同一点开始的轴上显示三个或更多个变量的二维图表的形式来显示多元数据的方法，其中轴的相对位置和角度通常是无意义的，一般是专门用来进行多指标体系比较分析的专业图表。从雷达图中可以看出指标的实际值与参照值的偏离程度，从而为用户提供有用的信息。雷达图一般用于少量多维数据的对比，如果需要显示的分类或数据较多，雷达图可能会产生混乱。

【例 3-12】制作角色能力分析雷达图，数据见表 3-4。

表 3-4 角色能力数据表

能力	角色 1	角色 2
力量	300	160
速度	150	280
进攻	120	160
防守	200	220
智慧	180	260

对该数据生成雷达图，删除数据轴，添加数据标签并适当调整，结果如图 3-51 所示。

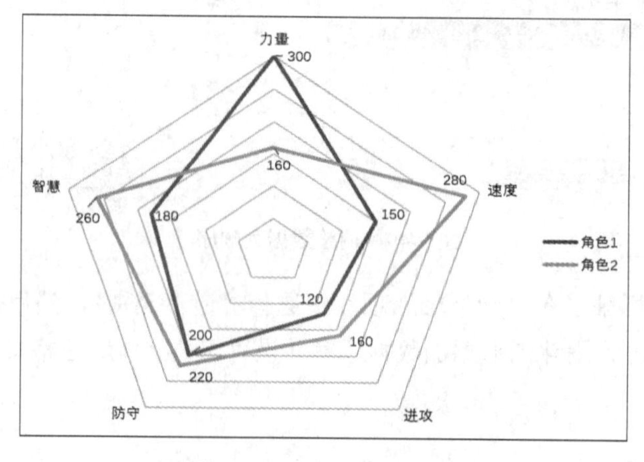

图 3-51 角色能力雷达图

2. 瀑布图

瀑布图使数据呈现阶梯状效果，形似瀑布，采用绝对值与相对值结合的方式，常用来反映数个特定数值之间的数量变化关系，如图 3-52 所示。针对不同的数据使用场景，瀑布图也衍生出了不同类型结果，但总体构成元素类似。

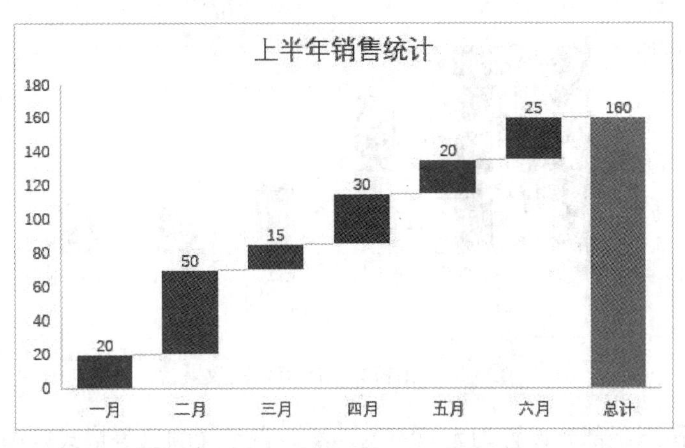

图 3-52 上半年销售统计瀑布图样例

【例 3-13】根据销售表数据制作数据分析图表，数据见表 3-5。

表 3-5 销售数据表

分类	数据	辅助列
总销售额	2500	0
营销费用	600	1900
销售成本	1000	900
增值税	300	600
附加费	160	440
销售利润	440	0

按照分类和数据列直接生成默认瀑布图，如图 3-53 所示。

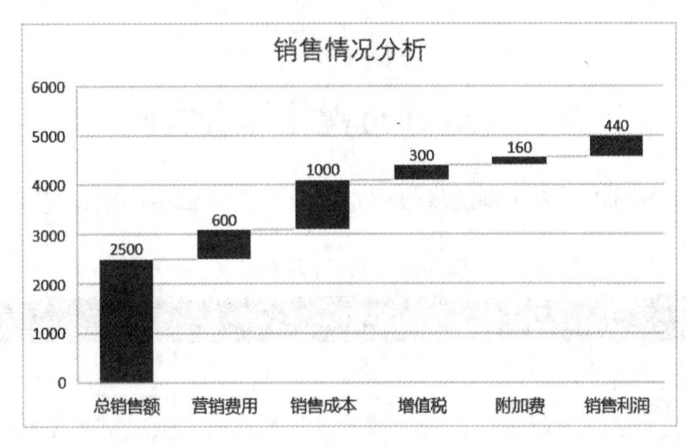

图 3-53 销售费用分析默认瀑布图

通过上面自动生成的瀑布图可以看出，该图对总销售额到最终利润中间的各种费用的构成变化情况并不能准确呈现。我们也可以通过制作堆积柱形图的方式来得到瀑布图的结果，先在数据源中添加辅助列，辅助列的数据为总销售额 - 已消耗费用，然后利用这三列数据生成堆积柱形图并调整数据源的序列顺序，结果如图 3-54 所示。

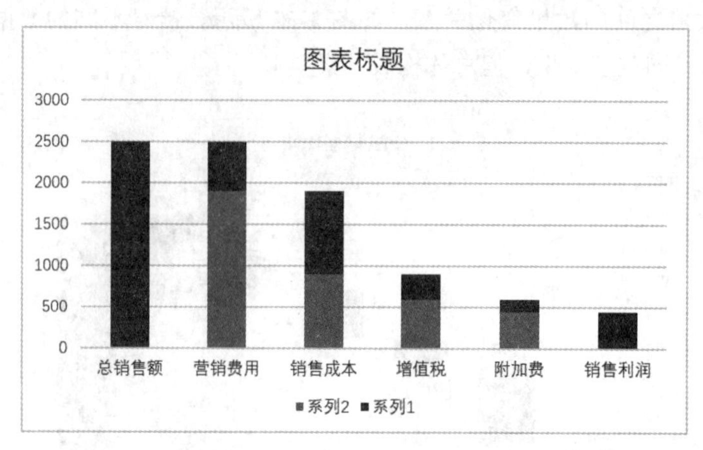

图 3-54 销售数据的堆积图效果

将堆积柱形图下半部分设置为无填充色，然后自定义颜色等格式并添加数据标签，即可完成瀑布图效果，如图 3-55 所示。

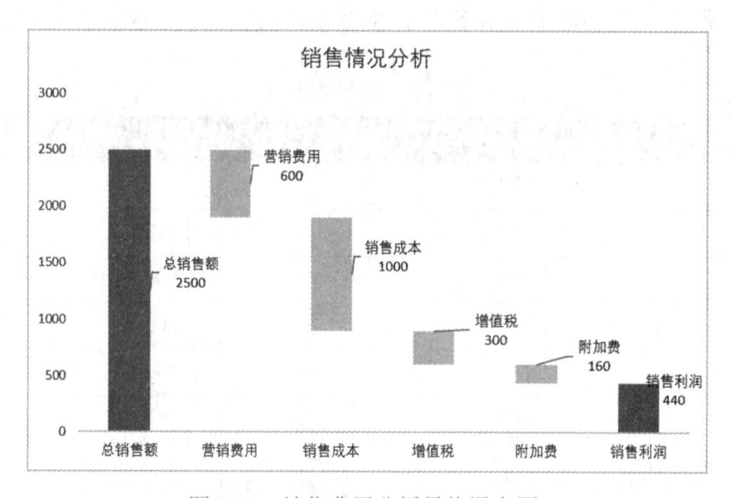

图 3-55 销售费用分析最终瀑布图

3.4 Excel 可视化综合实例

根据店铺好评率制作完成店铺的星级评定，总数为 5 颗星，数据见表 3-6。

表 3-6 店铺好评率表

店铺	好评率	星级
店铺 1	0.8	
店铺 2	0.65	
店铺 3	0.78	
店铺 4	0.9	
店铺 5	0.95	

方法一：使用 REPT 函数。

在表格外的某一单元格如 F1 中插入 Wingdings 字体中的符号“«”。接着在店铺 1 的星级评定单元格中输入公式：=REPT($F$1,ROUND(B2*5,0))。公式中的 $F$1 为符号单元格，B2 为店铺 1 的好评率，将该好评率 *5 即需要显示的星星符号数目。如好评率为 0.75 转化为星数为 3.75，使用 ROUND 函数进行四舍五入，得到数字 4，也就是显示 4 颗星。其完成效果如图 3-56 所示。

C2 =REPT($F$1,ROUND(B2*5,0))

	A	B	C
1	店铺	好评率	星级
2	店铺1	0.8	★★★★
3	店铺2	0.65	★★★
4	店铺3	0.78	★★★★
5	店铺4	0.9	★★★★★
6	店铺5	0.95	★★★★★

图 3-56 REPT 函数星级评定结果

方法二：使用 LOOKUP 函数。

使用 LOOKUP 函数，通过检索已有星级评定表返回好评率对应星级结果。使用该方法时可以先定义星级评定标准，见表 3-7。

表 3-7 星级评定标准表

好评率	星级
0	★
0.2	★
0.4	★★
0.6	★★★
0.8	★★★★
1	★★★★★

然后在店铺 1 的星级单元格中输入公式：=LOOKUP(B2,$D$1:$D$6,$E$1:$E$6)，其中 B2 为店铺 1 的好评率，$D$1:$D$6 和 $E$1:$E$6 为评定标准中的好评率数据和星级。通过该方法完成星级显示结果如图 3-57 所示。

C2 =LOOKUP(B2,$D$1:$D$6,$E$1:$E$6)

	A	B	C
1	店铺	好评率	星级
2	店铺1	0.8	★★★★
3	店铺2	0.65	★★★
4	店铺3	0.78	★★★
5	店铺4	0.9	★★★★
6	店铺5	0.95	★★★★

图 3-57 LOOKUP 函数星级评定结果

可以看出上述两种方法在进行星级显示时都不够准确，如果需要较为准确地反映星级状况，则可以使用第三种方法完成。

方法三：使用簇状条形图。

使用簇状条形图需要首先根据原有好评率添加辅助数据，其中“星数”列为好评率 * 总星数，数据见表 3-8。

表 3-8 添加辅助列的好评率表

店铺	好评率	总星数	星数
店铺 1	0.8	5	4
店铺 2	0.65	5	3.25
店铺 3	0.78	5	3.9
店铺 4	0.9	5	4.5
店铺 5	0.95	5	4.75

接着对店铺、总星数和星数数据列生成初步簇状条形图，删除其中的标题、图例等，设置纵轴的坐标轴选项为“逆序类别”并将系列重叠设置为 100%，结果如图 3-58 所示。

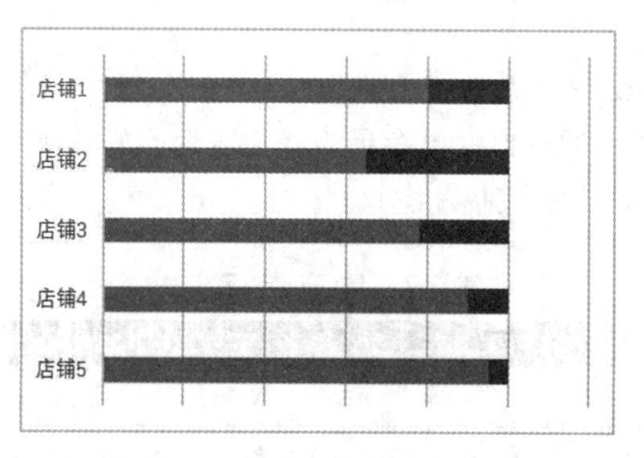

图 3-58 初步评星簇状条形图

然后在工作表中插入形状“星型：五角”，将五角星填充为红色，去除边框并复制到剪贴板；选中条形图中的星级系列并设置填充格式为“图片或纹理填充”，在图片源中单击“剪贴板”，然后选择“层叠并缩放”，将绘制的五角星图形添加边框并去除填充色；使用同样的方法填充总星数系列，如图 3-59 和图 3-60 所示。

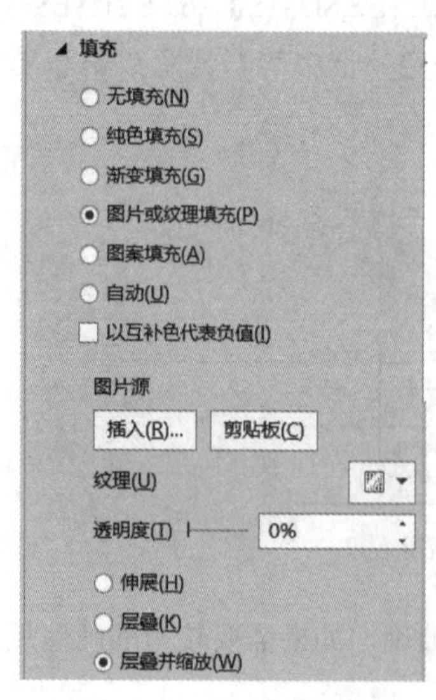

图 3-59 系列填充设置

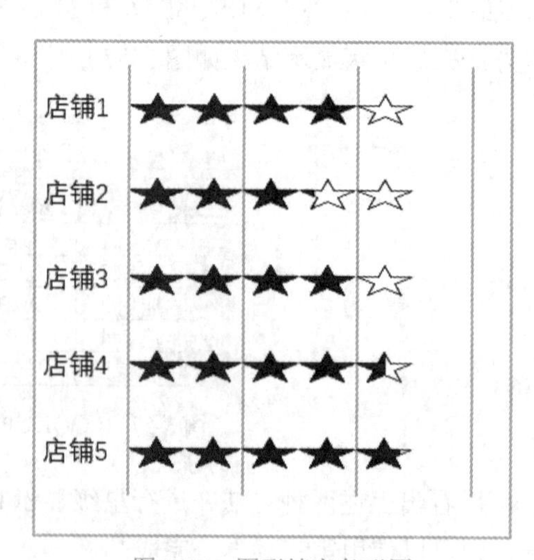

图 3-60 图形填充条形图

最后去除图表中的坐标轴，设置间隙宽度，删除网格线，去除背景填充，适当修改图表大小并调整位置，最终效果如图 3-61 所示。

店铺	好评率	总星数	星数	星级评定
店铺1	0.8	5	4	★★★★☆
店铺2	0.65	5	3.25	★★★☆☆
店铺3	0.78	5	3.9	★★★★☆
店铺4	0.9	5	4.5	★★★★☆
店铺5	0.95	5	4.75	★★★★★

图 3-61　簇状条形图评星结果

3.5　实训

（1）根据表 3-9 中各销售人员的任务完成情况制作图表。

表 3-9　销售任务统计表

销售人员	任务量	完成量
张晓明	80	50
刘丹丹	70	60
李东方	80	45
黄龙山	90	60
李峰	60	55
刘海东	60	40

图表参考效果如图 3-62 所示。

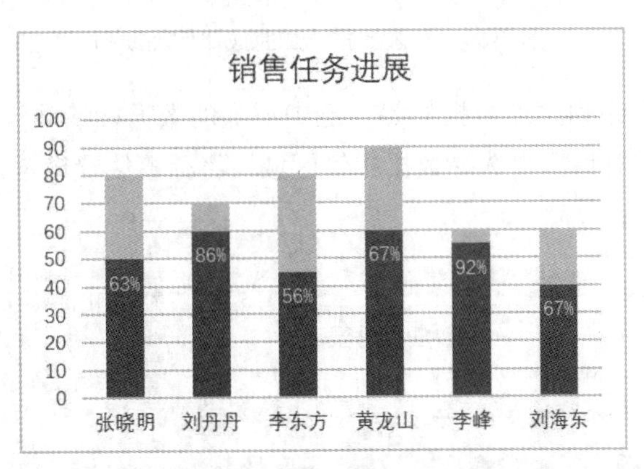

图 3-62　任务进展比例图表

实训步骤：

1）使用数据生成簇状柱形图，如图 3-63 所示。

2）设置系列选项中的“系列重叠”为 100%，适当调整“间隙宽度”，设置其填充颜色等格式，如图 3-64 所示。

3）添加辅助列。计算每个人的任务完成比例，如 =C2/B2 并填充，设置该数据格式为百分比样式，如图 3-65 所示。

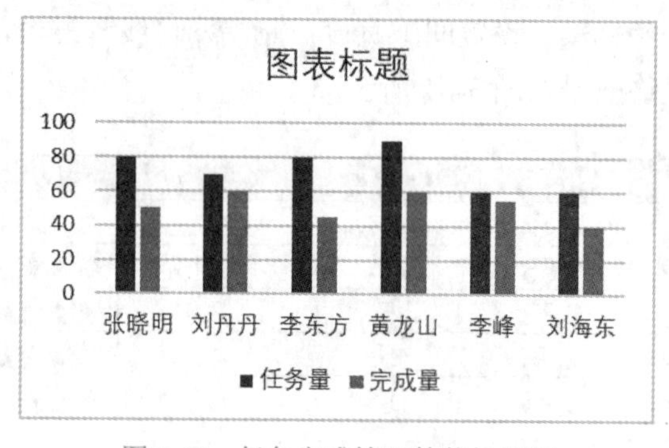

图 3-63 任务完成情况簇状柱形图

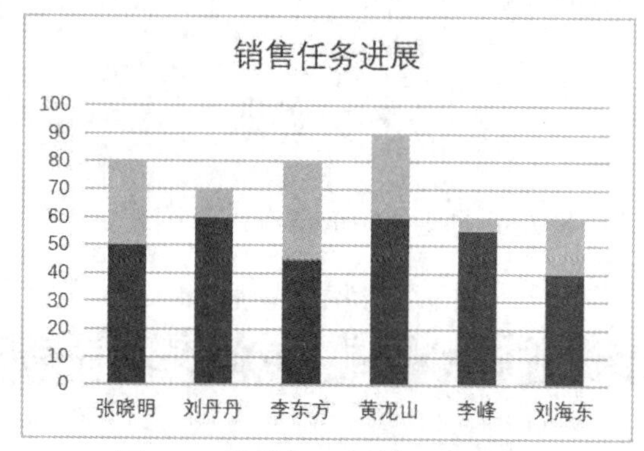

图 3-64 簇状柱形图设置后的结果

D2 =C2/B2

	A	B	C	D
1	销售人员	任务量	完成量	辅助列
2	张晓明	80	50	63%
3	刘丹丹	70	60	86%
4	李东方	80	45	56%
5	黄龙山	90	60	67%
6	李峰	60	55	92%
7	刘海东	60	40	67%

图 3-65 对源数据添加完成比例辅助列

4）对“完成量”系列添加数据标签。选中添加的数据标签并设置标签选项为“单元格中的值”，在弹出的对话框中选择数据标签区域，将标签位置设定为“数据标签内”，如图 3-66 所示。

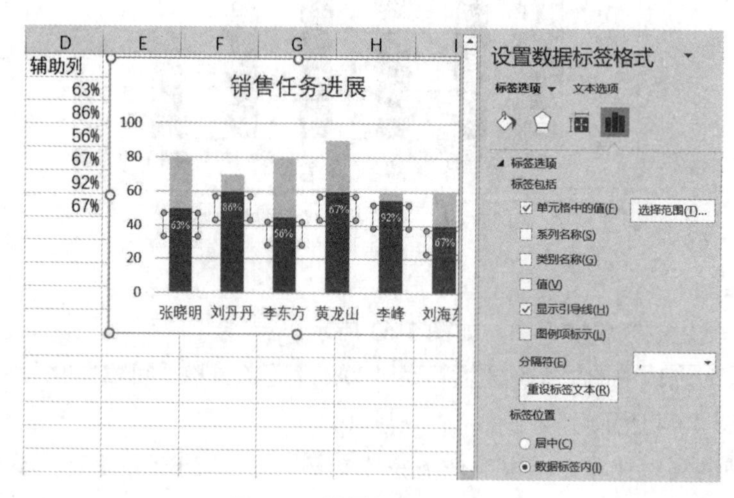

图 3-66 设置标签显示内容

（2）根据不同销售渠道的销售额比例绘制子母饼图，原始数据如图 3-67 所示。

	A	B	C	D
1				
2	销售渠道	销售额占比	网络电商	占比
3	直营店	0.05	京东	0.1
4	超市	0.15	淘宝	0.15
5	批发	0.2	当当	0.1
6	集团采购	0.2	苏宁	0.05
7	网络电商	0.4		

图 3-67　销售渠道销售额占比

图表效果如图 3-68 所示。

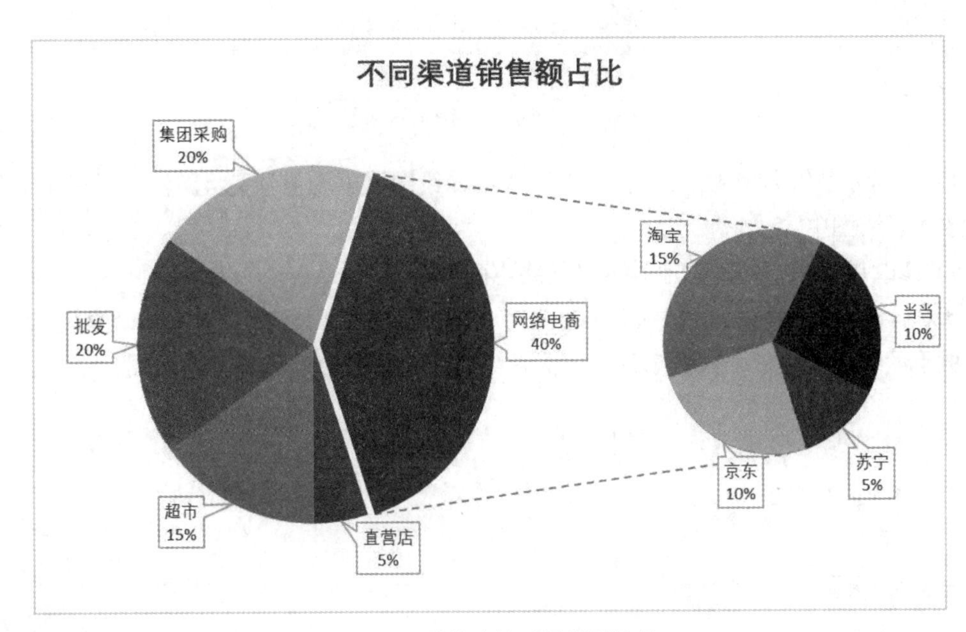

图 3-68　销售占比子母饼图效果

实训步骤：

1）将图 3-67 第 7 行的网络电商数据替换为 C3:D6 的具体网络电商数据，见表 3-10。

表 3-10　销售渠道销售额占比统计表

销售渠道	销售额占比
直营店	0.05
超市	0.15
批发	0.2
集团采购	0.2
京东	0.1
淘宝	0.15
当当	0.1
苏宁	0.05

2）插入饼图中的“子母饼图”，右键添加数据标签并适当调整位置和设置格式。

3）双击饼图，在“设置数据系列格式”对话框中设置“系列分割依据”，如图 3-69 所示。

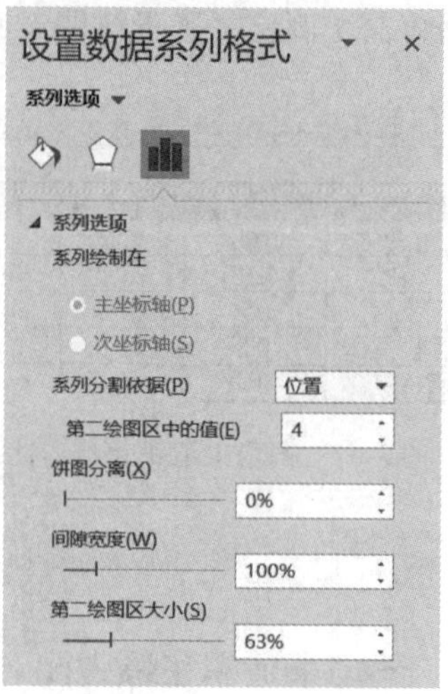

图 3-69 子母饼图系列分割设置

4）系列分割依据使用“位置”，调整“第二绘图区中的值”为 4，使得后续 4 个分类数据放入子饼图中。

5）修改母饼图中的“其他”为“网络电商”。

注意：子母饼图中的系列位置调整也可以将“系列分割依据”设置为“自定义”，然后选中子母饼图中的某个数据扇区，设置该数据属于第一绘图区或第二绘图区。

练习 3

一、选择题

1．下列图表中（ ）比较适合反映数据随时间推移的变化趋势。

A．折线图　　B．饼图

C．圆环图　　D．雷达图

2．在柱形图转换为饼图的操作中，选择柱形图表并右击后（ ）。

A．选择数据　　B．移动图表

C．更改图表类型　　D．编辑图表区域格式

3．要显示一个整体内各部分所占的比例，应选择（ ）。

A．柱形图　　B．饼图

C．折线图　　D．散点图

4．在 Excel 操作中，如果单元格中出现“#DIV/0!”的信息，则表示（ ）。

A．公式中出现被零除的现象　　B．单元格引用无效

C．没有可用数值　　D．结果太长，单元格容纳不下

5．在 Excel 中，下列关于工作表及为其建立的嵌入式图表的说法中正确的是（ ）。

A．删除工作表中的数据，图表中的数据系列不会删除

B．增加工作表中的数据，图表中的数据系列不会增加

C．修改工作表中的数据，图表中的数据系列不会修改

D．以上三项均不正确

二、操作题

1．创建班级成绩表，并生成均值为70分的正态分布的随机成绩。
2．使用随机数发生器（伯努利）生成概率为80%的随机出勤率数据。
3．为班级成绩表创建成绩等级直方图。
4．计算考勤表出勤率，制作出勤率百分比条形图。

第 4 章　HTML5 前端可视化

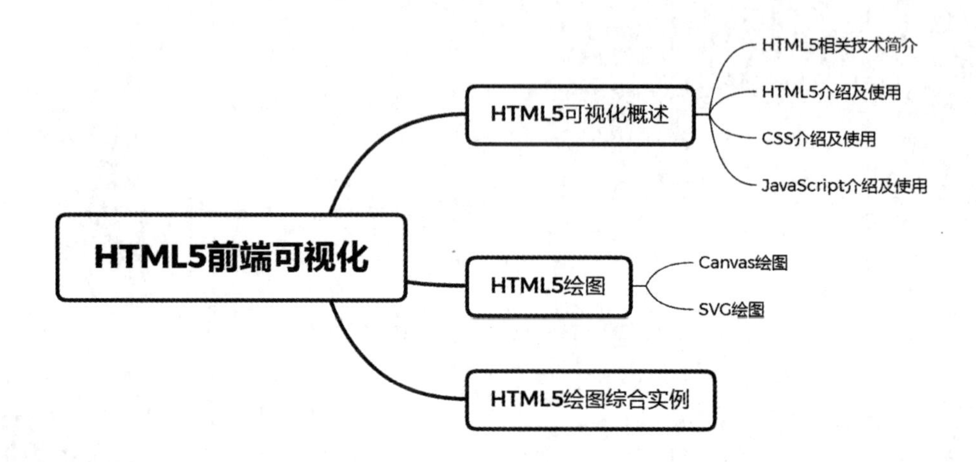

本章导读

HTML5 前端可视化是初学者了解数据可视化应用的入门知识。本章主要介绍 HTML5 可视化概述、HTML5 绘图、HTML5 绘图综合实例等内容，读者应在理解相关概念的基础上重点掌握 HTML5 网页的设计方法、Canvas 可视化设计和 SVG 可视化设计等。

本章要点

- HTML5 可视化
- CSS 与 JavaScript 应用
- Canvas 绘图
- SVG 绘图
- HTML5 绘图综合实例

4.1　HTML5 可视化概述

随着科学技术的不断发展，海量数据的出现加快了数据可视化技术的发展，很多平台提供了实现数据可视化的技术。对于基于 Web 的应用，包含了 SVG 和 Canvas 的 HTML5 提供了新的数据可视化技术。现在主流浏览器大部分完成了对 HTML5 标准的支持，包含 IE9、Chrome、FireFox、Safari 等，而且现在智能手机和平板电脑的浏览器对 HTML5 都有很好的支持，同时这些移动终端的日益普及也使基于 HTML5 的数据可视化跨平台成为了可能。

4.1.1 HTML5 相关技术简介

HTML5 相关技术简介

HTML（超文本标记语言）来源于 SGML（通用标记语言），是一种用于处理 Web 数据的结构化语言。本节将介绍 HTML5 可视化的相关技术。

1. HTML5

HTML5 是 HTML 的最新版本，它实际上是一个包含了 HTML、CSS、JavaScript 等多种技术在内的组合，其中 HTML 和 CSS 主要负责页面的搭建，JavaScript 负责逻辑处理。HTML5 在图形处理、动画制作、视频播放、网页应用、页面布局等方面给网页结构带来了巨大改变。它的目标是取代 HTML4 和 XHTML1.0 标准，降低网页对插件的依赖，如 Flash 等软件的应用，将网页带入一个成熟的应用平台，实现各种设备的互联与应用，更好地满足人们的需求。

2. CSS

CSS（层叠样式表）主要用来展现 HTML 网页的文档样式，在制作 HTML5 网页时 CSS 样式表是不可缺少的。CSS3 是 CSS 技术的升级版本，于 1999 年开始制订，2001 年 5 月 23 日 W3C 完成了 CSS3 的工作草案，主要包括盒子模型、列表模块、超链接方式、语言模块、背景和边框、文字特效、多栏布局等模块。CSS3 原理同 CSS，是在网页中自定义样式表的选择符，然后在网页中大量引用这些选择符。

3. JavaScript

JavaScript 是一种高级编程语言，通过解释执行。它是一门动态类型、面向对象（基于原型）的直译语言，已经由欧洲计算机制造商协会通过 ECMAScript 实现语言的标准化。JavaScript 被世界上的绝大多数网站所使用，也被世界主流浏览器（Chrome、IE、FireFox 等）支持，如今越来越广泛地使用于 Internet 网页制作上。

4.1.2 HTML5 介绍及使用

与 HTML4 相比，HTML5 强化了网页的表现功能，对网页中的音频增加了许多新功能，并对视频、动画等标签有了更多的支持。因此，使用 HTML5 可以更好地开发移动网页。

1. HTML5 简介

HTML5 标记的书写和 HTML 之前的语法基本一致，但需要注意以下几点：

- 标签的书写不区分大小写。
- 标签要正确地封闭。
- 如果需要显示中文，必须设置编码格式。
- 属性的双引号可选。

此外，HTML5 中有丰富的语义结构标记，与 HTML4 不同，它的书写更加简洁高效。在 HTML5 出现之前，人们书写网页时经常会出现如下代码：

```
<!DOCTYPE HTML PUBLIC "-//W3C//DTD HTML 4.01 Transitional//EN" "http://www.w3.org/TR/html4/loose.dtd">
```

该语句用来表示文档的类型声明和介绍该文档要符合 HTML 规范。

HTML5 重新规范了网页的书写方式，简化了这一约定，使用如下语法：

```
<!DOCTYPE html>
```

需要指出的是：

- 在 HTML 4.01 中，<!DOCTYPE> 声明引用 DTD，因为 HTML 4.01 基于 SGML。

DTD 规定了标记语言的规则，这样浏览器才能正确地呈现内容。而 HTML5 不基于 SGML，所以不需要引用 DTD。

- 每一个 HTML5 文档必须以 DOCTYPE 元素开头。<!DOCTYPE HTML> 告诉浏览器它处理的是 HTML 文档。
- <!DOCTYPE> 声明没有结束标签。
- <!DOCTYPE> 声明对大小写不敏感。

与 HTML4 相比，HTML5 的主要变化如下：

- 取消了一些过时的 HTML4 标记，如包含显示效果的标记 <font> 等已经被 CSS 所取代，<u>、<strike> 等标记则被完全去掉了。除此之外，在 HTML5 中加入了大量的新标记，如 <nav>、<footer>、<section>、<article>、<aside> 等，以便在制作网页时使用新标记进行全新的布局设计。
- 加入了全新的表单输入对象，如 <date>、<time>、<email>、<url> 等标记，进行新的表单控件开发。
- 强化了 Web 页面的表现性，增加了本地数据库特性。HTML5 支持语义化标记，支持网页中的多媒体属性，并引入了新的音频标记 audio 和视频标记 video。在数据存储中对本地离线存储有了更好的支持。
- 引入 Canvas 画布的概念，通过使用 Canvas 画布和 SVG 技术实现网页中二维图形的绘制。
- 用户无需安装插件，HTML5 取代了 Flash 在移动设备上的地位。
- 采用了开放的标准与技术，加强了浏览器中的异常处理。

上述特点决定了 HTML5 能够解决许多 Web 中很难被逾越的问题，它的前途一片光明。

2. HTML5 布局元素介绍

HTML5 页面布局与传统的 Web 页面有所区别，HTML5 页面布局方式如图 4-1 所示。

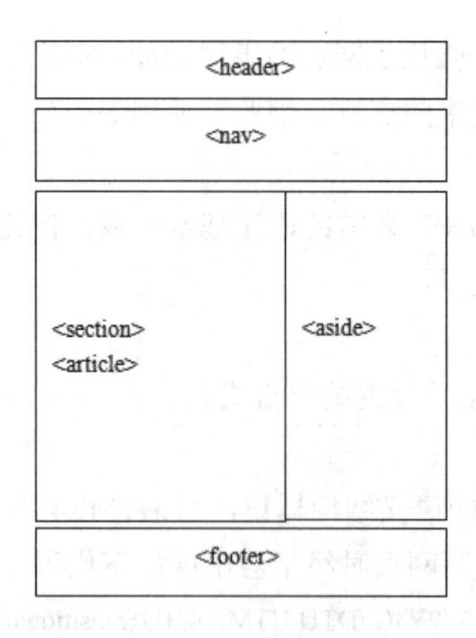

图 4-1 HTML5 页面布局方式

在图 4-1 中，HTML5 的布局把整个页面分成了 5 个区域，如下：

- <header>：页面标题区域，用于表示区域内的个体标题，可用在整个文档中，也可以在局部使用。
- <nav>：页面导航区域，是专门放置网页中的菜单导航和链接导航的区域。

- <section> 与 <article>：页面主内容区域，是网页的主要内容部分，用于放置网页的主要内容，也可以嵌套放置其他标记。
- <aside>：页面侧内容区域，与 section 相似，也用于放置网页内容。
- <footer>：页面页脚区域，是网页最底部的区域，用于放置作者信息、用户导航、联系方式、广告插入等内容。

通过页面布局元素标记描述对应的页面区域，这样使用 HTML5 开发的网页结构更加清晰明了。

3. HTML5 制作网页

【例 4-1】制作 HTML5 标签的网页。

```
<!DOCTYPE html>
  <html lang="zh">
    <head>
      <title>我的网页</title>
    </head>
    <body>
      <h1>第一个标题</h1>
      <p>第一个段落。</p>
      <p>第二个段落。</p>
    </body>
  </html>
```

将该网页保存为 4-1.html，在浏览器中的运行效果如图 4-1 所示。

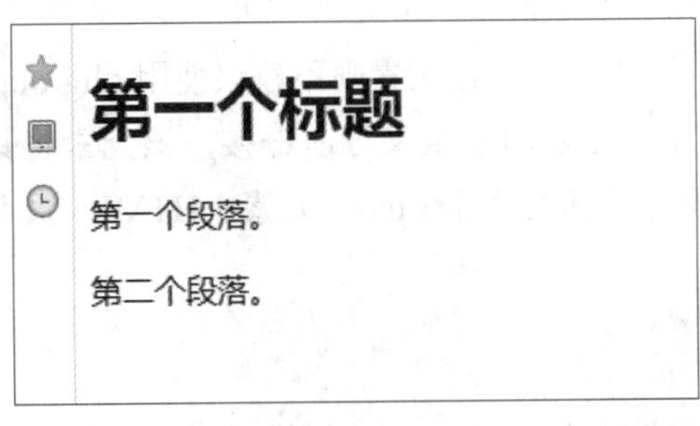

图 4-2　HTML5 网页

该例是一个使用 HTML5 标签开发的网页，用语句 <!DOCTYPE html> 表示。

值得注意的是，lang="zh" 语句用来设置文档的主语言，对于中文网页，HTML5 标记应当是 zh。

【例 4-2】使用 HTML5 新布局元素布局网页。

```
<!DOCTYPE html>
  <html>
    <head>
      <title>这是HTML5网页</title>
    </head>
    <body>
      <header></header>
      <hgroup></hgroup>
      <nav></nav>
      <article></article>
      <section class="intros"></section>
      <aside class="content"></aside>
```

```
    <footer></footer>
  </body>
</html>
```

（1）<header> 元素。<header> 元素用来放置页面内的一个内容区块的标题，<header> 区域代码如下：

```
<header>
  <h1>HTML5页面</h1>
</header>
```

值得注意的是，一个页面可以拥有多个 <header> 元素，如果将页面分为多个区域，可以为每个区域加入 <header> 元素，代码如下：

```
<header>
  <h1>HTML5页面</h1>
</header>
<section class="content">
  <header>文章标题</header>
  <p>这是网页的主要内容区域</p>
</section>
```

（2）<hgroup> 元素。<hgroup> 区域用于对网页的标题进行组合，通常它与 h1 ～ h6 元素组合使用，一般将 <hgroup> 元素放在 <header> 元素中，代码如下：

```
<hgroup>
  <h2>网页元素</h2>
  <h2>hgroup元素</h2>
</hgroup>
```

值得注意的是，如果只有一个标题元素则不建议使用 <hgroup> 元素。

（3）<nav> 元素。<nav> 元素用于定义导航链接，该元素将具有导航的链接放在同一个区域中，并且一个页面可以拥有多个 <nav> 元素。HTML5 页面导航区域 <nav> 部分代码如下：

```
<nav id="menu">
  <ul>
    <li><a href="#" class="top">Home</a><a href="#">首页</a></li>
    <li><a href="#" class="top">News</a><a href="#">新闻</a></li>
    <li><a href="#" class="top">Sports</a><a href="#">体育</a></li>
    <li><a href="#" class="top">Contact</a><a href="#">联系方式</a></li>
    <li><a href="#" class="top">Logo</a><a href="#">博客</a></li>
  </ul>
</nav>
```

这里使用 <ul> 无序列表作为导航的结构。设置 id="menu 是为了 CSS 样式表引用。

（4）<article> 元素。<article> 区域用于定义独立的内容，反映文章及评论等，代码如下：

```
<article>
  <header>
    <h1>我的HTML5页面</h1>
  </header>
  <hgroup>
    <h2>网页元素</h2>
    <h2>hgroup元素</h2>
  </hgroup>
```

```
  <p>HTML5新元素</p>
</article>
```

该段代码描述了 <article> 区域，该区域包含一个 <header> 元素和一个 <hgroup> 元素。

（5）<section> 元素。<section> 元素可用于划分文档的节，包含与主题相关的内容。节通常包含标题和其他子元素。<section> 区域的代码如下：

```
<section class="content">
  <p>这是网页的主要内容区域</p>
</section>
```

也可以写成如下的复杂形式：

```
<section id="sidebar">
  <h2>Section</h2>
  <header>
    <h2>Side  Header</h2>
  </header>
  <nav>
    <h3>dao hang </h3>
    <ul>
      <li><a href="2017/04">2014</a></li>
      <li><a href="2017/03"> 2015</a></li>
      <li><a href="2017/02"> 2016</a></li>
      <li><a href="2017/01"> 2017</a></li>
    </ul>
  </nav>
</section>
```

在 <section> 中可以包含任意的内容。

（6）<aside> 元素。<aside> 元素用来表示当前页面的附加信息，<aside> 区域的代码如下：

```
<aside>
  <h3>welcome</h3>
  <ul>
    <li><a href="#">HTML5标记</a></li>
  </ul>
</aside>
```

（7）<footer> 元素。<footer> 元素用来描述页面的页脚区域，<footer> 区域的代码如下：

```
<footer class="foot">
  <h2>Footer</h2>
</footer>
```

同样可以写成如下的复杂形式：

```
<footer>
  <section id="part1">
    <h2>关于</h2>
  </section>
  <section id="part2">
    <h2>联系</h2>
  </section>
  <section id="part3">
    <h2>友情链接</h2>
  </section>
```

```
    <section id="part4">
      <h2>版权所有</h2>
    </section>
  </footer>
```

上述代码在通过 CSS 样式表修饰后即可在支持 HTML5 的浏览器上显示网页效果。

值得注意的是，在一个页面中可以出现多个 <header>、<section>、<nav> 元素，需要为每一个元素都编写特定的 CSS 样式。

4.1.3 CSS 介绍及使用

CSS 主要用来展现 HTML 网页的文档样式，在制作 HTML5 网页时 CSS 样式表是不可缺少的。

1. CSS 简介

样式表定义如何显示 HTML 元素，就像 HTML 3.2 的字体标签和颜色属性所起的作用那样。样式通常保存在外部的 .css 文件中。仅仅通过编辑一个简单的 CSS 文档，外部样式表就使你有能力同时改变站点中所有页面的布局和外观。

由于允许同时控制多重页面的样式和布局，CSS 可以称得上是 Web 设计领域的一个突破。作为网站开发者，能够为每个 HTML 元素定义样式，并将之应用于任意多的页面中。如需进行全局的更新，只需简单地改变样式，然后网站中的所有元素均会自动更新。

样式表允许以多种方式规定样式信息。样式可以规定在单个的 HTML 元素中、HTML 页的头元素中、一个外部的 CSS 文件中，甚至可以在同一个 HTML 文档内部引用多个外部样式表。

CSS 规则由两个主要部分构成：选择器和声明。声明可以是一条，也可以是多条。多条声明在书写时用“;”分隔开，如图 4-3 所示。

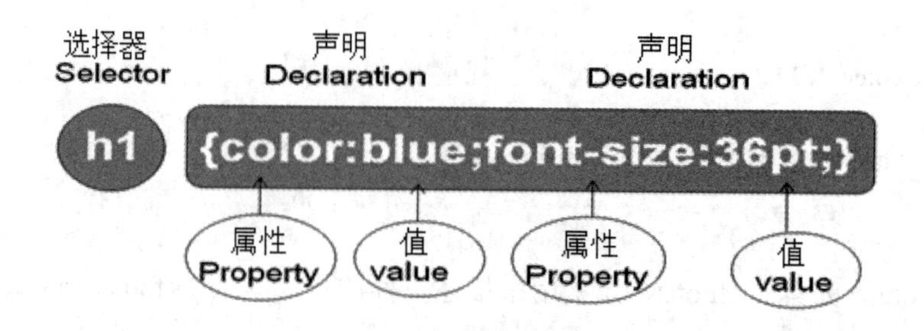

图 4-3　CSS 基本语法格式

在图 4-3 中，h1 是选择器，color 和 font-size 是属性，blue 和 36pt 是值。

选择器（Selector）通常是需要改变样式的 HTML 元素，而声明（Declaration）是由一个属性和一个值组成。属性（Property）是希望设置的样式属性（Style Attribute），值就是赋予样式属性的一个具体值，属性和值在书写的时候用冒号分隔开。

2. CSS 分类

样式表一般分为两种：外部样式表和内部样式表。

外部样式表的插入在 HTML5 文档的头部标记 <head> 中实现，代码如下：

```
<head>
  <link href="css/main.css" rel="stylesheet" type="text/css" />
</head>
```

其中 href="css/main.css" 显示链接的样式表名称和目录地址，外部样式表保存格式为“*.css”。

下面是一个样式表实例。

```
.h1{
  width: 60%;          /*元素的宽度设定*/
  margin: 0 auto;      /*元素的外边距设定，左右居中*/
}
```

内部样式表可以写在 HTML 文档内部，代码如下 ：

```
<head>
  <style type="text/css">
  .center{
    text-align:center;
  }
  .main{
    margin-top:30px;
  }
</head>
```

【例 4-3】在 HTML5 网页中增加 CSS 内部样式表。

```
<!DOCTYPE html>
<html>
  <head>
    <style>
    h1
    {
      color:blue;
      text-align:center;
    }
    </style>
  </head>
  <body>
    <h1>采用了h1样式的效果</h1>
  </body>
</html>
```

运行该例，效果如图 4-4 所示。

采用了h1样式的效果

图 4-4　在 HTML5 网页中增加 CSS 内部样式表

4.1.4　JavaScript 介绍及使用

JavaScript 是由 Netscape 公司开发的一种脚本语言，也可以称为描述语言。在 HTML 基础上，使用 JavaScript 可以开发交互式 Web 网页。JavaScript 的出现使得网页和用户之间实现了一种实时性的、动态的、交互性的关系，使网页包含更多活跃的元素和更加精彩的内容。

JavaScript 介绍及使用

1. JavaScript 简介

JavaScript 是一种轻量级的编程语言，是基于原型编程、多范式的动态脚本语言，并且支持面向对象、命令式和声明式（如函数式编程）风格。

JavaScript 由以下 3 个部分组成：

- ECMAScript：ECMAScript 是一种可以在宿主环境中执行计算并能操作可计算对象的基于对象的程序设计语言。ECMAScript 最先被设计成一种 Web 脚本语言，用来支持 Web 页面的动态表现并为基于 Web 的客户机－服务器架构提供服务器端的计算能力。
- 文档对象模型（DOM）：DOM（Document Object Model）译为文档对象模型，是 HTML 和 XML 文档的编程接口，它定义了访问和操作 HTML 文档的标准方法，通常以树结构表达 HTML 文档。
- 浏览器对象模型（BOM）：BOM（Browser Object Model）叫作浏览器对象模型。它将整个浏览器看作一个对象，并使用 JavaScript 来访问和控制浏览器对象实例，因此主要用于客户端浏览器的管理。

【例 4-4】在 HTML5 网页中增加 JavaScript。

```
<!DOCTYPE html>
<html>
  <head>
    <meta charset="utf-8">
    <title>javascript</title>
  </head>
  <body>
    <p>
      JavaScript 能够直接写入 HTML 输出流中：
    </p>
    <script>
      document.write("<h1>这是一个标题</h1>");
      document.write("<p>这是一个段落。</p>");
    </script>
    <p>
      向文档写入 HTML 表达式或 JavaScript 代码
    </p>
  </body>
</html>
```

该例使用语句 document.write() 向 HTML 文档中写入了 JavaScript 代码。在 JavaScript 中每个载入浏览器的 HTML 文档都会成为 Document 对象。

运行该例，效果如图 4-5 所示。

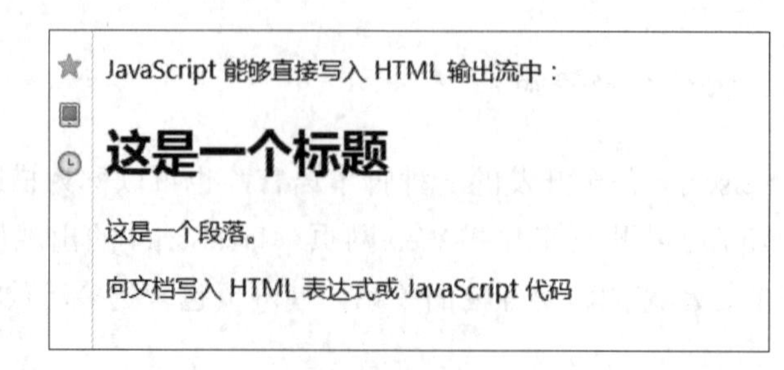

图 4-5　在 HTML5 网页中增加 JavaScript

JavaScript 中常见的 Document 对象方法见表 4-1。

表 4-1 JavaScript 中常见的 Document 对象方法

方法	描述
close()	关闭用 document.open() 方法打开的输出流，并显示选定的数据
getElementById()	返回对拥有指定 id 的第一个对象的引用
getElementsByName()	返回带有指定名称的对象集合
getElementsByTagName()	返回带有指定标签名的对象集合
open()	打开一个流，以收集来自任何 document.write() 或 document.writeln() 方法的输出
write()	向文档写入 HTML 表达式或 JavaScript 代码
writeln()	等同于 write() 方法，不同的是在每个表达式之后写一个换行符

【例 4-5】在 HTML5 网页中制作警告框。

```
<!DOCTYPE html>
<html>
  <head>
    <meta charset="utf-8">
    <script>
      function myFunction(){
        alert("你好，我是一个警告框！");
      }
    </script>
  </head>
  <body>
    <input type="button" onclick="myFunction()" value="显示警告框" />
  </body>
</html>
```

该例使用函数 function myFunction() 制作了弹出警告框，并在 HTML5 网页中通过单击按钮 button 来实现这一功能。运行该例，效果如图 4-6 和图 4-7 所示。

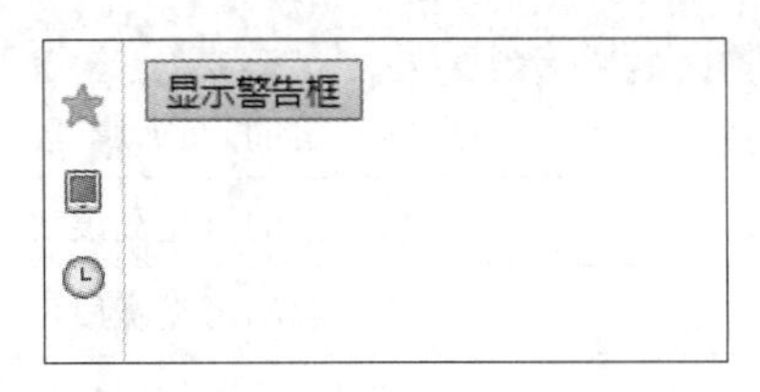

图 4-6 显示按钮

此网页显示
你好，我是一个警告框！
确定

图 4-7 弹出警告框

【例 4-6】在 HTML5 网页中获取当前时间。

```
<!DOCTYPE html>
<html>
  <head>
    <meta charset="utf-8">
    <title>javascript</title>
  </head>
  <body>
    <button onclick="getElementById('demo').innerHTML=Date()">现在的时间是？</button>
    <p id="demo"></p>
  </body>
</html>
```

该例使用 getElementById() 方法返回对拥有指定 ID 的第一个对象的引用，本例中为 demo，并通过单击按钮来获取当前时间，用语句 innerHTML=Date() 实现。运行该例，效果如图 4-8 和图 4-9 所示。

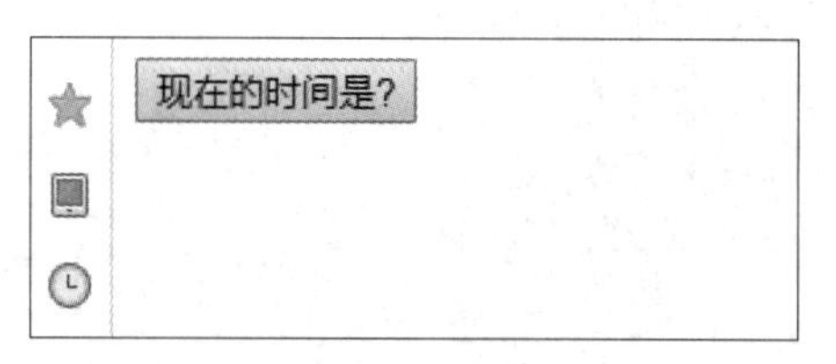

图 4-8　显示按钮

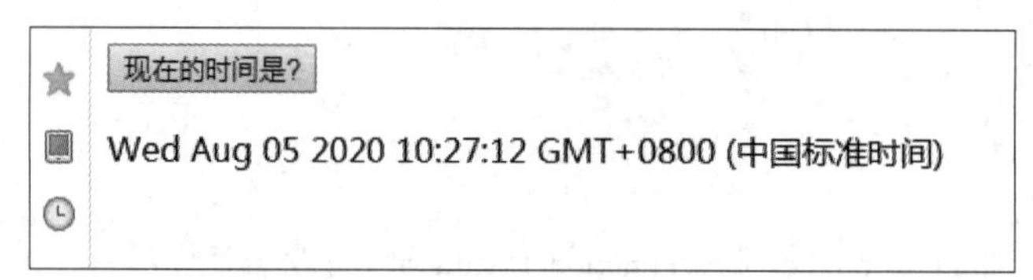

图 4-9　单击按钮显示当前时间

JavaScript 中常见的 Document 对象属性见表 4-2。

表 4-2　JavaScript 中常见的 Document 对象属性

属性	描述
element.className	返回元素的 class 属性
element.clientHeight	返回元素的可见高度
element.clientWidth	返回元素的可见宽度
element.compareDocumentPosition()	比较两个元素的文档位置
element.dir	返回元素的内容是否可编辑
element.firstChild	返回被选节点的第一个子节点
element.getAttribute()	返回元素节点的指定属性值
element.getAttributeNode()	返回指定的属性节点
element.id	返回元素的 id
element.innerHTML	返回元素的 HTML 内容
element.insertBefore()	在指定的已有子节点之前插入新节点

续表

属性	描述
element.isEqualNode()	检查两个元素是否相等
element.isSameNode()	检查两个元素是否是相同的节点
element.lang	返回元素的语言代码
element.lastChild	返回元素的最后一个子元素
element.nodeName	返回元素的名称
element.nodeType	返回元素的节点类型
element.nodeValue	返回元素值
element.ownerDocument	返回元素的根元素（文档对象）
element.parentNode	返回元素的父节点
element.removeChild()	从元素中移除子节点
element.setUserData()	把对象关联到元素上的键
element.style	返回元素的 style 属性
element.tagName	返回元素的标签名
element.title	返回元素的 title 属性
element.toString()	把元素转换为字符串
nodelist.length	返回 NodeList 中的节点数

4.2　HTML5 绘图

在 HTML5 中引入了 Canvas 画布的概念，用户可以通过使用 Canvas 画布和 SVG 技术在网页中实现二维图形的绘制。

4.2.1　Canvas 绘图

Canvas 绘图

Canvas（画布）是 HTML5 的一大特色，它是一种全新的 HTML 元素。Canvas 元素最早是由 Apple 在 Safari 中引入，随后 HTML 为了支持客户端的绘图行为也引入了该元素。目前 Canvas 已经成为 HTML 标准中的一个重要标签，各大浏览器厂商也都支持该标签的使用。

1. Canvas 简介

使用 Canvas 元素可以在 HTML5 网页中绘制各种形状、处理图像信息、制作动画等。不过值得注意的是 Canvas 元素只是在网页中创建了图像容器，必须要使用 JavaScript 语言来书写脚本以绘制对应的图形。

创建画布语法如下：

```
<canvas id="MyCanvas" width="100" height="100"></canvas>
```

在 HTML5 中使用 <canvas> 元素来绘制画布，为了能让 JavaScript 引用该元素，一般需要先设置 Canvas 的 id。此外，在 Canvas 中还包含两个基本属性：width 和 height，用来设置画布的宽度和高度。在这里设置该画布的宽和高均为 100 像素：width="100"，height="100"。

【例 4-7】制作画布实例。

```
<!DOCTYPE html>
<body>
  <canvas id="myCanvas" width="200" height="200" style="border:solid 1px #CCC;">
    您的浏览器不支持Canvas，建议使用最新版的Chrome
  </canvas>
  <script>
    var c = document.getElementById("myCanvas");
    var ctx = c.getContext("2d");  //获取该Canvas的2D绘图环境对象
    ctx.fillRect(10,10,50,50);     //以画布上的(10,10)坐标点为起始点绘制一个宽高均为50px的实心矩形
    ctx.strokeRect(10,70,50,50);   //以画布上的(10,70)坐标点为起始点绘制一个宽高均为50px的描边矩形
  </script>
</body>
</html>
```

该例使用画布绘制了两个矩形，过程如下：

（1）设置画布元素 <canvas>，如果浏览器不支持，会出现提示语句“您的浏览器不支持 Canvas，建议使用最新版的 Chrome”。

（2）通过 <script> 标签来书写画布内容。

var c = document.getElementById("myCanvas") 获取网页中画布对象的代码。

var ctx = c.getContext("2d") 创建 Context 对象，在 JavaScript 中，getContext("2d") 方法返回了一个对象，用于描述画布上的绘图环境，其中 ContextId 指定了画布上绘制的类型，context 表示图形上下文。当前唯一支持图形上下文参数的是“2d”，它代表二维制图，表示只有获取了 2d 内容的引用才能调用绘图 API。

ctx.fillRect(10,10,50,50) 绘制实心矩形，fillRect 表示填充，Rect 用于描述矩形，(10,10,50,50) 表示坐标点为 (10,10) 及矩形的宽度值和高度值分别为 (50,50)。

ctx.strokeRect(10,70,50,50) 绘制空心矩形，strokeRect 表示边线，(10,70,50,50) 表示矩形坐标点为 (10,70) 及矩形的宽度值和高度值分别为 (50,50)。

运行该例，效果如图 4-10 所示。

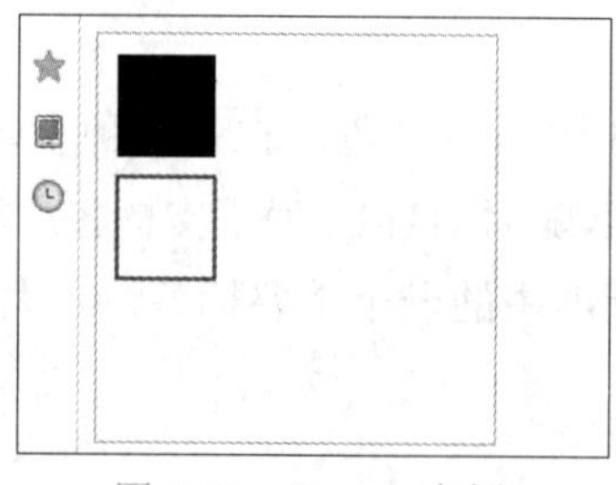

图 4-10　Canvas 实例

Canvas 创建矩形方法见表 4-3，Canvas 绘图常见属性见表 4-4，Canvas API 颜色、样式和阴影属性见表 4-5，Canvas 的路径方法见表 4-6。

表 4-3　Canvas 创建矩形方法

方法	描述
Rect()	创建矩形
fillRect()	填充矩形
strokeRect()	绘制矩形（无填充）

表 4-4　Canvas 绘图常见属性

属性	描述
save	保存当前环境的状态
restore	返回之前保存过的路径状态和属性
getContext	返回一个对象，指出访问绘图功能必要的 API
toDataURL	返回 Canvas 图像的 URL

表 4-5　Canvas API 颜色、样式和阴影属性

属性	描述
fillStyle	设置或返回用于填充绘图的颜色、渐变或模式
strokeStyle	设置或返回用于笔触的颜色、渐变或模式
shadowColor	设置或返回用于阴影的颜色
shadowBlur	设置或返回用于阴影的模糊级别
shadowOffsetX	设置或返回阴影距形状的水平距离
shadowOffsetY	设置或返回阴影距形状的垂直距离

表 4-6　Canvas 的路径方法

方法	描述
fill()	填充当前绘图（路径）
stroke()	绘制已定义的路径
beginPath()	起始一条路径或重置当前路径
moveTo()	把路径移动到画布中的指定点，不创建线条
lineTo()	添加一个新点，创建从该点到最后指定点的线条
clip()	从原始画布剪切任意形状和尺寸的区域
rotate()	旋转
scale()	缩放
quadraticCurveTo()	创建二次贝塞尔曲线
arc()	创建弧 / 曲线（用于创建圆形或部分圆）
arcTo()	创建两切线之间的弧 / 曲线
isPointInPath()	如果指定的点位于当前路径中，返回布尔值

【例 4-8】在画布中制作填充为红色的矩形。

```
<!DOCTYPE html>
  <html>
  <head>
    <meta charset="utf-8">
    <title>画布教程</title>
  </head>
  <body>
    <canvas id="myCanvas" width="200" height="100" style="border:1px solid #c3c3c3;">
      您的浏览器不支持 HTML5 Canvas 标签。
    </canvas>
    <script>
```

```
        var c=document.getElementById("MyCanvas");
        var ctx=c.getContext("2d");
        ctx.fillStyle="red";  //填充颜色
        ctx.fillRect(10,10,80,80);  //填充坐标位置
    </script>
  </body>
</html>
```

该例在画布的左上方绘制了一个填充为红色的矩形，用语句 ctx.fillStyle="red" 来实现。运行该例，效果如图 4-11 所示。

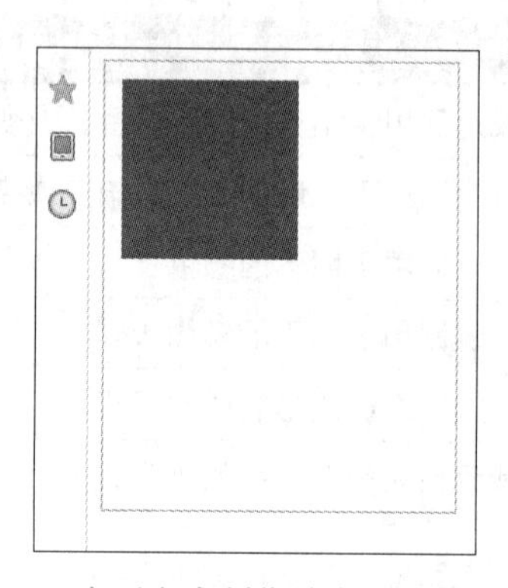

图 4-11　在画布中制作填充为红色的矩形

2. Canvas 绘制线条

在 Canvas 的图形绘制中也可以通过绘制直线的方式来完成。在 Canvas 上画线一般使用以下两个方法：

- moveTo 方法：是把鼠标移动到指定坐标点，在绘制直线时以该点为起点，常见语法如下：

```
moveTo(x,y)    //定义线条开始坐标，x表示横坐标，y表示纵坐标
```

- lineTo 方法：是在 moveTo 方法中指定的起点与参数中指定的终点之间绘制一条直线，常见语法如下：

```
lineTo(x,y)   //定义线条结束坐标，x表示横坐标，y表示纵坐标。在完成直线的绘制后，
              //光标会自动移动到lineTo方法指定的直线终点
```

在默认状态下，第一条路径的起点是坐标中的 (0,0)，之后的起点是上一条路径的终点。不断地重复 moveTo 方法和 lineTo 方法可以绘制多条直线。

【例 4-9】在画布中绘制直线。

```
<!DOCTYPE html>
<html>
<head>
  <meta charset="utf-8">
  <title>画布</title>
</head>
<body>
  <canvas id="myCanvas" width="200" height="100" style="border:1px solid #d3d3d3;">
    您的浏览器不支持 HTML5 Canvas 标签。
  </canvas>
  <script>
    var c=document.getElementById("myCanvas");
    var ctx=c.getContext("2d");
```

```
        ctx.moveTo(0,0);
        ctx.lineTo(100,100);
        ctx.stroke();
    </script>
</body>
</html>
```

该例中语句 moveTo(0,0) 定义了直线的起点，lineTo(100,100) 为直线的终点位置。

运行该例，效果如图 4-12 所示。

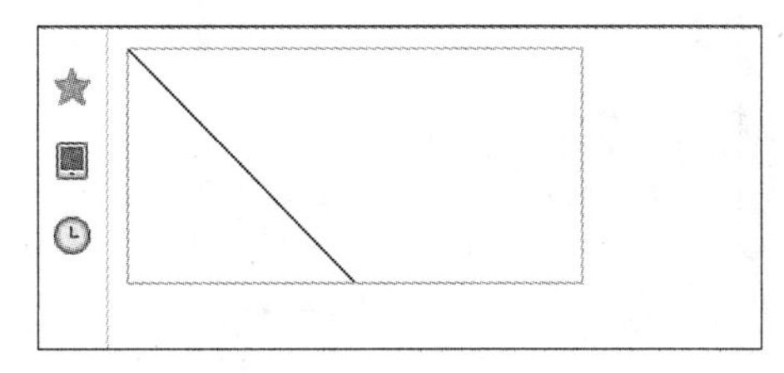

图 4-12　在画布中绘制直线

3. Canvas 绘制圆

在 HTML5 中，使用 Canvas 绘制圆及圆弧的常见语法如下：

```
arc(x, y, radius, startRad, endRad, anticlockwise)
```

arc 用于绘制一个以 (x,y) 为圆心，radius 为半径，startRad 为起始弧度，endRad 为结束弧度的圆弧。在这里以 anticlockwise 来表示该圆弧是顺时针还是逆时针，如果为 true 表示为逆时针，为 false 表示为顺时针。

图 4-13 显示了圆的方向。

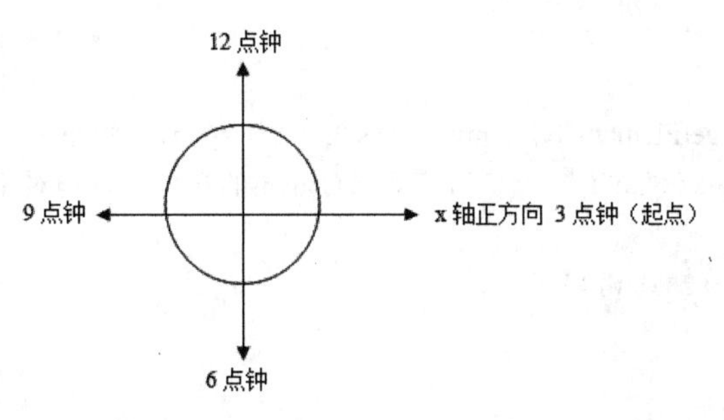

图 4-13　Canvas 中圆的方向

【例 4-10】在画布中绘制圆。

```
<!DOCTYPE html>
<body>
    <canvas id="myCanvas" width="200" height="200" style="border:solid 1px red;">
        您的浏览器不支持Canvas，建议使用最新版的Chrome
    </canvas>
    <script>
        var c = document.getElementById("myCanvas");            //找到画布
        var ctx = c.getContext("2d");            //获取该Canvas的2D绘图环境对象
        ctx.beginPath();
        ctx.arc(100,75,50,0,2*Math.PI);
        ctx.stroke();
    </script>
</body>
</html>
```

语句 arc(100,75,50,0,2*Math.PI) 表示该圆弧以 (100,75) 为圆心，50 为半径，2*Math.PI 表示为 2π 即 360°。在该例的代码中使用了 JavaScript 中表示 π 的常量 Math.PI。如书写 Math.PI 即显示一个半圆。

运行该例，效果如图 4-14 所示。

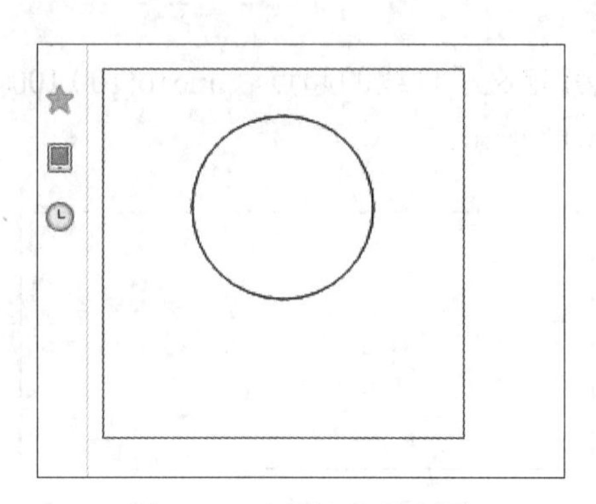

图 4-14 在画布中绘制圆

使用 Canvas 绘制曲线的方法也可以同时绘制多个圆及圆弧。绘制圆弧的常见方法如下：

```
P*Math.PI
```

其中参数 0<P<2，Math.PI 表示常量 π。

【例 4-11】在画布中绘制圆及圆弧。

```
<!DOCTYPE html>
<body>
  <canvas id="myCanvas" width="400" height="400" style="border:solid 1px red;">
    您的浏览器不支持Canvas，建议使用最新版的Chrome
  </canvas>
  <script>
    var c = document.getElementById("myCanvas");            //找到画布
    var ctx = c.getContext("2d");            //获取该Canvas的2D绘图环境对象
    ctx.beginPath();
    ctx.arc(100,75,50,0,2*Math.PI);
    ctx.stroke();
    ctx.beginPath();
    ctx.arc(100,100,70,0,1*Math.PI);
    ctx.stroke();
    ctx.beginPath();
    ctx.arc(300,75,50,0,1.6*Math.PI);
    ctx.stroke();
  </script>
</body>
</html>
```

该例画了 3 个圆弧，ctx.beginPath();、ctx.arc(100,75,50,0,2*Math.PI);、ctx.stroke(); 描述了一个完整的圆；ctx.beginPath();、ctx.arc(100,100,70,0,1*Math.PI);、ctx.stroke(); 描述了一个半圆；ctx.beginPath();、ctx.arc(300,75,50,0,1.6*Math.PI);、ctx.stroke(); 描述了另外一段圆弧，语句 1.6*Math.PI 设置了该段圆弧的弧长大小。

运行该例，效果如图 4-15 所示。

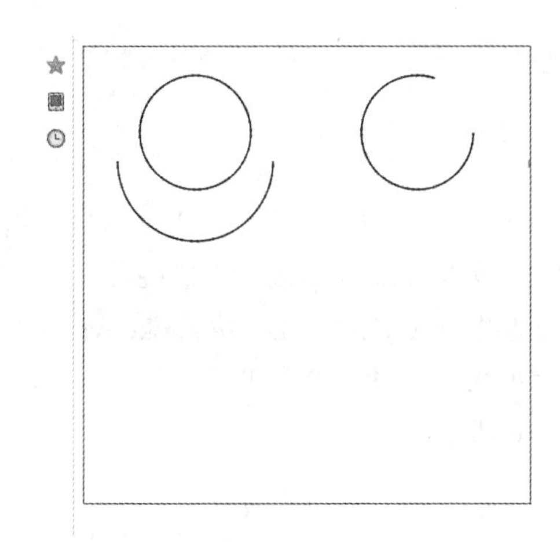

图 4-15 在画布中绘制圆及圆弧

4.2.2 SVG 绘图

SVG（可伸缩矢量图形）是用于描述二维矢量图形的一种图形格式，它由万维网联盟制定，是一种基于 XML 语言的开放性标准。因此，SVG 是一种 XML 文件，在互联网上被广泛地用来创建和修改图像，目前也比较成熟地应用于智能手机中，支持用户查看高质量的图像和动画。

1. SVG 简介

在绘制图形中，SVG 严格遵循 XML 语法，用文本格式的方式来描述图像信息。作为一个开放的标准，SVG 在互联网中有着极大的市场潜力。

SVG 的特点如下：

- 使用 xml 格式来定义图形。
- 用来定义在 Web 上使用的矢量图。
- 当改变图像尺寸时，图片质量不受影响。
- 所有元素属性可以使用动画。
- 继承了 W3C 标准，在 HTML5 中可以直接嵌入 SVG 内容或者直接引入 SVG 文件。

SVG 绘制图形的语法如下：

```
<svg width="200" height="200">
 <rect width="20" height="20" fill="red"></rect>
 </svg>
```

2. SVG 绘图实例

（1）SVG 绘制线条。在 SVG 中线条是最简单的绘图形状。创建线条的常用语法如下：

```
line x1y1 x2 y2
```

标签 line 用来描述线条，坐标值通常用 (x1 y1 x2 y2) 表示，其中 x1 和 y1 属性是线条的开始坐标，x2 和 y2 属性是线条的结束坐标。

【例 4-12】SVG 绘制直线。

```
<!DOCTYPE html>
  <html>
  <body>
  <svg xmlns="http://www.w3.org/2000/svg" version="1.1"
   width="100%" height="100%" >
```

```
<line x1='0' y1='50'  x2='150' y2='150'  style='stroke:red;stroke-width:10'/>
</svg>
</body>
</html>
```

在该 HTML5 文档中，导入了 SVG 元素，声明了 XML 名称空间：xmlns="http://www.w3.org/2000/svg"；声明了版本信息：version="1.1"；描绘了一条直线段，颜色为红色：line x1='0' y1="50" x2='150' y2='150' style='stroke:red;stroke-width:10。

该线条的第一个点坐标为 (0,50)，第二个点坐标为 (150,150)。

运行该例，效果如图 4-16 所示。

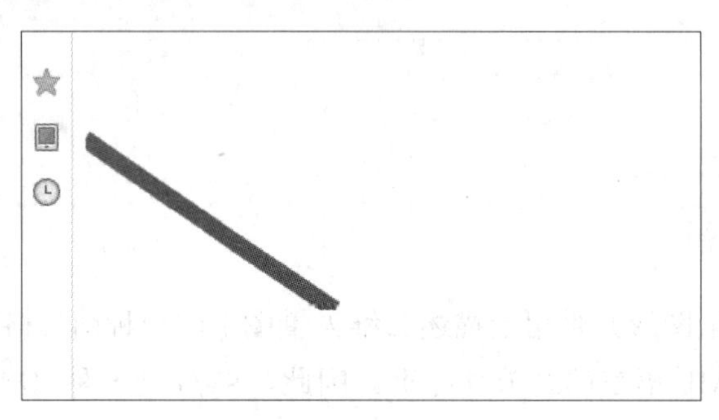

图 4-16　SVG 绘制直线

（2）SVG 绘制折线。在 SVG 中绘制折线的常用语法如下：

```
polyline points=x1,y1 x2 ,y2 x3 ,y3 x4,y4
```

标签 polyline 用来描述折线，points 代表该折线上的各个点坐标。

【例 4-13】SVG 绘制折线。

```
<!DOCTYPE html>
<html>
<body>
<svg xmlns="http://www.w3.org/2000/svg" width="100%" height="100%" version="1.1">
<polyline points="0,40 40,40 0,80 40,80"  style="fill:white;stroke:red;stroke-width:4"/>
</svg>
</body>
</html>
```

该例中 0,40 代表第一个点坐标，40,40 代表第二个点坐标，0,80 代表第三个点坐标，40,80 代表第四个点坐标。以 0,40 40,40 表示第一条线段，40,40 0,80 表示第二条线段，0,80 40,80 表示第三条线段，最后依次连接各点即得到折线。style="fill:white;stroke:red;stroke-width:4 表示该折线段为红色。

运行该例，效果如图 4-17 所示。

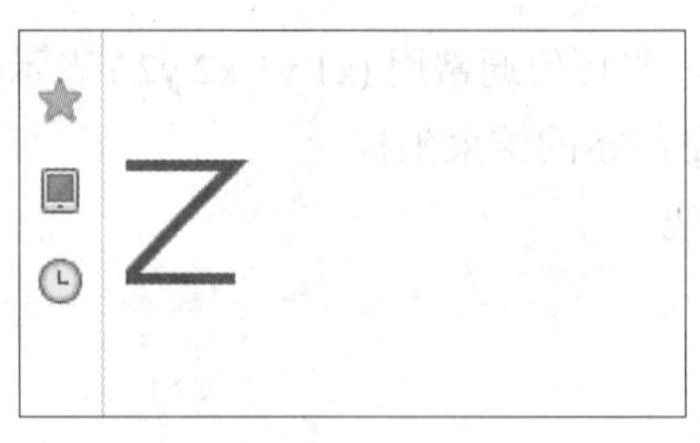

图 4-17　SVG 绘制折线

（3）SVG 绘制折圆。SVG 绘制圆形使用 circle 来描述，给出对应的圆点坐标及圆半径即可实现。常用语法如下：

```
circle cx="" cy="" r=""
```

【例 4-14】SVG 绘制圆。

```
<!DOCTYPE html>
 <html>
  <body>
 <svg xmlns="http://www.w3.org/2000/svg" version="1.1">
   <circle cx="80" cy="80" r="40" fill="red"/>
 </svg>
  </body>
  </html>
```

该例中语句 circle 表示绘制圆，cx="80" 和 cy="80 代表圆心坐标，r="40" 为半径，fill="red" 表示填充颜色。

运行该例，效果如图 4-18 所示。

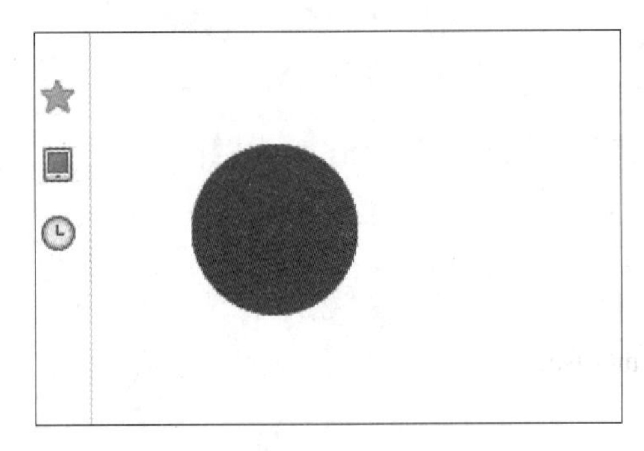

图 4-18　SVG 绘制圆

4.3　HTML5 绘图综合实例

本节主要讲述在 HTML5 网页中绘制可视化图形。

【例 4-15】在 HTML5 网页中实现数据可视化。

```
<!DOCTYPE html>
<html>
<head lang="en">
<meta charset="UTF-8">
<title></title>
<style>
   canvas {
      border: 1px solid red;
   }
</style>
</head>
<body>
   <canvas id="cas" width="600" height="300"></canvas>
</body>
<script>
   var cas=document.getElementById("cas");
```

```
var context=cas.getContext('2d');
var points=[
    {x:50,y:97},
    {x:100,y:27},
    {x:150,y:62},
    {x:200,y:44},
    {x:250,y:83},
    {x:300,y:88},
    {x:350,y:45},
    {x:400,y:72},
    {x:450,y:53},
    {x:500,y:42}
];
var data=[50,100,150,200,250,300,350,400,450,500];
//定义变量
var leftOffset=20,
    rightOffset=20,
    topOffset=20,
    bottomOffset=20;
//箭头大小
var arrowHeight=20,
    arrowWidth=10;
//坐标轴原点
var x=leftOffset;
var y=cas.height-bottomOffset;
//绘制坐标轴
context.beginPath();
//绘制x轴
context.moveTo(x,y);
context.lineTo(cas.width-rightOffset,y);
//绘制y轴
context.moveTo(x,y);
context.lineTo(x,topOffset);
context.stroke();
//绘制箭头
context.beginPath();
//绘制x轴箭头
context.moveTo(cas.width-rightOffset,y);
context.lineTo(cas.width-rightOffset-arrowHeight,y-arrowWidth/2);
context.lineTo(cas.width-rightOffset-arrowHeight/2,y);
context.lineTo(cas.width-rightOffset-arrowHeight,y+arrowWidth/2);
context.closePath();
//绘制y轴箭头
context.moveTo(x,topOffset);
context.lineTo(x-arrowWidth/2,topOffset+arrowHeight);
context.lineTo(x,topOffset+arrowHeight/2);
context.lineTo(x+arrowWidth/2,topOffset+arrowHeight);
context.closePath();
context.fill();
//绘制点
```

```
    context.beginPath();
    //范围
    var rangeHeight=cas.height-topOffset-bottomOffset-arrowHeight;
    var maxY=Math.max.apply(null,points.map(function(v){
        return v.y;
    }
    ));
    //比例
    var rateY=rangeHeight/maxY;
    context.fillStyle="red";
    context.fill();
    //绘制折线
    context.beginPath();
    for(var i=0;i<points.length;i++){
      var pointY=y-points[i].y*rateY;
      context.moveTo(points[i].x-6,pointY-6);
      context.lineTo(points[i].x+6,pointY-6);
      context.lineTo(points[i].x+6,y);
      context.lineTo(points[i].x-6,y);
      context.closePath();
      context.fillText(points[i].y,points[i].x-6,pointY-8);
    }
    context.fillStyle="red";
    context.fill();
  </script>
  </html>
```

该例在 HTML5 网页中综合运用了 HTML、CSS 和 JavaScript 来实现数据可视化。其中，语句：

```
canvas {
  border: 1px solid red;
}
```

设置了边框的颜色为红色；语句：

```
<canvas id="cas" width="600" height="300"></canvas>
```

在网页中导入了画布；语句：

```
var points=[
    {x:50,y:97},
    {x:100,y:27},
    {x:150,y:62},
    {x:200,y:44},
    {x:250,y:83},
    {x:300,y:88},
    {x:350,y:45},
    {x:400,y:72},
    {x:450,y:53},
    {x:500,y:42}
```

用来描述坐标值；语句：

```
var data=[50,100,150,200,250,300,350,400,450,500];
```

用来存储数据。

运行该例，效果如图 4-19 所示。

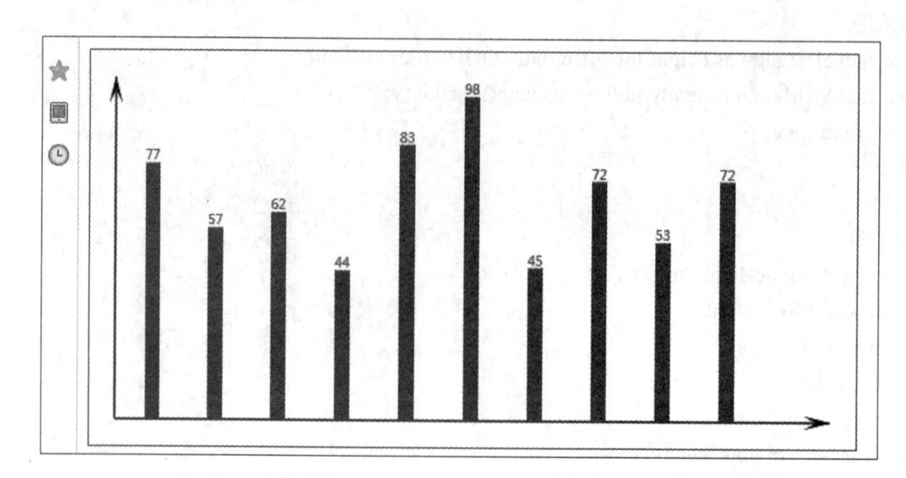

图 4-19　HTML5 可视化图形

4.4　实训

在 HTML5 网页中制作柱状图形。

```
<!DOCTYPE html>
<html lang="en">
<head>
  <meta charset="UTF-8">
  <meta name="viewport" content="width=device-width, initial-scale=1.0">
  <meta http-equiv="X-UA-Compatible" content="ie=edge">
  <title>Document</title>
  <style>
    * {
      margin: 0;
      padding: 0;
    }

    .container {
      padding: 0 50px;
    }

    header>input {
      width: 300px;
      height: 30px;
      margin: 10px;
      font-size: 18px;
    }
    canvas {
      border: 1px solid;
    }
  </style>
</head>
<body>
  <div class="container">
```

```
    <header>
      <input type="text" id="inp">
    </header>
    <canvas width="800" height="500" id="canvas"></canvas>
  </div>
  <script>
    var canvas = document.getElementById('canvas');
    var ctx = canvas.getContext('2d');
    var inp = document.getElementById('inp');
    //初始数组
    var csArr = [5, 2, 3, 4, 6, 7, 8, 9];
    //记录每次绘制数据的数组
    var dataArr = [];
    inp.value = csArr;
    PhALL(ctx, csArr)
    //绘制所有
    function PhALL(ctx, arr) {
      //清除画布
      ctx.clearRect(0, 0, 800, 500);
      dataArr = [];
      //根据数组得出矩形宽高和间距
      var rectW = (canvas.width - 150) / (arr.length + 1);
      var rectJ = rectW / (arr.length - 1);
      var rectH = (canvas.height - 100) / Math.max.apply(arr, arr);
      for (var j = 0; j < arr.length; j++) {
        dataArr.push({
          x: 80 + rectW * j + rectJ * j,
          y: 439,
          w: rectW,
          h: rectH * arr[j],
          color: '#2D8CF0',
          text: arr[j],
          textX: rectW / 2.3 + 80 + rectW * j + rectJ * j,
          textY: 480,
          id: j + 1,
          value: csArr[j]
        })
      }
      for (var i = 0; i < arr.length; i++) {
        phRect(ctx, dataArr[i]);
        phCount(ctx, dataArr[i])
      }
      phXy();
      phArr(ctx, arr)
    }
    //绘制矩形
    function phRect(ctx, obj) {
      ctx.beginPath();
      ctx.moveTo(obj.x, obj.y);
      ctx.lineTo(obj.x + obj.w, obj.y);
      ctx.lineTo(obj.x + obj.w, obj.y - obj.h);
      ctx.lineTo(obj.x, obj.y - obj.h);
```

```
        ctx.lineTo(obj.x.w, obj.y);
        ctx.fillStyle = obj.color;
        ctx.fill();
        ctx.closePath();
    }
    //绘制横纵坐标
    function phXy() {
        ctx.beginPath();
        ctx.moveTo(60, 460);
        ctx.lineTo(750, 460);
        ctx.stroke();
        ctx.moveTo(60, 460);
        ctx.lineTo(60, 30);
        ctx.stroke();
        ctx.closePath();
        for (var i = 439; i > 100; i -= 50) {
            ctx.beginPath();
            ctx.moveTo(60 + 0.5, i + 0.5);
            ctx.lineTo(750 + 0.5, i + 0.5);
            ctx.strokeStyle = 'rgba(0,0,0,0.6)';
            ctx.stroke();
            ctx.closePath();
        }
    }
    //下面
    function phCount(ctx, obj) {
        ctx.font = '15px sans-serif';
        ctx.fillText(obj.text, obj.textX, obj.textY);
    }
    //上面
    function phArr(ctx, arr) {
        ctx.font = '20px sans-serif';
        ctx.fillText(arr, 350, 20)
    }
    inp.onchange = function () {
        if (/^\s*\[\s*([1-9]\d*),([1-9]\d*,)*([1-9]\d*)\s*\]\s*$/.test(this.value)) {
            PhALL(ctx, JSON.parse(this.value));
            csArr = JSON.parse(this.value);
        }
    }
    canvas.onmousemove = function (e) {
        //清除颜色
        for (var j = 0; j < dataArr.length; j++) {
            dataArr[j].color = '#2D8CF0';
        }
        ctx.clearRect(0, 0, 800, 500);
        var curentId = 0;
        var arrContent = 0;
        //改变目标颜色
        for (var i = 0; i < csArr.length; i++) {
            phRect(ctx, dataArr[i]);
            phCount(ctx, dataArr[i]);
            if (ctx.isPointInPath(e.offsetX, e.offsetY)) {
                dataArr[i].color = '#A7BAC2';
```

```
            curentId = dataArr[i].id;
          }
        }
        //重绘
        for (var i = 0; i < csArr.length; i++) {
          phRect(ctx, dataArr[i]);
          phCount(ctx, dataArr[i]);
        }
        phArr(ctx, csArr);
        phXy();
        if (curentId >= 1) {
          phRadiuRect(ctx, e.offsetX + 10, e.offsetY - 50, dataArr[curentId - 1])
        }
      }
      function phRadiuRect(ctx, x, y, obj) {
        var w = 100;
        var h = 80;
        var r = 10;
        ctx.save();
        ctx.beginPath();
        ctx.moveTo(x + r, y);
        ctx.arc(w + x - r, y + r, r, 3 / 2 * Math.PI, 2 * Math.PI, false);
        ctx.arc(w + x - r, y + h - r, r, 0, 1 / 2 * Math.PI, false);
        ctx.arc(x + r, y + h - r, r, 1 / 2 * Math.PI, Math.PI, false);
        ctx.arc(x + r, y + r, r, Math.PI, 3 / 2 * Math.PI, false);
        ctx.fillStyle = 'rgba(94,100,182,.8)';
        ctx.closePath();
        ctx.fill();
        ctx.fillStyle = 'white';
        ctx.font = "15px bold 宋体";
        ctx.fillText('该id为：' + obj.id, x + 10, y + 20);
        ctx.fillText('元素值为：' + obj.value, x + 10, y + 45);
        ctx.restore();
      }
    </script>
  </body>
</html>
```

运行该例，效果如图 4-20 所示。

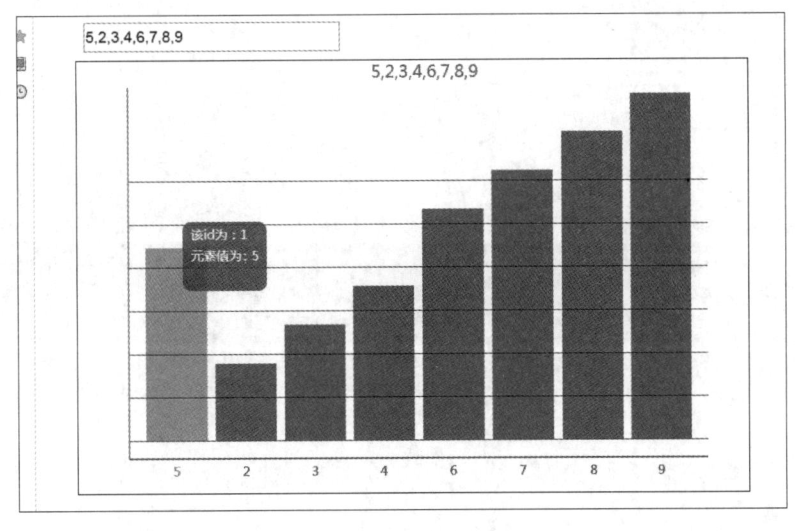

图 4-20　柱状图

练习 4

1．阐述 HTML5 的特点。

2．阐述 HTML5 网页制作的过程。

3．阐述 Canvas 的特点及使用。

4．阐述 SVG 的特点及使用。

第 5 章　Tableau 数据可视化

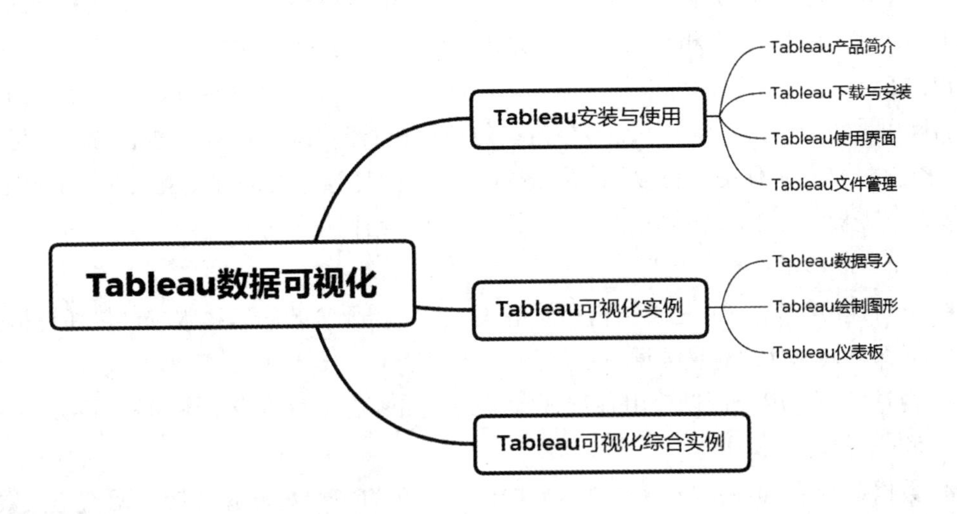

本章导读

Tableau 可以为各种行业、部门和数据环境提供解决方案，可以管理大量的数据，可以从数据生成交叉表、各种图形（直方图、条形图、饼图等）来揭示业务的实质。本章主要介绍 Tableau 的相关产品、软件工具的下载和安装过程，熟悉 Tableau Desktop 的使用界面、数据管理和数据可视化的操作方法。本章以 Tableau Desktop 2019 软件为例进行讲解。

本章要点

- Tableau 软件的安装方法
- Tableau Desktop 软件的基本使用
- Tableau 数据分析处理
- 数据可视化的实现方法

5.1　Tableau 安装与使用

5.1.1　Tableau 产品简介

Tableau 公司正式成立于 2004 年，总部位于美国华盛顿西雅图，产品起源于美国国防部一个提高人们分析信息能力的项目，项目移交斯坦福大学后快速发展。

Tableau 是一个数据可视化工具，具有许多优秀的和独特的功能，是强大的数据发现和探索应用程序。可以使用 Tableau 的拖放界面可视化任何数据，探索不同的视图，甚至可以轻松地将多个数据库组合在一起。它不需要任何复杂的脚本，任何理解业务问题的人都可以通过相关数据的可视化来解决。作为一款数据分析与可视化工具，支持连接本地或云端数据，不管是电子表格还是数据库元数据，都能进行无缝连接。拖拽式操作，实时生成各种专业的图表与趋势线来揭示业务的实质。Tableau 可以管理大量的数据，较好的数据引擎优化了 CPU 和内存的使用，使用了一些高级查询技术来加快查询速度。

Tableau 为商业收费软件，目前 Tableau Desktop 最新版本为 2020 年 7 月发布的 2020.2.4 版本（为从 2020 年 2 月第一次更新开始的第四次更新版本）。Tableau 系列的软件可以 14 天免费使用，符合相关条件也可以申请免费的教学版或学生版。

相比 Excel，Tableau 的可视化更加简单、灵活、高效，主要体现在以下几个方面：对数据的操作量级会更大；提供了更多自定义的功能和插件，可以依据需求自行调整可视化效果；交互性能更加便捷，可以添加筛选框、标记高亮等方式进行交互展示；Tableau 的工作表、仪表板、故事的结构化呈现等更好地支持了结构化的分析。

1. Tableau 功能特点

- 分析速度：Tableau 是表结构存储格式，且不需要复杂的编程水平，仅通过拖拽方式即可快速处理海量数据。
- 视觉发现：用户可以使用各种视觉工具（如颜色、趋势线、图形和图表）来探索和分析数据。
- 数据融合：Tableau 支持本地、数据库和云端的多种数据源连接，无论是大数据、SQL 数据库、电子表格还是类似 Google Analytics 和 Salesforce 的云应用，均无需编写代码即可访问和合并离散数据。
- 自我约束：Tableau 不需要复杂的软件设置，且适用于数据流动的各种设备，用户不必担心使用 Tableau 的特定硬件或软件要求。
- 高度交互：使用可以查看的实时故事，可以根据业务需求查看、排序和筛选数据。
- 实时协作：使用 Tableau Server 或 Tableau Online 安全地共享数据，并基于可信数据进行协作。

2. Tableau 软件产品

（1）Tableau Public。Tableau Public 是在 PC 端编辑在 Web 端存储的免费工具，提供基本的数据连接和完整的展示分析功能，但是不能读取远程数据库，不能将结果保存为本地文件，只能在 Web 上公开发布。

（2）Tableau Desktop。Tableau Desktop 是 PC 端编辑工具，使用交互式仪表板可以实时可视化分析探索数据，提供完整的数据连接、展示、分析功能，可将结果保存为本地文件或直接发布至 Server 端；支持大数据、SQL 数据库、电子表格，以及 Google Analytics 和 Salesforce 等云应用；高级用户可以透视、拆分和管理元数据以此优化数据源；可以使用现有数据快速构建强大的计算字段，以拖放方式操控参考线和预测结果，还可以查看统计概要；可以利用趋势分析、回归和相关性来统计分析数据。

Tableau Desktop 分为 Tableau Desktop Personal（个人版）和 Tableau Desktop Professional（专业版）两个版本，个人版所能连接的数据源有限，专业版可以连接到几乎所有格式或类型的数据文件和数据库。个人版不能连接 Tableau Server，专业版可以与 Tableau Server 相连。

（3）Tableau Server。Tableau Server 是针对企业级用户的需求开发的服务器版本，可在本地或云服务器上部署，用于发布和管理 Tableau Desktop 制作的可视化文件和数据源；

可通过 Web 浏览器直接使用，保证信息安全和管理元数据，并显示 Desktop 中的几乎所有功能；兼容热门的企业数据源，如 Cloudera Hadoop、Oracle、AWS Redshift、多维数据集、Teradata、Microsoft SQL Server 等；借助 Web 数据连接器和 API 可以访问数百种其他数据源。

（4）Tableau Prep。Tableau Prep 提供了一种直观、直接的方式来合并、调整和清理数据，使分析师和业务用户可以更轻松便捷地开始分析。Tableau Prep 由两款产品组成：一款是用于构建数据流程的 Tableau Prep Builder，另一款是用于在整个组织中共享和管理流程的 Tableau Prep Conductor。

（5）Tableau Online。Online 为云托管版本，建立在与 Tableau Server 相同的企业级架构上，不需要进行 Server 软硬件的维护、升级和安全管理，为用户省去硬件的安装和部署时间，让商业分析更加快速轻松。

（6）Tableau Mobile。Mobile 版本是为移动办公需求用户开发的免费移动端 APP，为移动端用户提供完整的数据连接、展示、分析功能，但是它的数据操作端口必须要接到 Server 上，所以需要付费购买 Server 或者 Online 的服务才可以使用。

5.1.2　Tableau 下载与安装

1. Tableau 下载

Tableau 的系列软件可以直接在官方网站 https://www.tableau.com/zh-cn/ 上下载，14 天免费试用。从版本 10.5 开始，Tableau Desktop 仅在 64 位操作系统上运行。官网页面如图 5-1 所示。

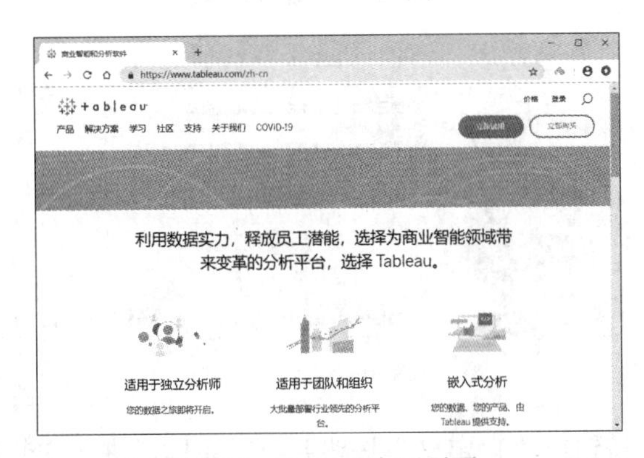

图 5-1　Tableau 官网页面

单击“立即试用”后进入如图 5-2 所示的页面，输入电子邮箱地址后单击“下载免费试用版”下载。网页地址 https://www.tableau.com/zh-cn/support/releases 提供了所有版本的说明和下载，如图 5-3 所示。

图 5-2　试用 Tableau Desktop 下载

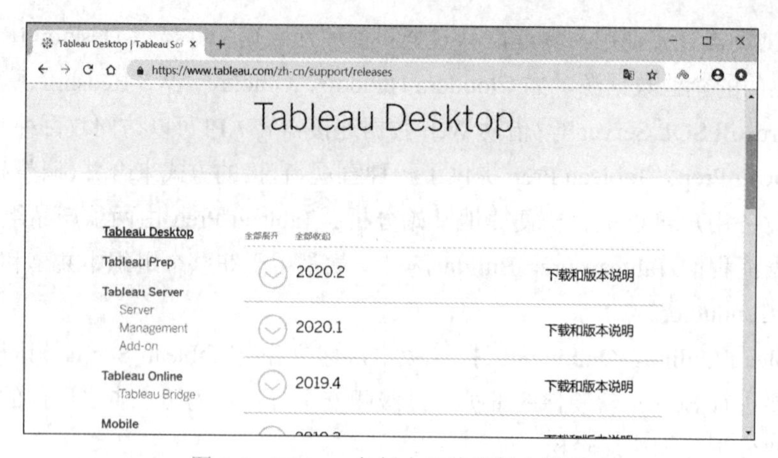

图 5-3　Tableau 各版本下载和版本说明

2. Tableau Desktop 安装

（1）双击安装程序进入安装过程，如图 5-4 所示 。若要自定义安装，单击“自定义”按钮。在自定义中可以选择确认安装路径、是否创建桌面快捷方式、创建“开始”菜单快捷方式、检查 Tableau 产品更新、安装数据库驱动程序等。

图 5-4　开始安装 Tableau

（2）单击“安装”按钮或“自定义”按钮并设置完毕后进入安装进程，如图 5-5 所示。

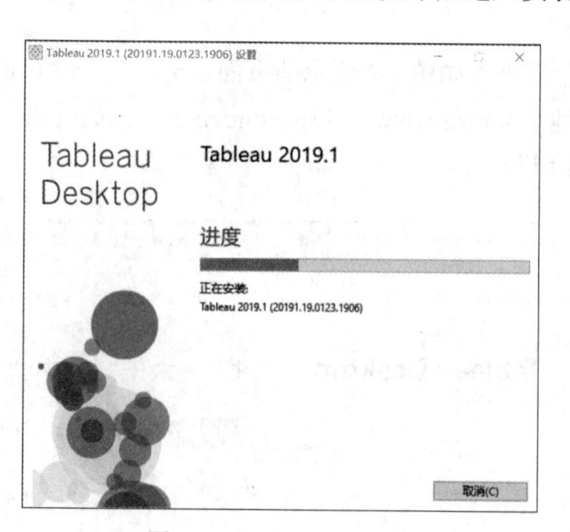

图 5-5　Tableau 安装进程

（3）安装过程完成后将启动“激活 Tableau”过程，如图 5-6 所示。如果是以试用版形式激活 Tableau Desktop，则单击屏幕上的“立即开始试用”，将会出现注册表单，填写注册表单上的字段注册并激活产品即可开始具有完整功能的 14 天试用。

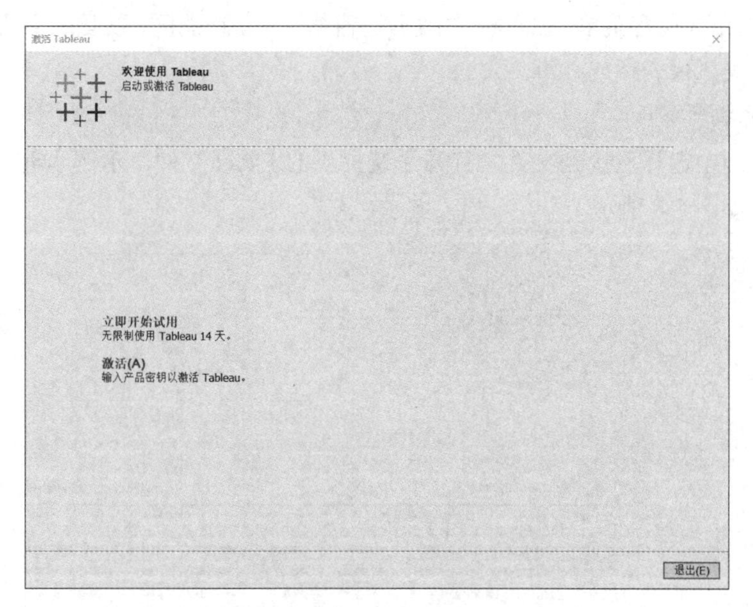

图 5-6 Tableau 激活提示界面

启动后将会显示开始界面，如图 5-7 所示。

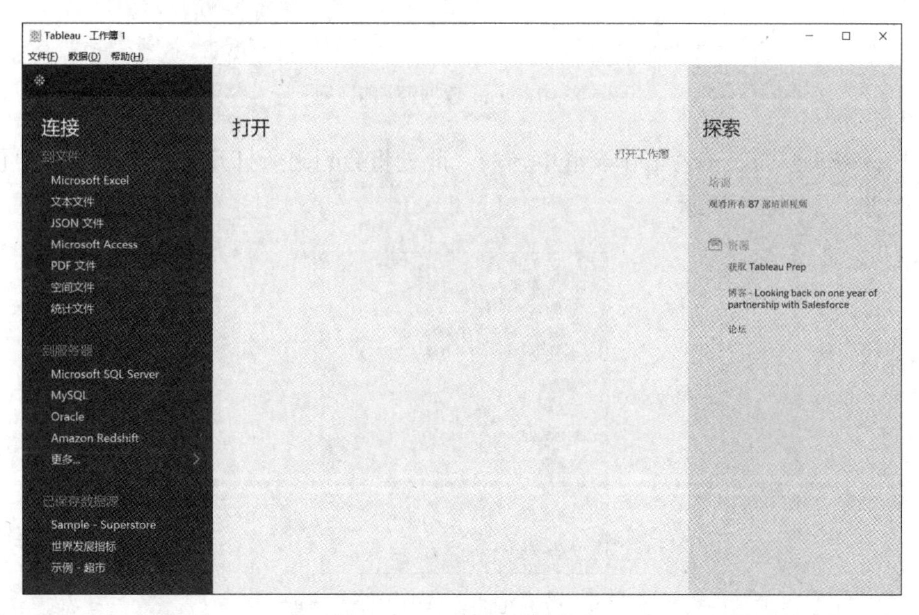

图 5-7 Tableau 开始界面

开始界面的左侧是 Tableau 所支持的数据连接方式：到文件、到服务器、已保存数据源。

“到文件”方式连接的是本地所保存的文件数据，可以连接到 Excel 表格、文本文件、PDF 文件、空间文件和统计文件。Tableau 可以识别 PDF 文件中的表格定义，但是无法识别扫描的 PDF 文件；空间文件就是分析数据时采用离线地图来呈现的数据文件；统计文件包括 SAS、SPSS 和 R 等统计软件的数据集。

“到服务器”方式连接的是服务器端的数据源，包括各种类型的数据库和云平台数据。

连接到数据源后将进入使用界面。

5.1.3 Tableau 使用界面

Tableau 工作区包含菜单、工具栏、“数据”窗格、卡和功能区，以及一个或多个工作表。表可以是工作表、仪表板或故事。

1. 数据源编辑界面

在开始界面中选择连接到文件，打开系统提供的 Excel 文件“示例 - 超市”，进入数据源编辑界面，如图 5-8 所示。

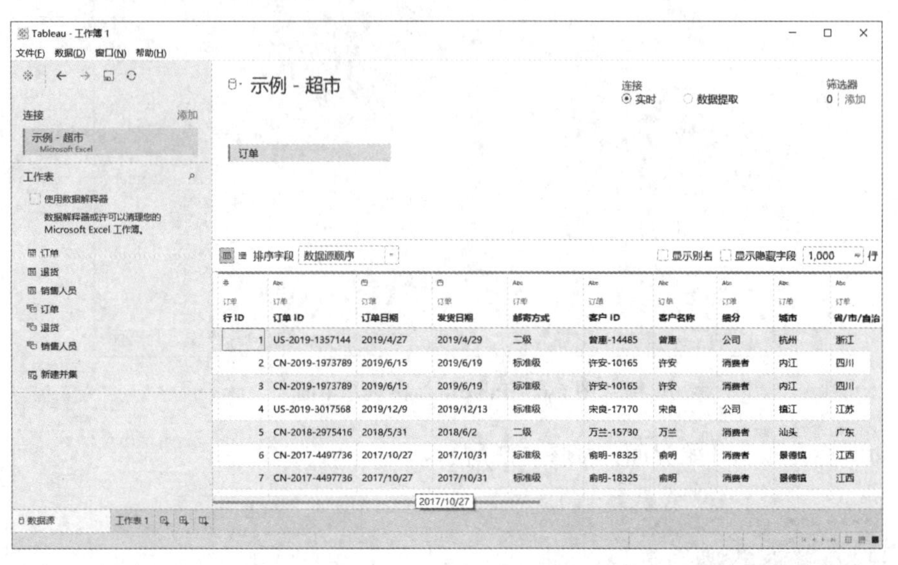

图 5-8 Tableau 数据源编辑界面

数据源编辑界面左侧为工作表清单区域，此处将会列出所打开的工作簿文件中包含的所有工作表，如图 5-9 所示。

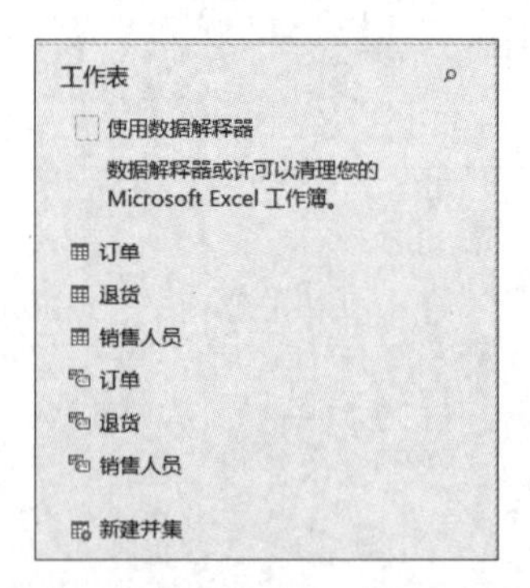

图 5-9 数据源编辑界面工作表清单

（3）注意图 5-9 中含有“使用数据解释器”选项，Tableau 通过数据解释器自动对数据源的附加表、子表、分层页眉、无关的页眉和页脚、空白行和列进行检测，移除无关信息并优化准备用于分析的数据源。通常，在设置数据源之后，如果 Tableau 检测到数据源存在上述问题，则会提示使用数据解释器。

在数据解释器中，右上部分为表关系区，如图 5-10 所示。将工作表拖至此处，表中的数据就会呈现在数据预览区；当在此处打开了多个表格时，表格之间的关联也会呈现在这里。

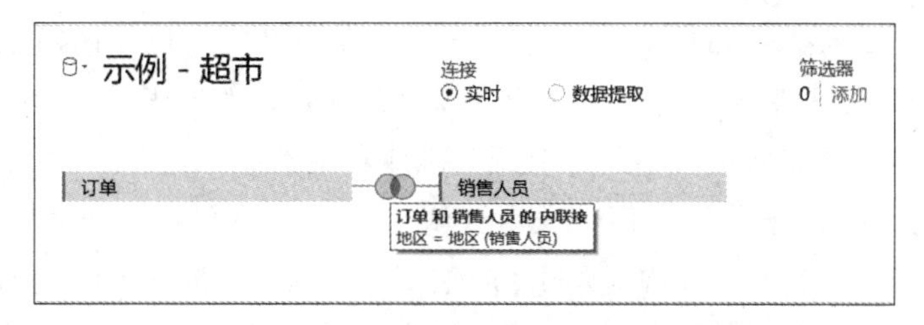

图 5-10　表关系设置区域

右下部分为数据预览区窗格，如图 5-11 所示，表连接设定的相关数据会显示在该处。该区域左上角两个按钮可以切换查看方式：预览数据源和管理元数据，可以查看数据或对字段进行集中管理。

排序字段 数据源顺序　显示别名　显示隐藏字段　1,000 行

管理元数据

订单 行 ID	订单 订单 ID	订单 订单日期	订单 发货日期	订单 邮寄方式	订单 客户 ID	订单 客户名称
1	US-2019-1357144	2019/4/27	2019/4/29	二级	曾惠-14485	曾惠
2	CN-2019-1973789	2019/6/15	2019/6/19	标准级	许安-10165	许安
3	CN-2019-1973789	2019/6/15	2019/6/19	标准级	许安-10165	许安
4	US-2019-3017568	2019/12/9	2019/12/13	标准级	宋良-17170	宋良
5	CN-2018-2975416	2018/5/31	2018/6/2	二级	万兰-15730	万兰
6	CN-2017-4497736	2017/10/27	2017/10/31	标准级	俞明-18325	俞明

图 5-11　预览数据源区域

2. 工作表界面

工作表又称视图，是可视化分析的基本单元。一个工作表包含单个视图及其侧栏中的功能区、卡、图例、“数据”窗格和“分析”窗格。

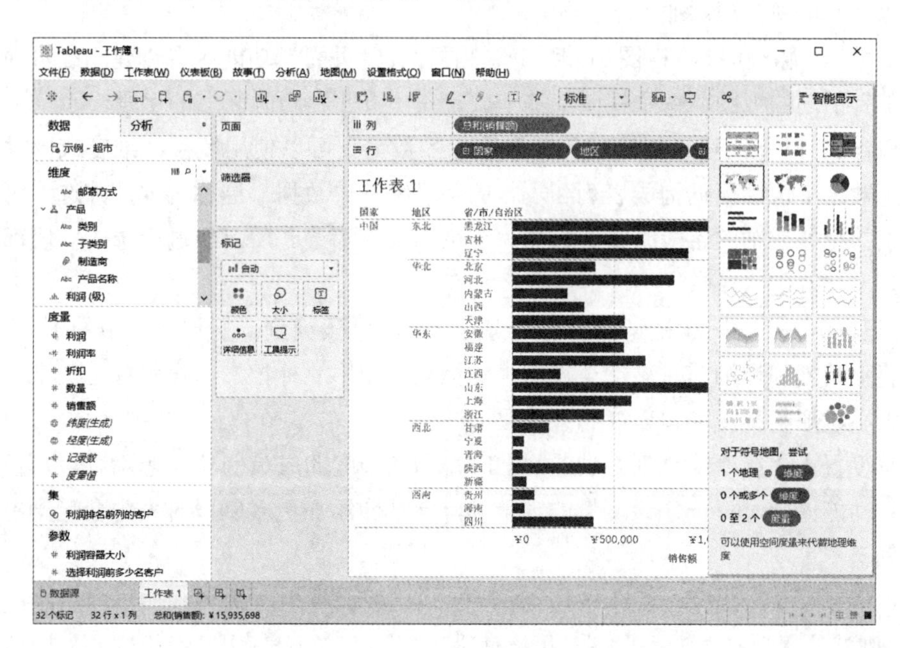

图 5-12　工作表界面

（1）“数据”窗格。在图 5-12 所示工作表的左侧窗格中，从上到下显示的是数据源、维度、度量、集和参数等。对于数据源中的每个表，有维度字段和度量字段。维度字段通常包含

分类数据（例如产品类型和日期），而度量字段包含数值数据（例如销售额和利润）。

维度表示分类、事件方面的定性字段，以蓝色显示。可将其拖放到功能区，Tableau 不会对其进行计算，而是对视图进行划分或分割或者用颜色标记等。

度量显示的数据角色是度量值，表示数值字段，以绿色显示。将其拖放到功能区，Tableau 默认会进行聚合运算，同时视图区产生相应的轴。离散和连续是另一种角色分类，在 Tableau 中，蓝色是离散字段，绿色表示连续字段，两者也可以相互转换。

（2）功能区和卡。Tableau 中的每个工作表都包含功能区和卡，例如“列”“行”“标记”“筛选器”“页面”“图例”等，如图 5-13 所示。

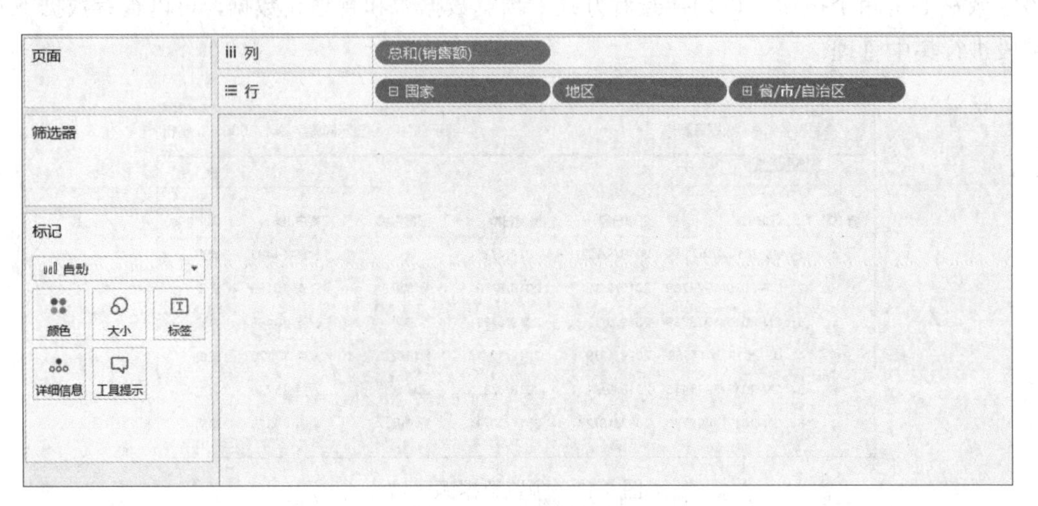

图 5-13　功能区和卡

通过将字段放在功能区或卡上可以构建可视化项的结构，通过包括或排除数据来提高详细级别以及控制视图中的标记数，通过使用颜色、大小、形状、文本和详细信息对标记进行编码来为可视化项添加上下文。

“页面”功能区可以将视图划分为一系列页面。“页面”功能区会创建一组页面，每个页面上都有不同的视图，每个视图都基于放置在“页面”功能区上的字段。

“筛选器”功能区可以指定要包含和排除的数据。可以使用度量、维度或同时使用两者来筛选数据；可以根据构成表列和表行的字段来筛选数据，这称为内部筛选；可以使用不属于表的标题或轴的字段来筛选数据，这称为外部筛选。所有经过筛选的字段都显示在“筛选器”功能区上。

“标记”卡是 Tableau 视觉分析的关键元素。将字段拖到“标记”卡中的不同属性时，你可以将上下文和详细信息添加至视图中的标记。使用“标记”卡设置标记类型，并使用颜色、大小、形状、文本和详细信息对数据进行编码。

将维度置于“行”或“列”功能区上时将为该维度的成员创建标题，将度量置于“行”或“列”功能区上时将创建该度量的定量轴，向视图添加更多字段时表中会包含更多标题和度量轴。

“行”和“列”功能区上的内层字段决定默认标记类型。例如，如果内层字段为度量和维度，则默认标记类型为条形图。可以使用“标记”卡下拉菜单手动选择其他标记类型。

3. 仪表板

仪表板是若干视图的集合，可以同时比较各种数据。仪表板是多个工作表和一些对象（如图像、文本、网页和空白等）的组合，按照一定方式对其进行组织和布局，以便揭示数据关系和内涵，如图 5-14 所示。工作表和仪表板中的数据是相连的，工作表和仪表板都会随着数据源中的最新可用数据一起更新。

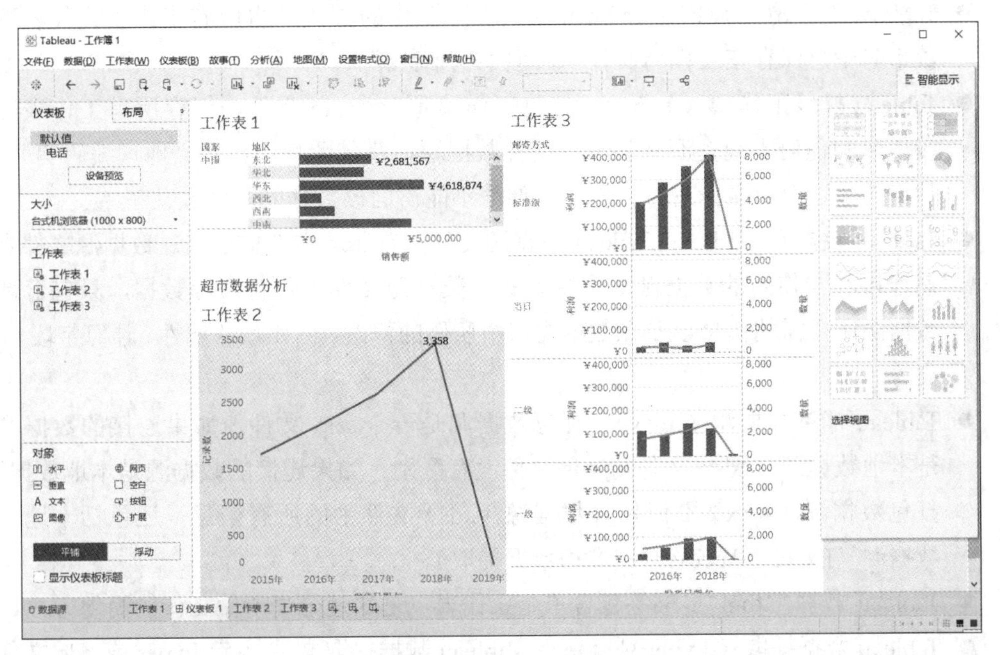

图 5-14 仪表板界面

4. 故事

故事是一系列共同作用以传达信息的虚拟化项，是按顺序排列的工作表或仪表板的集合，可以创建故事以讲述数据，提供上下文，演示决策与结果的关系，如图 5-15 所示。故事是一个工作表，因此用于创建、命名和管理工作表和仪表板的方法也适用于故事，故事中各个单独的工作表或仪表板为“故事点”。

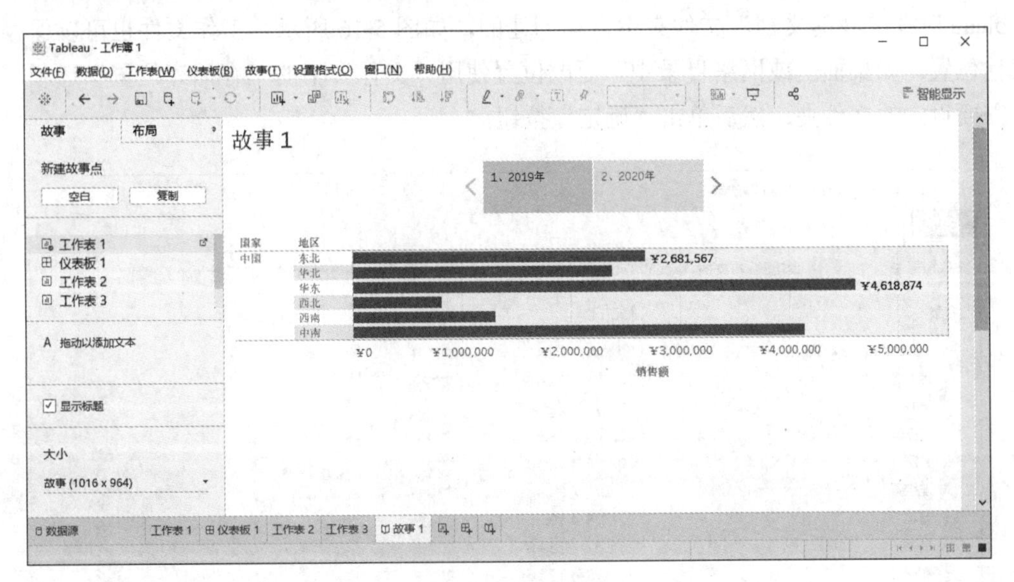

图 5-15 故事界面

5.1.4 Tableau 文件管理

可以使用多种不同的 Tableau 文件类型，如工作簿、打包工作簿、数据提取、数据源

和书签等来保存和共享工作成果和数据源。

1. Tableau 文件类型

- Tableau 工作簿（.twb）：Tableau 默认保存工作的方式，将所有工作表、仪表板和故事等信息保存在工作簿文件中，但不包括数据。
- Tableau 打包工作簿（.twbx）：打包工作簿是一个 zip 文件，保存所有工作表、连接信息和任何本地资源（如本地文件数据源、背景图片、自定义地理编码等）。这种格式最适合对工作进行打包，以便与不能访问该数据的其他人共享。
- Tableau 数据源（.tds）：Tableau 数据源文件具有 .tds 文件扩展名。数据源文件是快速连接经常使用的数据源的快捷方式。数据源文件不包含实际数据，只包含新建数据源所必需的信息以及在数据窗口中所做的修改，例如默认属性、计算字段、组、集等。
- Tableau 打包数据源（.tdsx）：打包数据源是一个 .zip 文件，如果连接的数据源不是本地数据源，.tdsx 文件与 .tds 文件没有区别。如果连接的数据源是本地数据源，打包数据源（.tdsx）不但包含数据源（.tds）文件中的所有信息，还包括本地文件数据源（Excel、Access、文本和数据提取）。
- Tableau 书签（.tbm）：书签包含单个工作表，是快速分享所做工作的简便方式。
- Tableau 数据提取（.hyper 或 .tde）：Tableau 数据提取文件具有 .hyper 或 .tde 文件扩展名。提取文件是部分或整个数据源的一个本地副本，可用于共享数据、脱机工作和提高数据库性能。
- Tableau 偏好设置（.tps）：此文件存储所有工作簿中使用的颜色首选项，它主要用于在用户之间保持一致的外观和感觉。

2. Tableau 存储库

这些文件可以保存在“我的 Tableau 存储库”目录的关联文件夹中，该目录是在安装 Tableau 时在“我的文档”文件夹中自动创建的，如图 5-16 所示。工作文件也可以保存在其他位置，如桌面上或网络目录中。更改位置使用“文件”中的“存储库位置”选项，找到需要设定的文件夹，然后单击“确定”按钮。

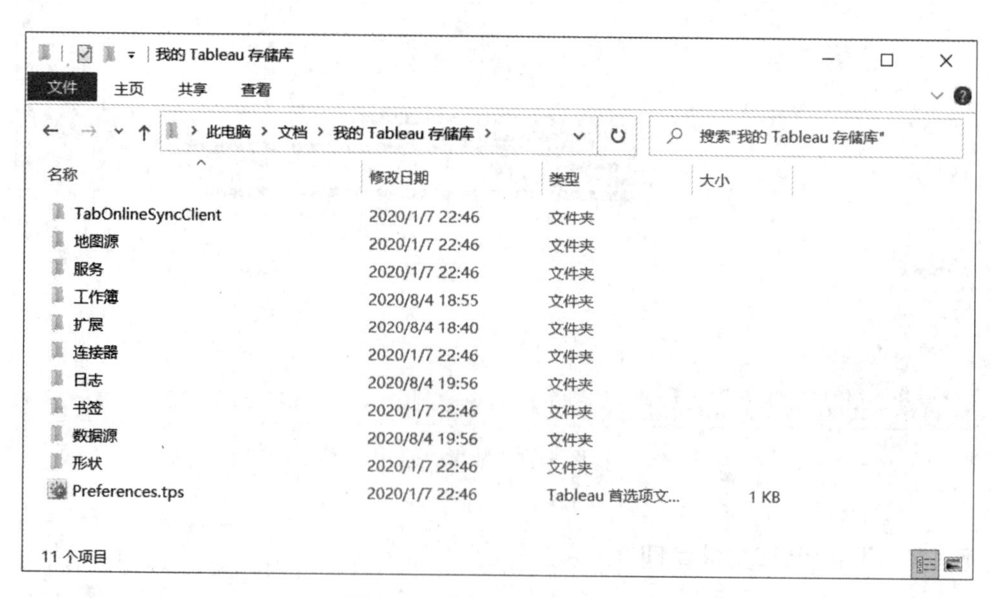

图 5-16　我的 Tableau 存储库

5.2　Tableau 可视化实例

与各类数据源建立连接关系是使用 Tableau 进行数据分析的第一步。可以定位数据并使用适当类型的连接来读取数据。数据源是数据与 Tableau 之间的连接，它本质上是数据、连接信息、包含数据的表或工作表的名称，以及自定义项的总称。Tableau 数据源可能包含与不同数据库或文件的多个数据连接。

5.2.1　Tableau 数据导入

Tableau 可以连接到广泛使用的所有常用数据源，其中包括本地数据文件、服务器数据和已保存的数据源，如图 5-17 所示。

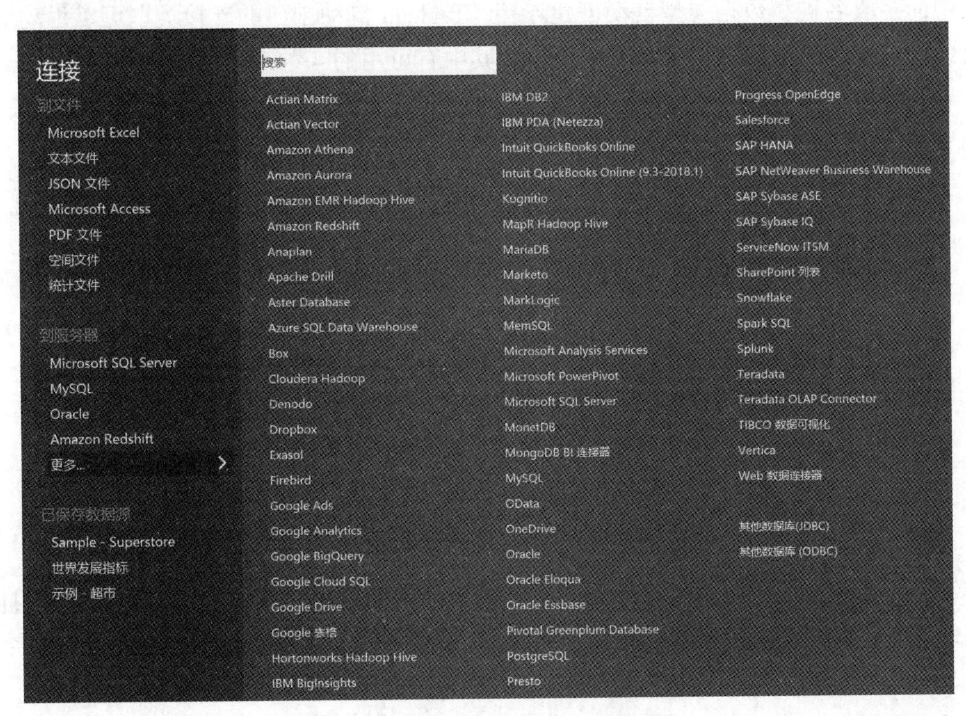

图 5-17　Tableau 可使用的数据源

Tableau 支持的服务器数据源包括各类数据库（如 MySQL、Oracle）、在线数据服务等，可以根据使用需要，与目标服务器数据源建立连接关系，实时或提取数据进行分析。数据也可以直接通过复制到 Tableau 数据源处粘贴这种方法来导入。

【例 5-1】Tableau 使用 Excel 工作簿文件。

（1）在开始页面选择连接到文件 Microsoft Excel，然后选择所需的 Excel 文件。如果需要改变数据源，可在“数据”菜单中选择“新建数据源”或使用 Ctrl 快捷键。打开的 students.xlsx 工作簿文件如图 5-18 所示，可以看到在左侧有该 Excel 工作簿中包含的 3 个工作表。

注意：导入的 Excel 工作表数据最好是经过清理的，比如尽量不使用合并单元格、多层标题、和数据无关的格式设定等扩展信息。因为这些扩展信息对 Tableau 是无用的，有时候这样设置会是数据读取的阻碍。

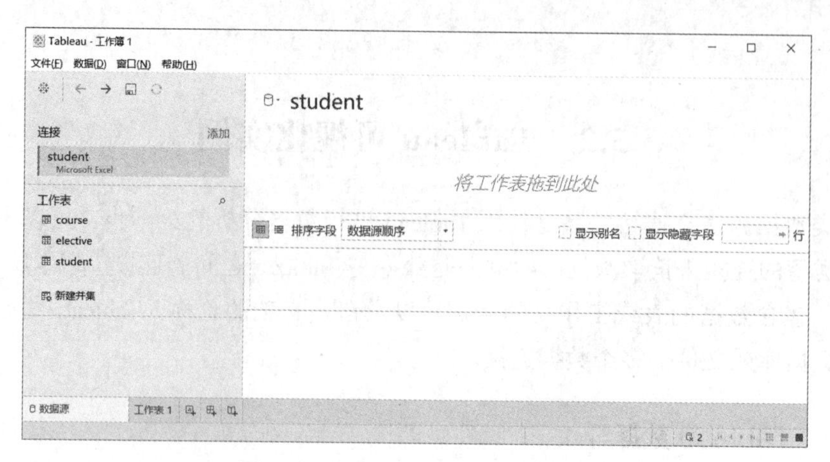

图 5-18　打开 Excel 工作簿数据源

（2）将导入的 Excel 工作表拖放到右侧视图中并查看结果数据。Tableau 将根据不同数据表中的字段名称和数据类型自动创建连接。Tableau 自动创建的连接类型可以手动更改。单击显示连接的两个圆圈将显示一个弹窗，其中有可用的 4 种连接类型，分别为内部、左侧、右侧和完全外部，可根据实际需要手动更改其连接方式，包括连接所使用的字段，如图 5-19 所示。

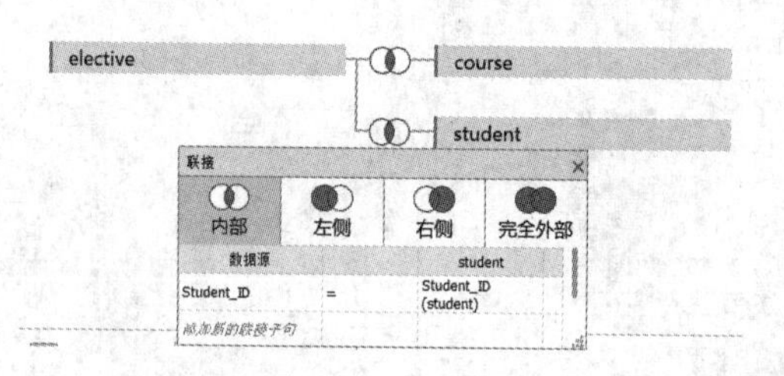

图 5-19　使用关联字段的数据连接

（3）数据源中的原始数据存储方式有时不一定方便使用。例如，默认字段名称可能难以处理。上述建立的数据连接结果将显示在下方窗格中，在字段标题处包含相关对字段的操作，可编辑字段、排序字段、隐藏字段和创建新的计算字段等，如图 5-20 所示。不同类型的字段所能完成的操作略有不同。

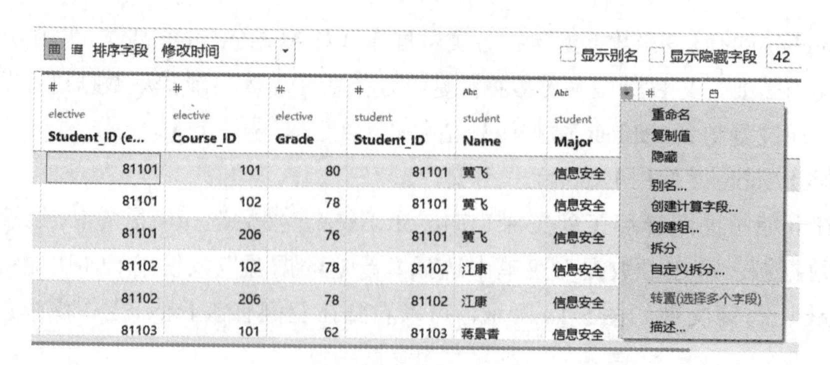

图 5-20　数据窗格操作

也可以通过“管理元数据”对字段进行相关操作，如图 5-21 所示。一次性操作多个字段时可通过 Ctrl 或 Shift 键进行多选后再操作。

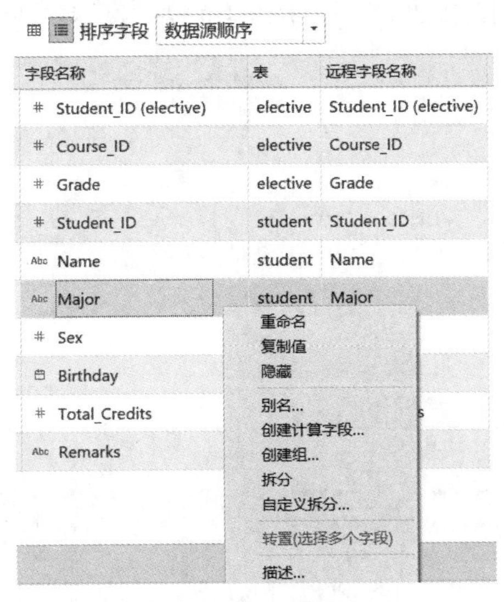

图 5-21 “管理元数据”窗格

【例 5-2】Tableau 连接使用 MySQL 数据源。

（1）在“到服务器”中选择 MySQL，将弹出如图 5-22 所示的对话框，在其中输入 MySQL 服务器地址（如 localhost）、使用的端口号（如 3306）、用户名和密码，然后单击“登录”按钮。

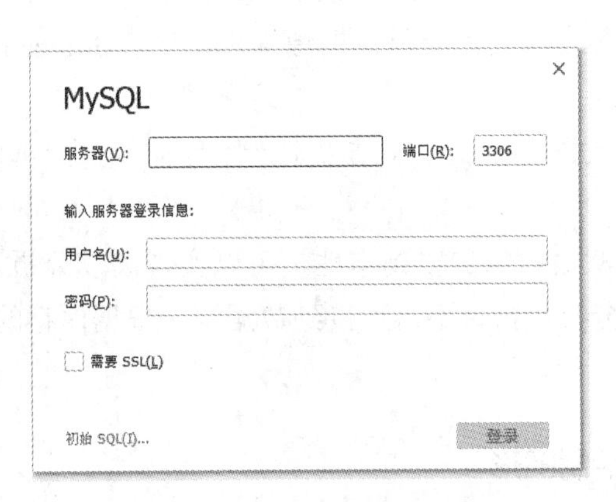

图 5-22 到 MySQL 服务器连接

（2）连接 MySQL 成功后转入数据源管理界面，如图 5-23 所示，数据源的连接位置显示了“localhost MySQL”，表明该数据源的类型。

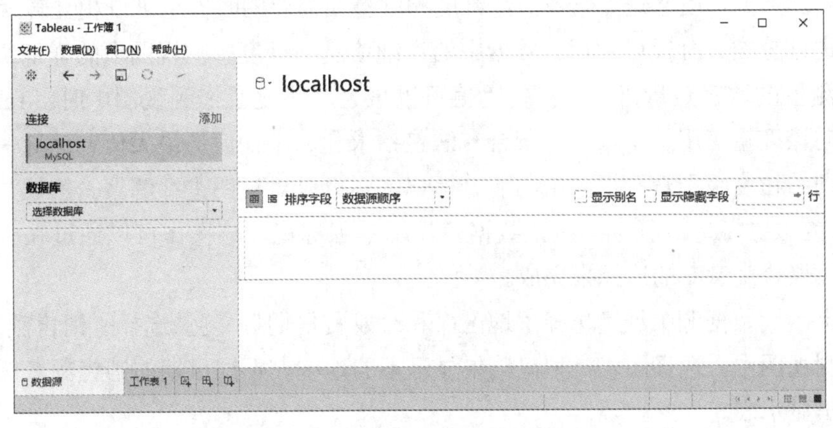

图 5-23 完成到 MySQL 服务器连接

（3）选择使用的数据库后，将列出数据库中的表，余下其他操作和打开本地文件类似，如图 5-24 所示。

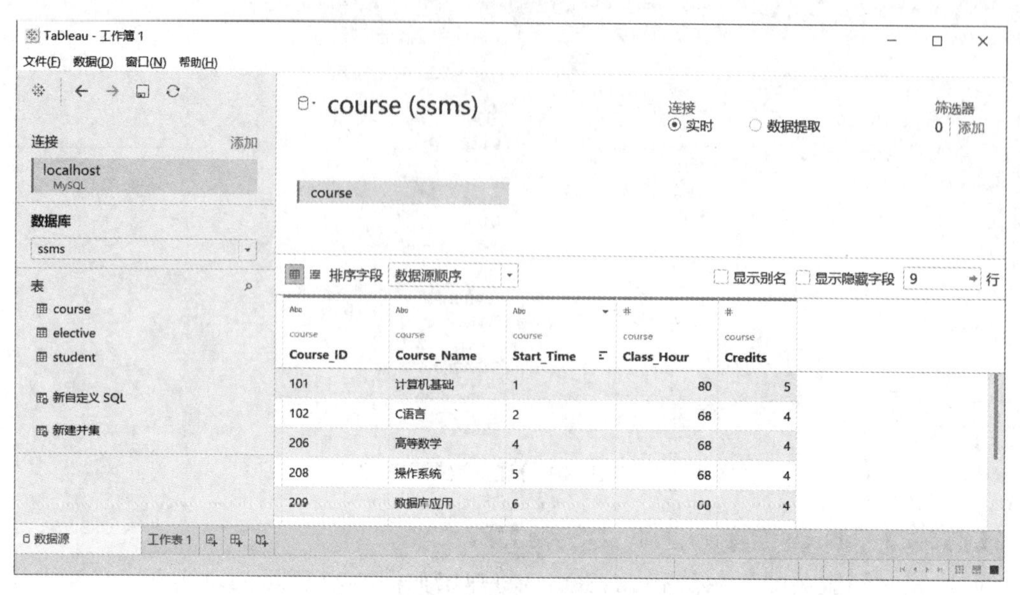

图 5-24　查看 MySQL 数据源中的表数据

数据源的连接方式主要有两种：实时连接和数据提取。

在实时连接中数据是实时的，即与数据源同步，保存 Tableau 文件时不会把数据存取到本地。连接实时特性用于实时数据分析。在这种情况下，Tableau 连接到实时数据源并继续读取数据，最新的数据变化反映在结果中。因为需要持续读取数据到 Tableau，所以其资源消耗较大。

数据提取是把数据从数据源加载到本地，可以实现离线分析。Tableau 可以使用缓存在内存中的数据，并在分析数据时不再连接到数据源。根据内存的可用性，缓存的数据量将有限制。

5.2.2　Tableau 绘制图形

Tableau 基本图形

在工作表窗格中可以完成数据图表的绘制，双击或拖动维度或度量数据将其从“数据”窗格添加到右侧视图中即可，可以根据需要向视图的不同区域添加任意数量的字段。每个视图由放在“行”和“列”功能区以及标记卡中不同属性上的维度和度量字段组成。一般维度是描述性数据，度量是数值数据，维度和度量在需要的时候也可以相互转换。

维度进行分类、分段以及揭示数据中的详细信息。维度影响视图中的详细级别。度量包含可以测量的数字定量值。度量作为值可以聚合。将度量拖到视图中时，Tableau 默认情况下会向该度量应用一个聚合，聚合方法包括求和、平均值、最大值、计数等。如果需要以最详细的粒度级别查看视图中的所有标记，则可以对视图进行解聚。解聚数据意味着 Tableau 将为数据源每一行中的每个数据值显示单独标记。该操作可以通过在“分析”菜单取消对“聚合度量”的选择来完成。

在超市示例数据源中维度选择“地区”和“发货日期”，度量选择“销售额”。将字段拖放至右侧视图中，选择图表类型，结果显示不同地区在不同日期的销售额，例如图 5-25 所示的突出显示表。

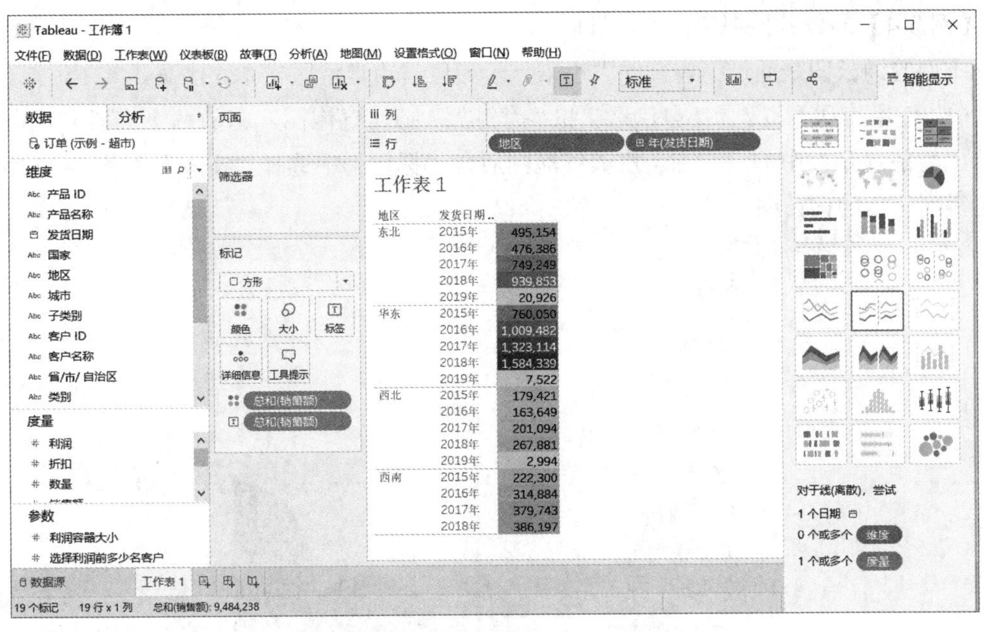

图 5-25　超市示例基本视图构建

Tableau 有多种构建视图的方式，操作灵活、宽容度高。在创建视图图表时，如果出现了非预期的结果，可以直接进行无限次的撤消或重做。

根据图表的需要设定合适的维度和度量数据，通过相关字段的拖放操作完成数据的放置和取消。在智能显示窗格中也可以选择当前可以使用的图表形式，根据显示情况修改行列字段以及标记卡中的显示设定。

【例 5-3】使用示例——超市数据源显示不同省市销售额对比条形图。

（1）将“省 / 自治区”字段放入“行”中，“销售额”放入“列”中，点选“智能显示”中的水平条图形，即可完成基本的条形图制作。

（2）在标记卡中放入“省 / 自治区”，设置为颜色以不同颜色进行显示。还可以再添加“销售额”到标记卡中，设置为颜色以显示数据条的数据标签。最终生成的水平条图形如图 5-26 所示。

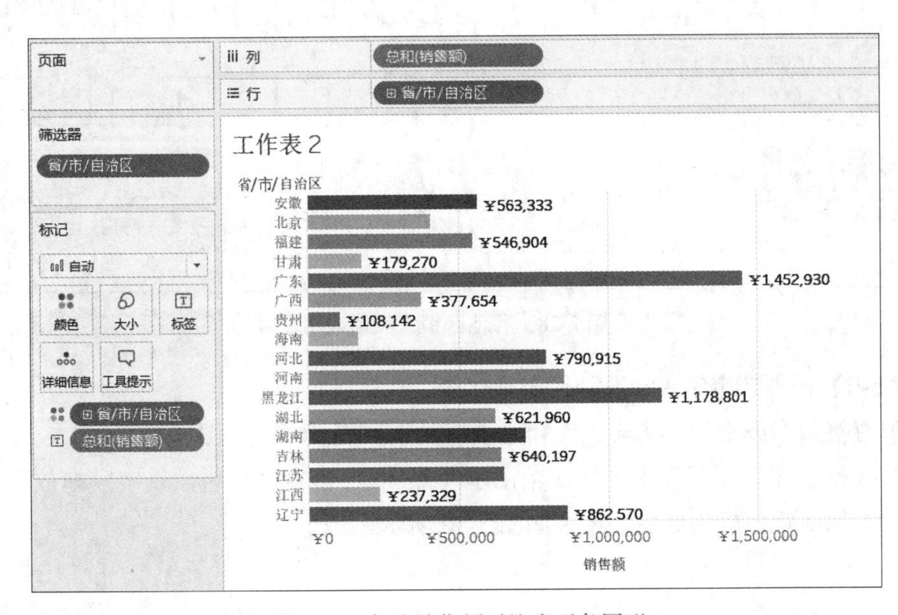

图 5-26　各地销售额对比水平条图形

【例 5-4】制作各地销售额的词云图。

本例的词云图是通过销售额的大小来显示相应省市自治区文本大小。

(1) 使用字段“省 / 市 / 自治区”和“销售额”制作气泡图。拖放两个字段到视图中，点选“智能显示”中的气泡图。生成气泡图后在“标记”中选择“文本”，如图 5-27 所示，即可得到初步的词云图。

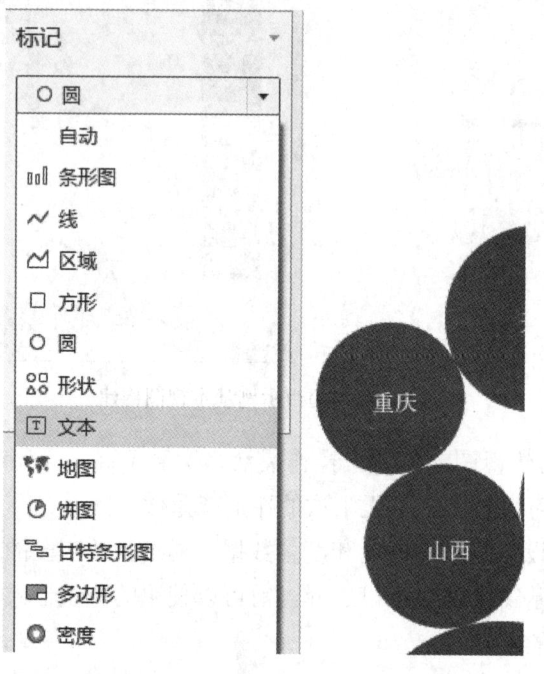

图 5-27　在“标记”中选取“文本”

(2) 将“销售额”字段拖放至标记中的颜色，适当更改颜色设定，生成的词云图如图 5-28 所示。

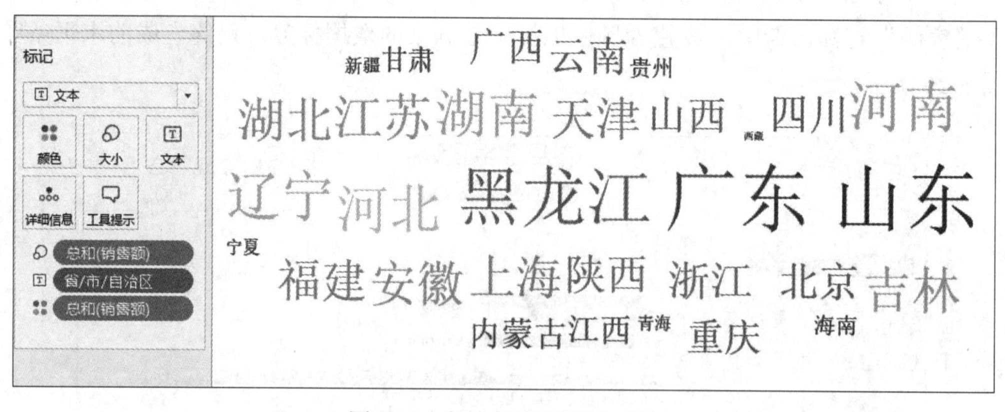

图 5-28　各地区销售额词云图

【例 5-5】根据超市销售情况制作产品热图。

(1) 直接双击或拖放“子类别”和“销售额”到视图中，如图 5-29 所示。

(2) 选择“智能显示”中的第二个图示“热图”，再将“销售额”字段拖放至标记中的颜色，编辑颜色色板为红色，结果如图 5-30 所示。

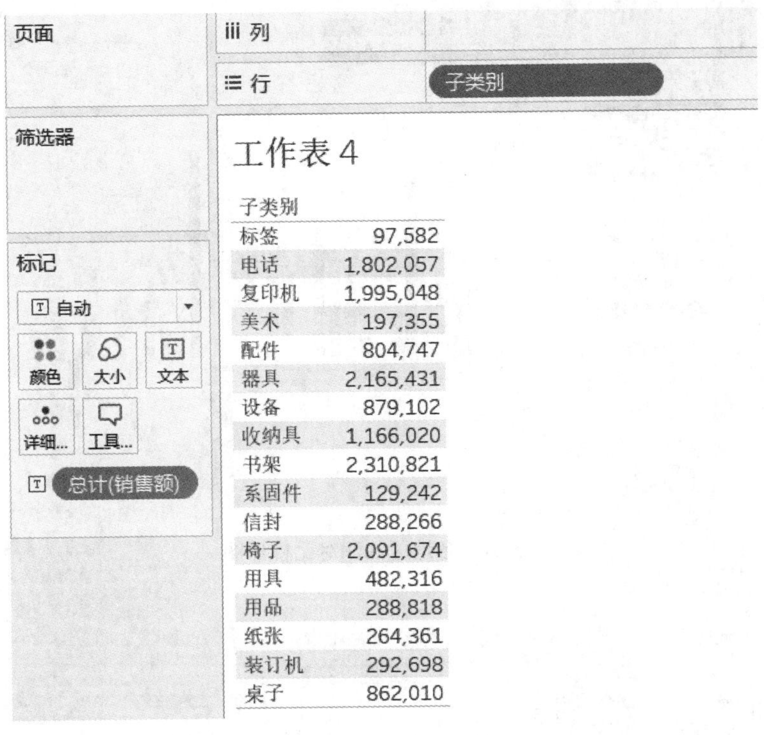

页面
iii 列
≡ 行
子类别
筛选器
工作表 4
标记
自动
颜色
大小
文本
详细...
工具...
总计(销售额)
子类别
标签 97,582
电话 1,802,057
复印机 1,995,048
美术 197,355
配件 804,747
器具 2,165,431
设备 879,102
收纳具 1,166,020
书架 2,310,821
系固件 129,242
信封 288,266
椅子 2,091,674
用具 482,316
用品 288,818
纸张 264,361
装订机 292,698
桌子 862,010

图 5-29　产品销售数据

页面
iii 列
≡ 行
子类别
筛选器
标记
自动
颜色
大小
标签
详细信息
工具提示
总和(销售额)
总和(销售额)
子类别
标签
电话
复印机
美术
配件
器具
设备
收纳具
书架
系固件
信封
椅子
用具
用品
纸张
装订机
桌子

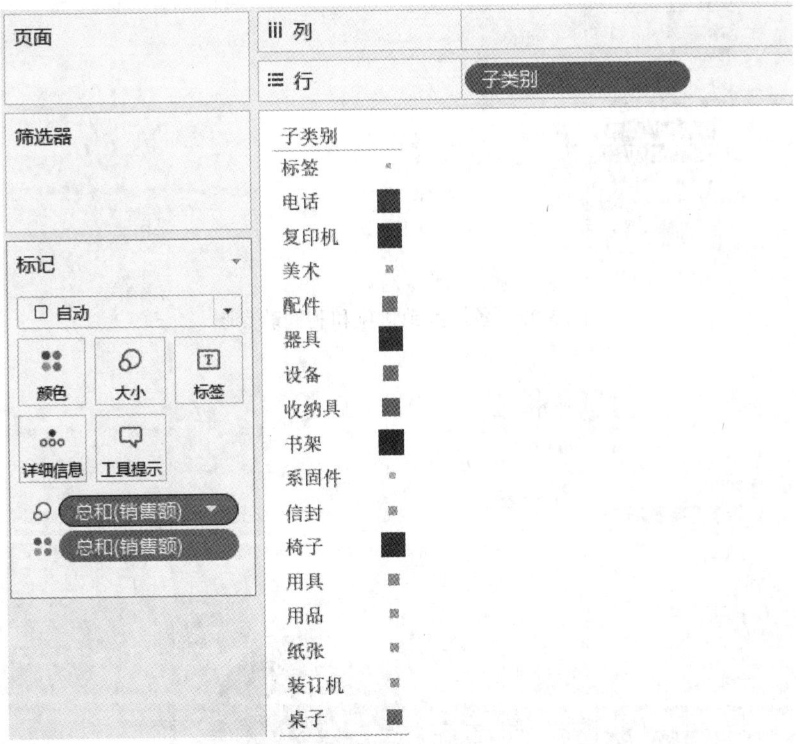

图 5-30　依据销售额生成产品热图

同样可以使用该数据源完成其他不同的基本数据图表显示，如柱状图、散点图、饼图、树状图、折线图、气泡图等。在使用不同图形时需要确认合适的数据维度和度量。可以通过鼠标指向“智能显示”中的图例查看该图形的基本要求。生成的各类图形参考如图 5-31 至图 5-36 所示。

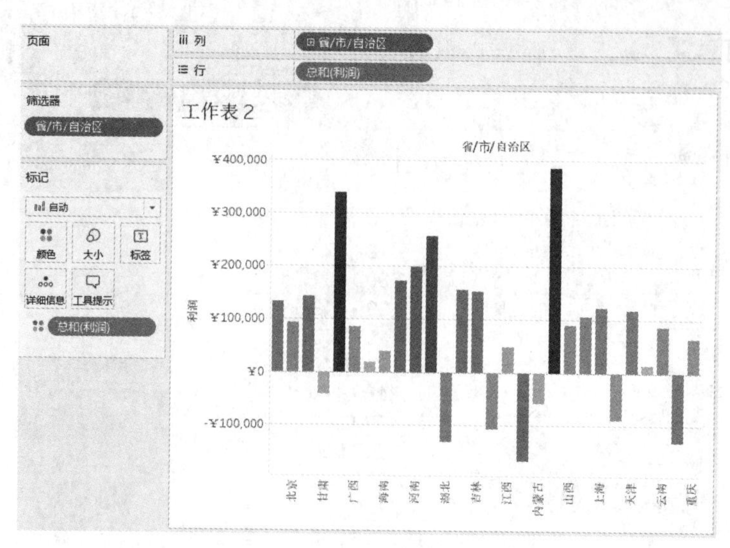

图 5-31　各地区利润对比柱形图

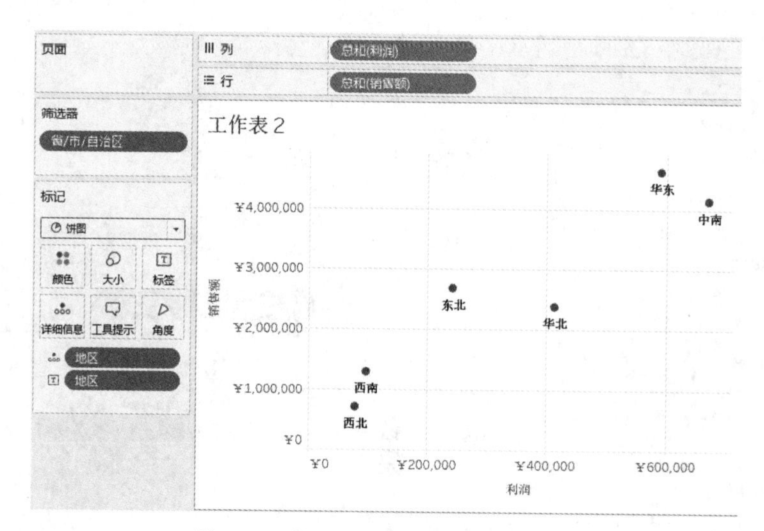

图 5-32　各地区销售额和利润散点图

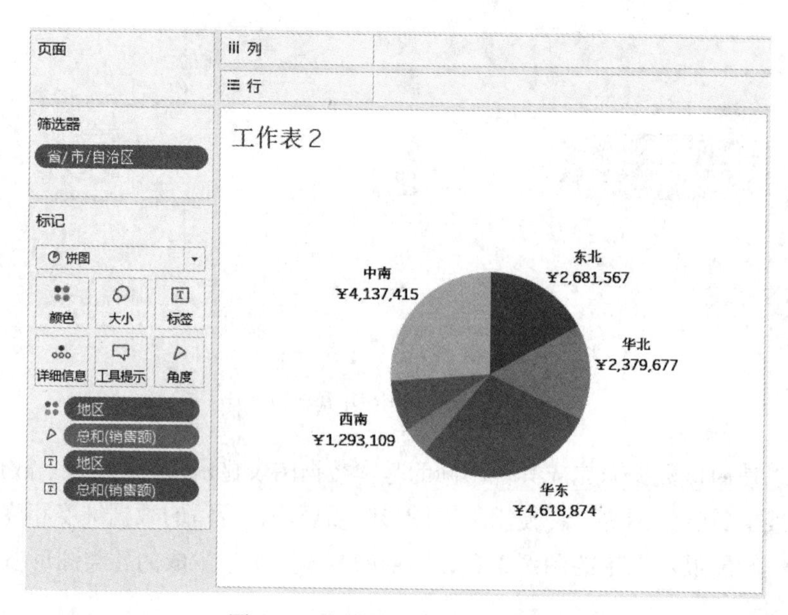

图 5-33　各地区销售额占比饼图

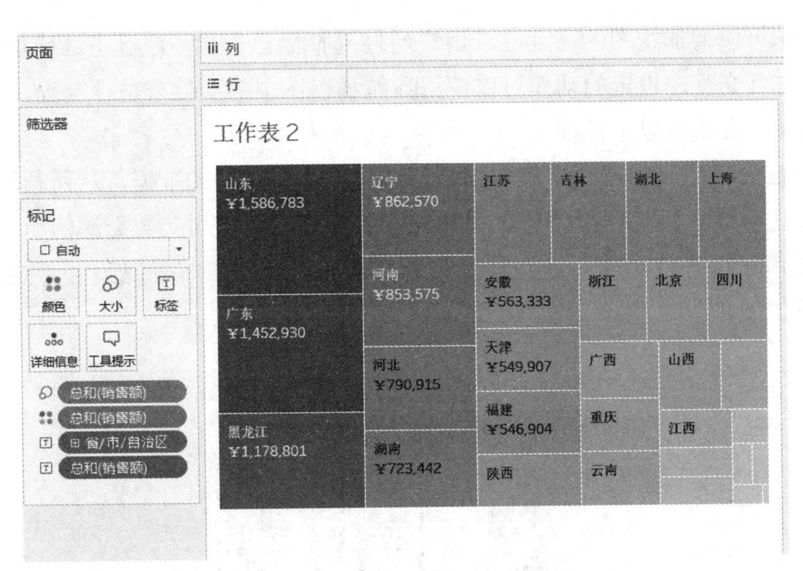

图 5-34 各省 / 市 / 自治区销售额树状图

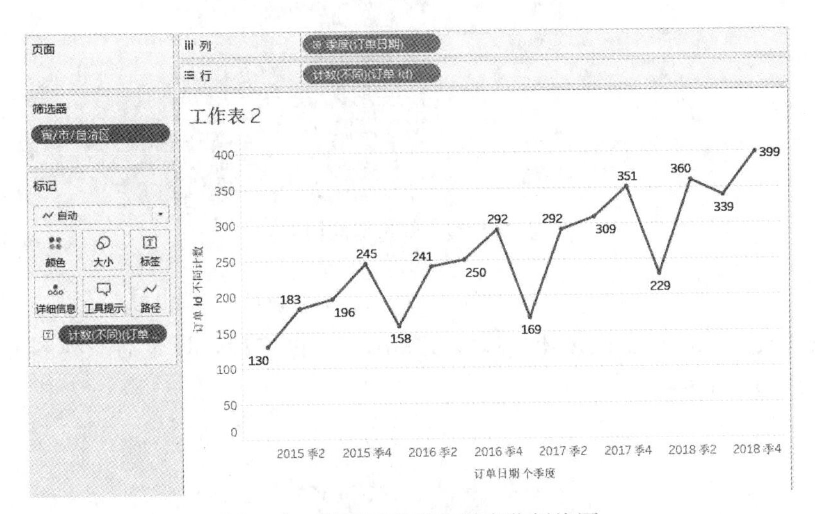

图 5-35 不同季度销售额变化折线图

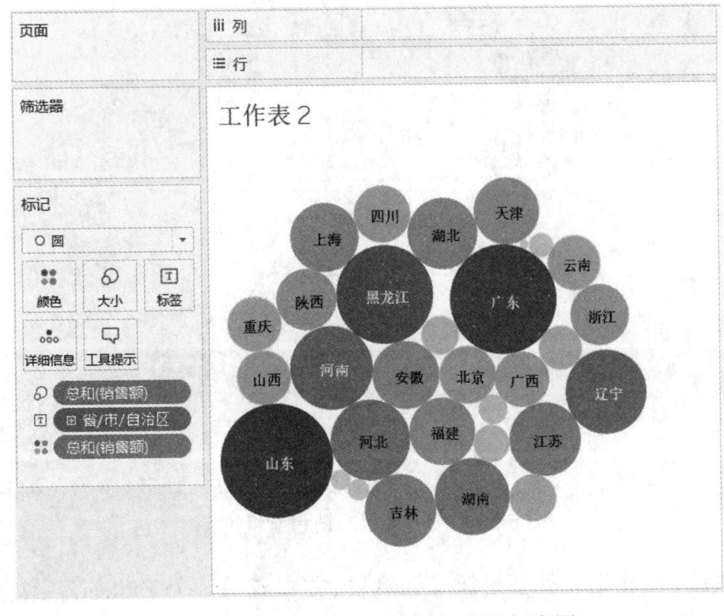

图 5-36 各省 / 市 / 自治区销售额气泡图

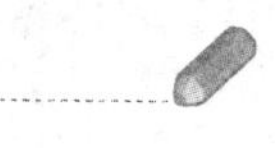

使用动作可以增加视图的交互性。用户通过选择标记、悬停鼠标指针或单击菜单来与可视化内容进行交互，设置的动作可以使用导航和视图中的变化来进行响应。

动作的使用方式有以下几种：

- 筛选器。使用一个视图中的数据来筛选另一个视图中的数据，从而帮助引导分析。如在工作表中添加一个筛选器并将筛选器应用于“使用此数据源的所有项”，如图 5-37 所示。当使用此筛选器进行筛选时，其他相关工作表视图也会根据数据的筛选发生变化。

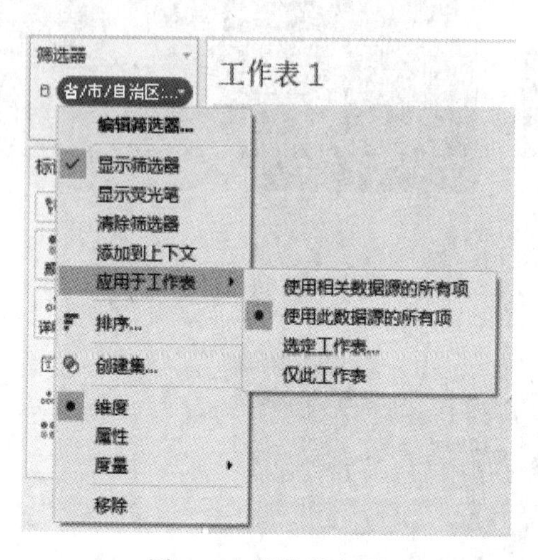

图 5-37 筛选器应用

- 突出显示。通过为特定标记着色引起对感兴趣的标记的注意。在工具栏上有突出显示按钮 ，单击该按钮可以设置突出显示的字段，设定后在视图上点选即可，如图 5-38 所示。

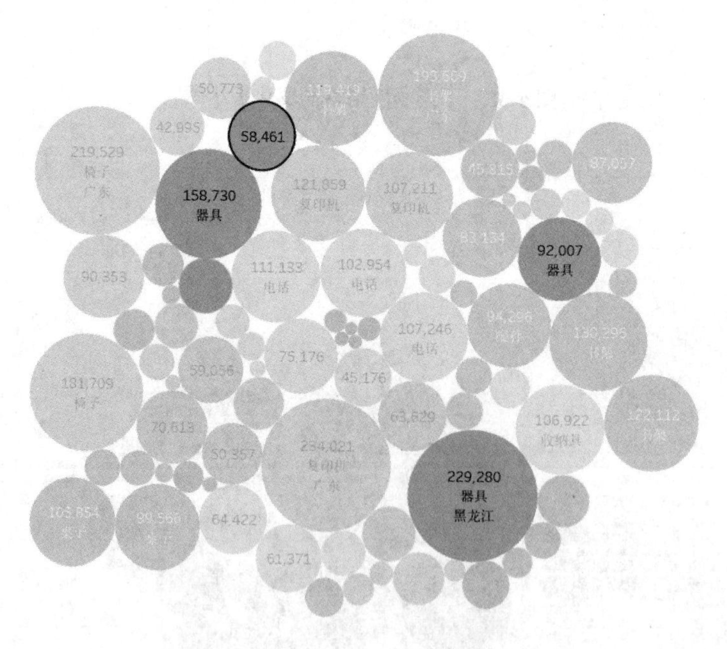

图 5-38 突出显示的销售额气泡图

- 转到 URL。创建指向外部资源（如网页、文本或另一个 Tableau 工作表）的超链接。在工作表菜单中选择操作或按快捷键 Ctrl+Shift+A 弹出操作对话框，添加操作转到 URL。设定作用的工作表，悬停、选择和菜单等使用方法，添加 URL 地址等，如图 5-39 所示。在视图中即可打开浏览器跳转到该 URL 位置。

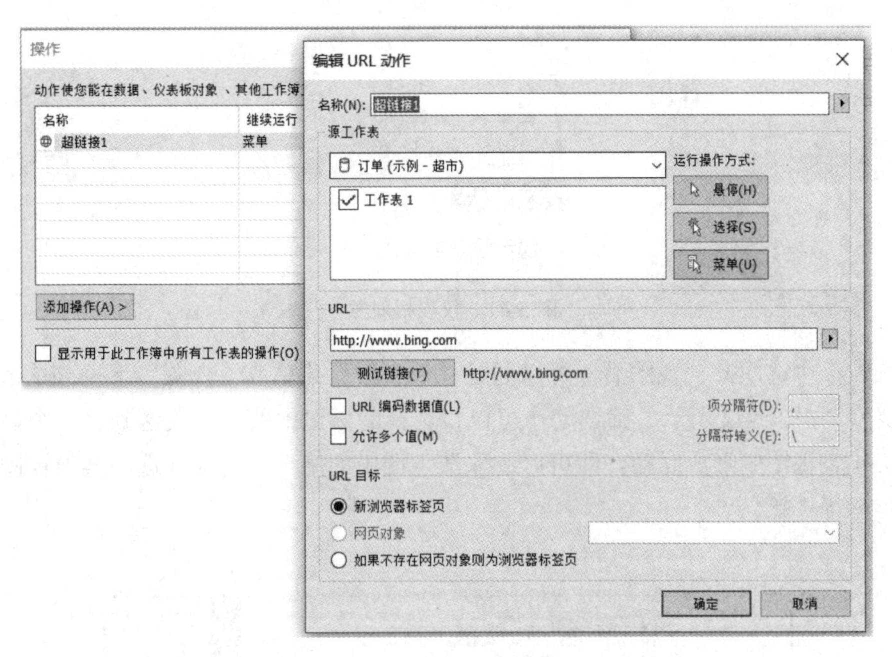

图 5-39　转到 URL 动作设置

- 转到工作表。在仪表板视图中可以直接使用右键转到相应的工作表。
- 更改参数。使用户能够通过直接与可视化项交互（例如单击或选择标记）来更改参数值。可以将参数动作与参考线、计算、筛选器和 SQL 查询结合使用，并自定义在可视化项中显示数据的方式。
- 更改集值。用户能直接与可视化项或仪表板进行交互。当用户在视图中选择标记时，集动作可以更改集中的值。动作中引用的集必须以某种方式在可视化项中使用。

5.2.3　Tableau 仪表板

Tableau 仪表板是若干视图的集合，能同时比较多组数据。

仪表板可以合并显示许多工作表和相关信息。不同的数据视图一次显示，可以同时比较和监视各种数据。在创建仪表板时，我们可以从工作簿中的任何工作表添加视图或添加多种对象，如文本区域、网页和图像。每个添加到仪表板的视图都连接到其对应的工作表，因此工作表数据变化时仪表板也将更新。

创建仪表板，可以针对特定设备布局进行设计，例如在平板电脑上仪表板包含一组视图和对象，而在手机上则显示另一组。一般仪表板上的视图不能过多，如果过多可能损失清晰度或重点内容。在“仪表板”窗格单击“设备预览”按钮即可在不同设备的不同模型中预览仪表板的显示情况，如图 5-40 所示。

图 5-40　选取不同设备模型查看仪表板

除了工作表外，还可以添加用于增加视觉吸引力和交互性的仪表板对象，如布局容器水平和垂直对象，添加文字的文本对象、增强仪表板视觉效果的图像对象、网页对象和用于调整间距的空白对象，如图 5-41 所示。

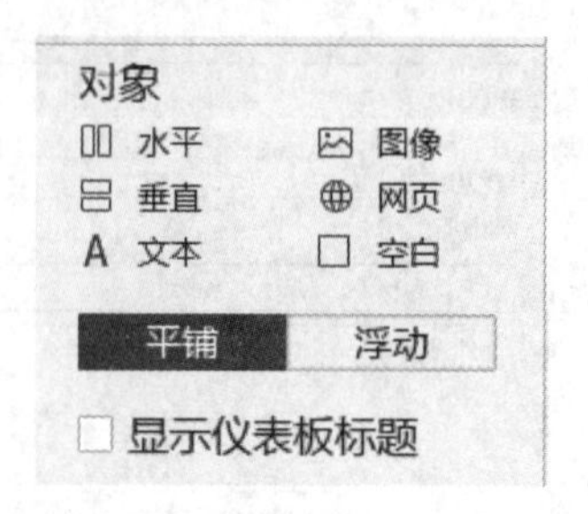

图 5-41　仪表板对象

在仪表板中选中某一视图后，可以通过“仪表板”菜单或“视图”下拉菜单选中“用作筛选器”，如图 5-42 所示。筛选动作可以将选择的标记中的信息发送到另一个显示相关信息的工作表视图中形成联动，即可以选取散点图中的某个点完成筛选，其他视图将根据所选内容进行更新。

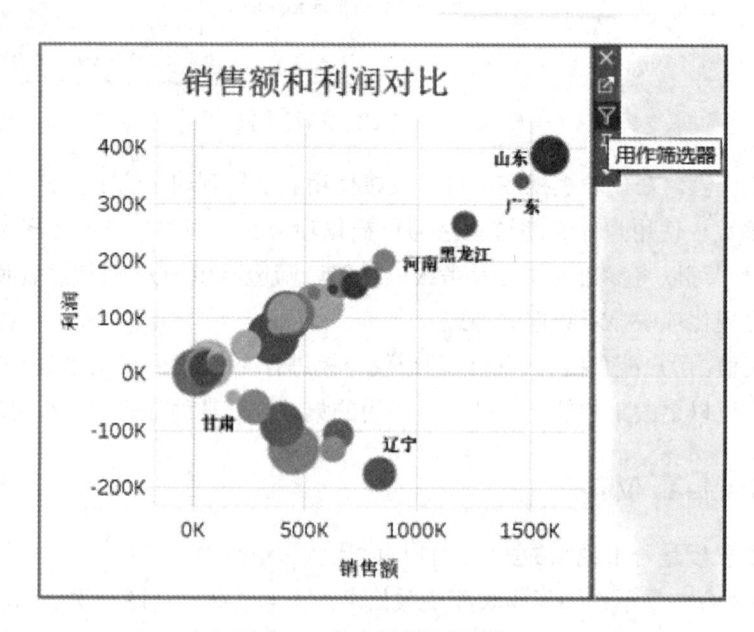

图 5-42　仪表板筛选器按钮

5.3　Tableau 可视化综合实例

Tableau 可视化综合实例
产品销售额瀑布图

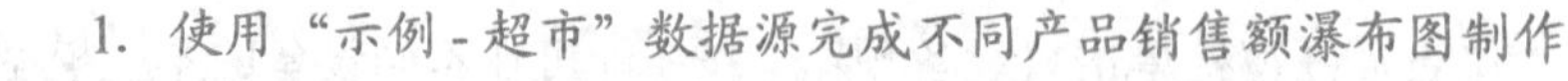
1. 使用“示例 - 超市”数据源完成不同产品销售额瀑布图制作

（1）将“子类别”拖放到“列”，将“销售额”拖放到“行”，使用条形图生成如图 5-43 所示的结果。

（2）在行中的销售额下拉菜单中选择“快速表计算”中的“汇总”，如图 5-44 所示，执行汇总后得到产品销售额不断汇总的条形结果显示，如图 5-45 所示。

（3）在“标记”下选择“甘特条形图”，结果如图 5-46 所示。

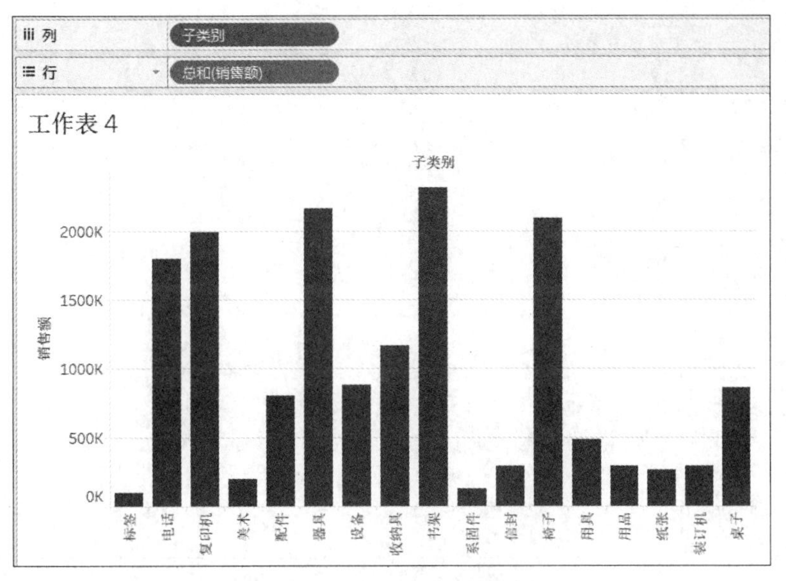

图 5-43 产品销售条形图

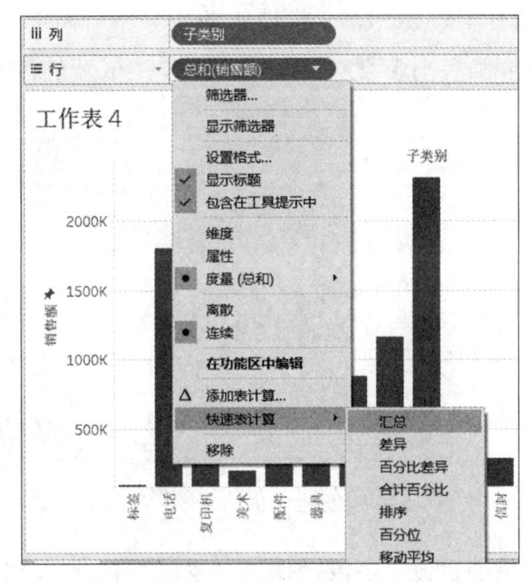

图 5-44 快速表计算汇总

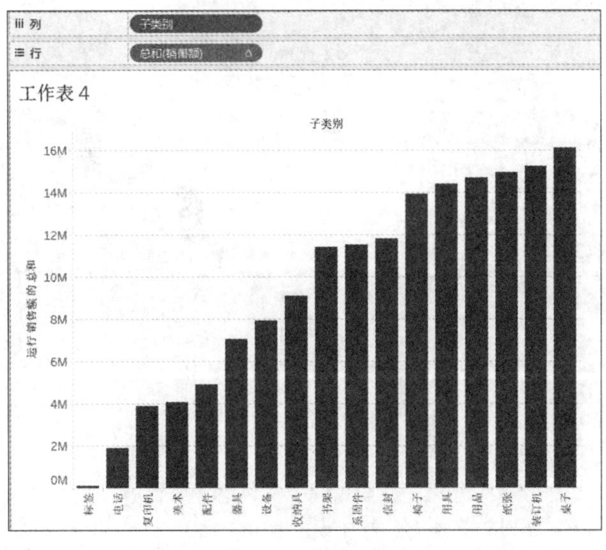

图 5-45 汇总计算后产品销售条形图

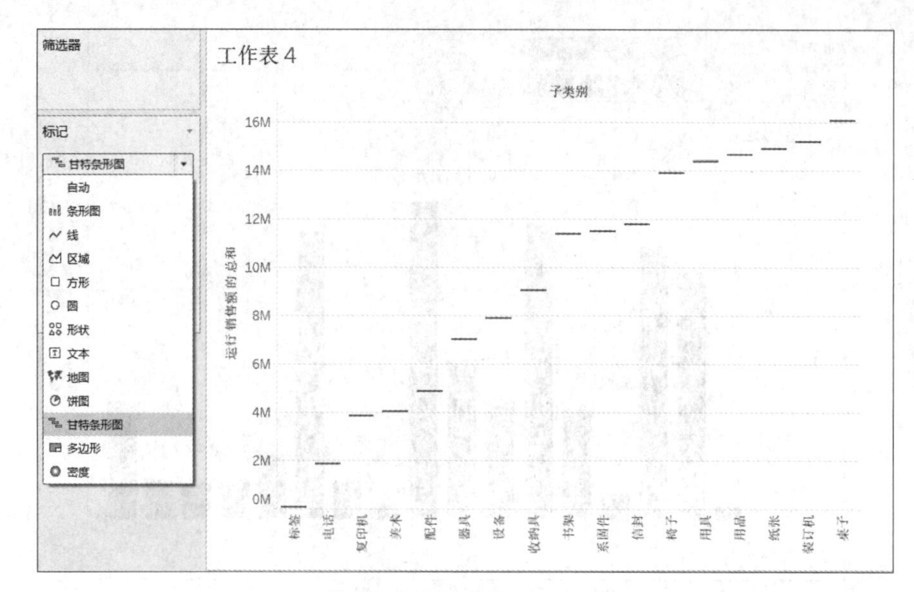

图 5-46　产品销售额瀑布图

（4）为了准确显示瀑布图效果，需要将销售额计算显示为负值。在“分析”菜单中创建计算字段，名为“负销售额”，计算为“-[销售额]”，生成新的计算字段，如图 5-47 所示。

图 5-47　创建“负销售额”字段

（5）将计算得到的“负销售额”字段拖拽到“标记”下的“大小”，结果如图 5-48 所示。

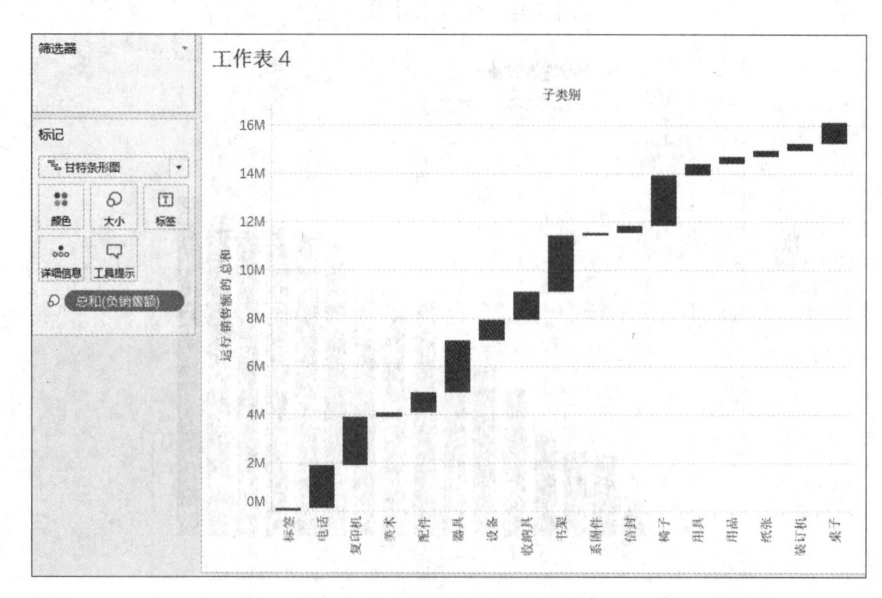

图 5-48　产品销售额瀑布图

（6）在“分析”菜单中选择“合计”菜单项中的“显示行总和”，视图中将出现销售总和数据条，再拖放计算的“负销售额”字段到“标记”中的“颜色”，适当设定其他相关格式，如字体、填充、边界等，即可完成实例效果，如图5-49所示。如果需要显示数据标签，可以将“销售额”拖放至“标记”中的“标签”。

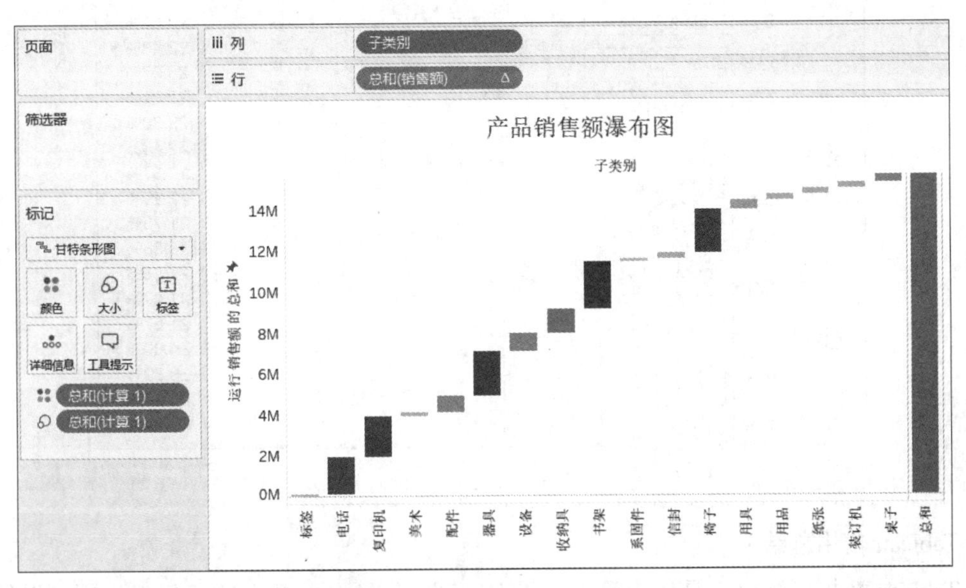

图5-49 产品销售额瀑布图

2. 通过利润和销售额字段求取利润率并使用

Tableau可以完成数据的相关分析计算工作，如创建计算字段、在数据中查找群集、计算百分比、使用各种工具浏览和检查数据等。为了完成这些工作Tableau提供了运算符、函数和一些快速表计算的功能。运算符包括常规运算符、算术运算符、关系运算符、逻辑运算符等。Tableau也有许多内置函数，包括数字函数、字符串函数、日期函数、逻辑函数、聚合函数、用户函数等。

（1）通过“分析”菜单选择“创建计算字段”，在窗口中填写标题“利润率”，编写计算公式“SUM([利润])/SUM([销售额])”，如图5-50所示。单击“确定”按钮后度量中会出现创建的“利润率”字段。

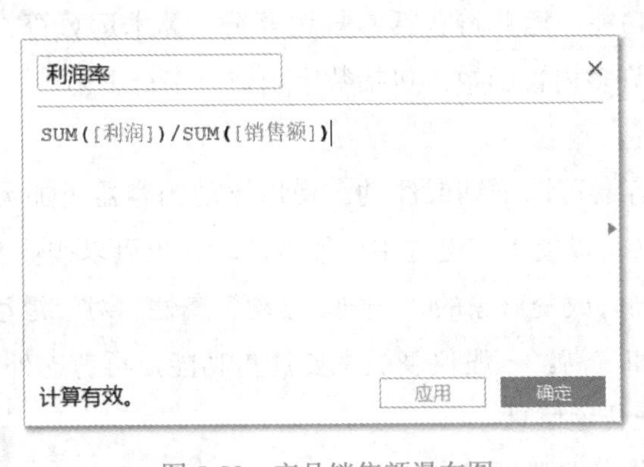

图5-50 产品销售额瀑布图

（2）在视图中显示“利润率”为小数，可以通过右键将显示格式设为2位小数的百分比，如图5-51所示。

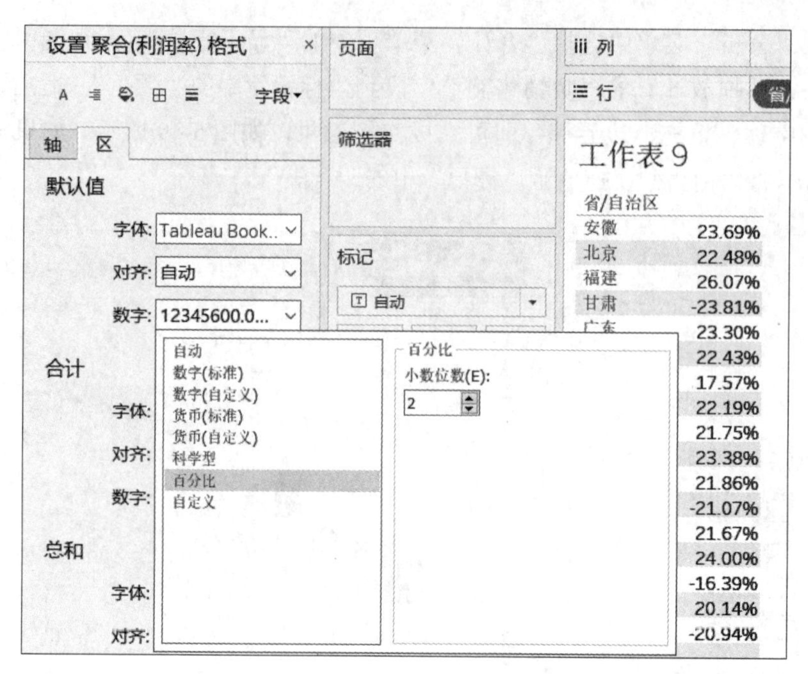

图 5-51 设置显示格式

Tableau 使用总结：

Tableau 数据可视化工具使用简单，界面美观。需要分析数据的任何工作都可以使用，门槛低。数据源支持广泛，从常见的本地数据文件到关系数据库、云数据库都可以作为数据源使用。可以实时更新数据，数据访问效率高。

Tableau 能满足大多数企业、政府、研究机构等数据分析和展示的需要。在简单、易用的同时，Tableau 也极其高效，数据引擎的速度极快。软件能根据选择的数据列自动生成系统最佳匹配图表。

Tableau 还可以通过“设置格式”菜单对工作表、行、列进行字体、对齐、阴影（填充）、边界、线等的详细设定，使生成的图表更具个性化。

Tableau 可以完成数据的相关分析计算工作，如创建计算字段、在数据中查找群集、计算百分比、使用各种工具浏览和检查数据等。为了完成这些工作其提供了运算符、函数和一些快速表计算的功能。运算符包括常规运算符、算术运算符、关系运算符、逻辑运算符等。Tableau 也有许多内置函数，包括数字函数、字符串函数、日期函数、逻辑函数、聚合函数、用户函数等。

（3）仪表板中的容器可以平铺或浮动。使用浮动的容器更加灵活，调整容器位置也很方便。两种状态转换可以使用右键选中或取消浮动，也可以按住 Shift 键后再拖动对象，实际上能够在拖动的同时改变对象的“平铺 / 浮动”属性。对于浮动对象也可以直接在布局窗格中调整其位置和宽高。一般仪表板主要注重功能，再考虑外观（力求简洁），易于理解的仪表板可以快速传递信息。

Tableau 可以将工作发布到 Tableau Server 或 Tableau Online，以便与其他用户共享工作。发布之后，用户可通过 Web 浏览器或 Tableau 移动应用访问相关内容。发布内容包括给其他用户提供使用的数据源，包含视图、仪表板、故事和数据连接的工作簿。

5.4 实训

（1）制作发货天数突出显示表。

根据“示例 - 超市”数据完成制作，查看不同地区发货天数不同年份的变化，其统计视图结果参考图 5-52 所示。

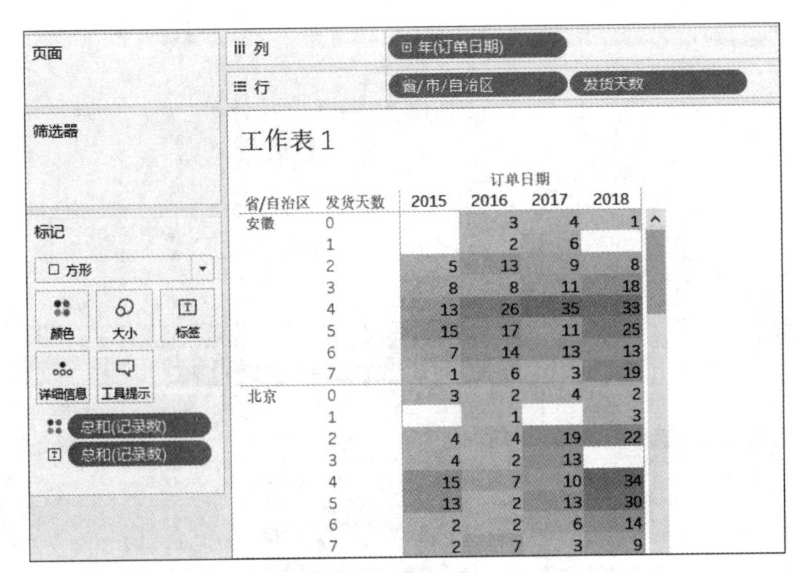

省/自治区	发货天数	2015	2016	2017	2018
安徽	0		3	4	1
	1		2	6	
	2	5	13	9	8
	3	8	8	11	18
	4	13	26	35	33
	5	15	17	11	25
	6	7	14	13	13
	7	1	6	3	19
北京	0	3	2	4	2
	1		1		3
	2	4	4	19	22
	3	4	2	13	
	4	15	7	10	34
	5	13	2	13	30
	6	2	2	6	14
	7	2	7	3	9

图 5-52 发货天数突出显示视图

1）导入“示例 - 超市”数据源后切换到工作表。数据源中有订单日期和发货日期，可以通过计算得到发货天数，通过“分析”菜单创建新计算字段，如图 5-53 所示。

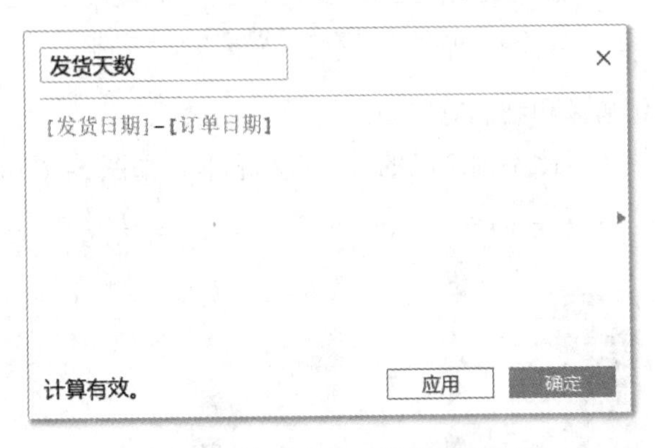

图 5-53 生成发货天数的计算字段

2）在“数据”窗格中将生成的发货天数从“度量”拖放至“维度”中，从“维度”中将“省 / 市 / 自治区”和“发货天数”字段放入“行”，将“订单日期”放入“列”，将“度量”中的“记录数”拖放至“标记”中的“文本”按钮，生成的结果如图 5-54 所示。

3）点选“智能显示”中的“突出显示表”，得到的结果可以根据需要调整行列中字段的位置；完成图表后还可以通过“分析”菜单生成“省 / 市 / 自治区”的筛选器（或通过发货天数进行筛选），通过筛选器能够方便地查看不同省份发货天数的统计结果视图，如图 5-55 所示。

图 5-54 生成发货天数的统计视图

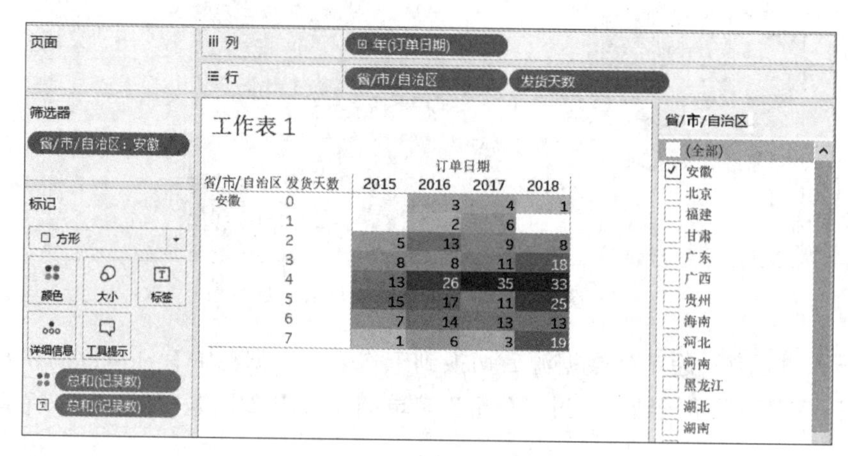

图 5-55 筛选查看某地发货天数统计视图

（2）制作产品的销售额和利润对比图。

使用条形图和折线图对比不同产品的销售额和利润，如图 5-56 所示。

产品类别销售额和利润对比

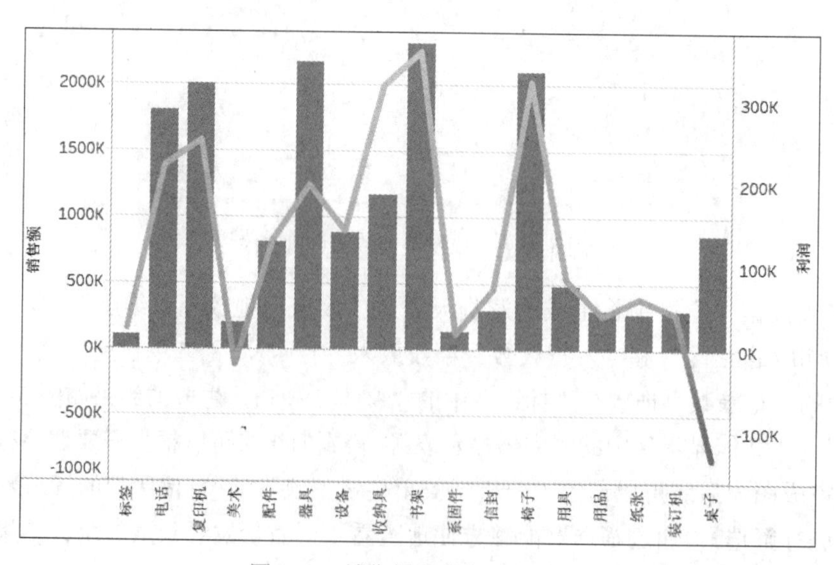

图 5-56 销售额和利润对比效果

1）分别双击数据窗格中的子类别、销售额和利润，在“智能显示”中选择“并排条”，产生的效果如图 5-57 所示。

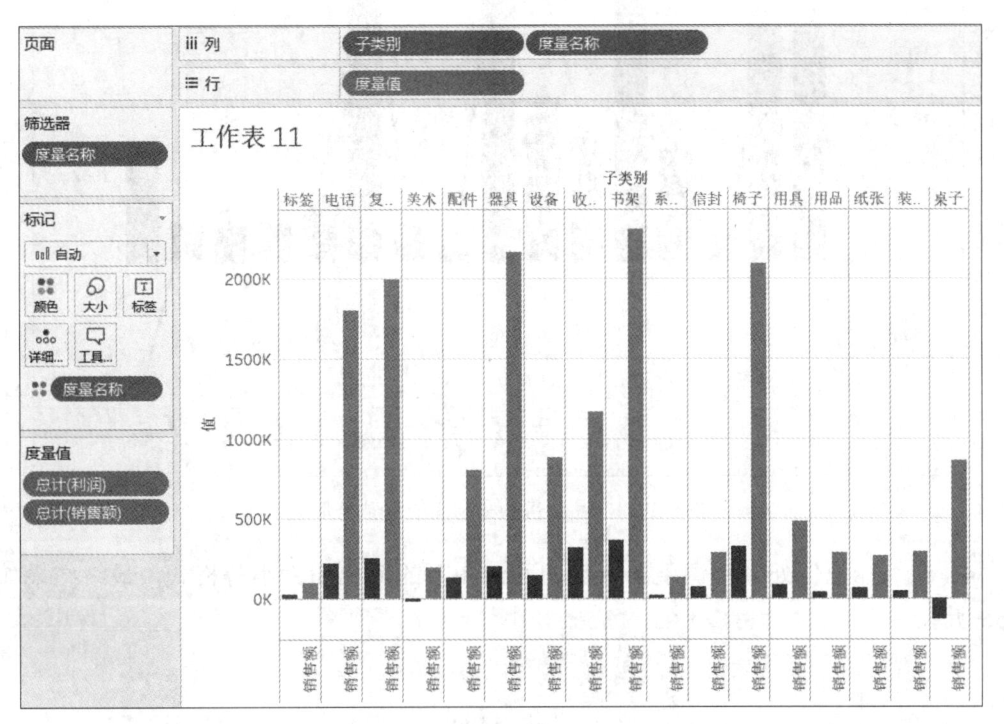

图 5-57　产品销售额和利润并排条效果

2）将度量值中的“总计（利润）”拖动至并排条图形的最右侧位置，当发现出现竖向的虚线时松开鼠标，这时结果为双轴散点图，如图 5-58 所示。

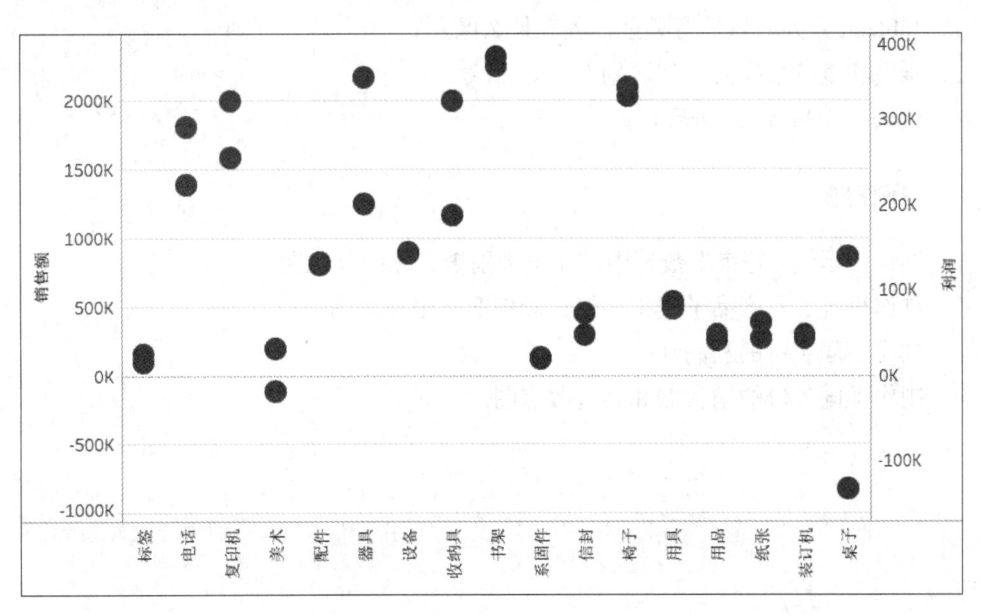

图 5-58　产品销售额和利润的双轴散点图

3）在行“总计（销售额）”处单击下拉菜单中的标记类型，选择“条形图”，同样在“总计（利润）”的菜单标记类型中选择“线”，结果如图 5-59 所示。

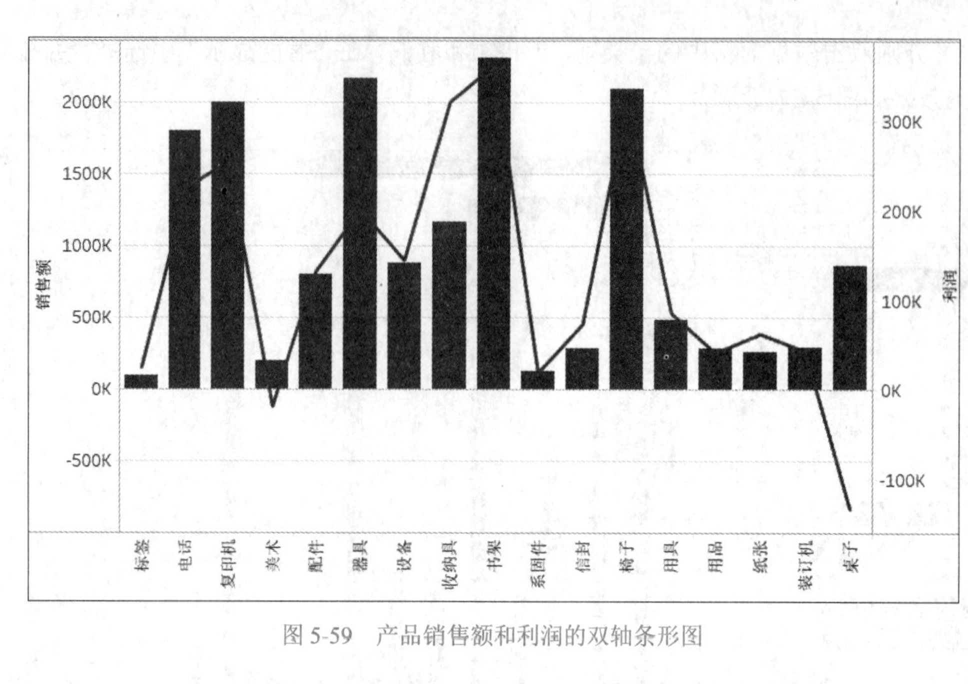

图 5-59　产品销售额和利润的双轴条形图

4）在“标记”处分别调整销售额和利润图形的颜色和大小等格式，最终结果如图 5-56 所示。

练习 5

一、简答题

1．Tableau 系列的软件有哪些，各有什么区别？

2．维度和度量数据有什么区别？

3．什么是 Tableau 工作簿？

二、操作题

1．制作“示例 - 超市”数据中产品子类别销售额的气泡图。

2．制作每年 5 月产品子类别的销售额情况突出显示图。

3．制作不同省份的利润地图。

4．制作不同省份的销售额和利润散点图。

第6章　ECharts数据可视化

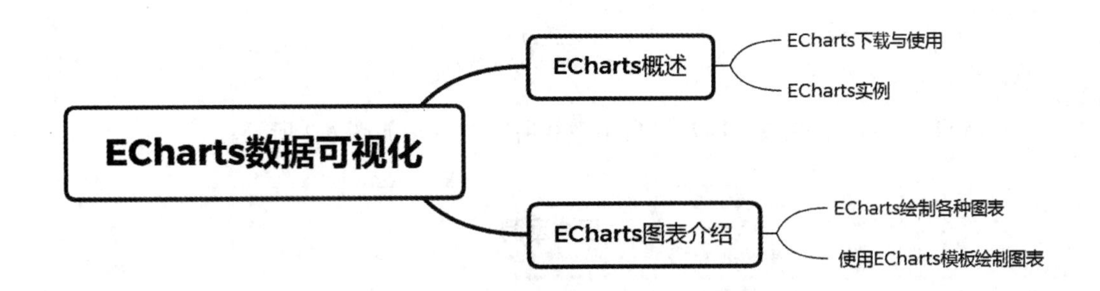

本章导读

ECharts是一个使用JavaScript实现的开源可视化库，可以免费从网上下载并使用。本章主要介绍ECharts的下载、ECharts的可视化方法和ECharts图表的制作方式。读者应在理解相关概念的基础上重点掌握ECharts可视化的设计方法、设计过程和可视化图表的实现等。

本章要点

- ECharts下载与使用
- ECharts实现方法
- ECharts图表的制作

6.1　ECharts概述

ECharts是一个使用JavaScript实现的开源可视化库，可以流畅地运行在PC和移动设备上，并能够兼容当前绝大部分浏览器。在功能上，ECharts可以提供直观、交互丰富、可高度个性化定制的数据可视化图表。

6.1.1　ECharts下载与使用

普通用户想要使用ECharts必须先进入官网下载其开源的版本，然后才能绘制各种图形。

1. 下载ECharts

普通用户输入网址https://www.echartsjs.com/download.html或者http://echarts.apache.org/zh/download.html进入ECharts的下载界面，如图6-1所示，单击“在线定制”按钮进入下载页面。

ECharts下载与使用

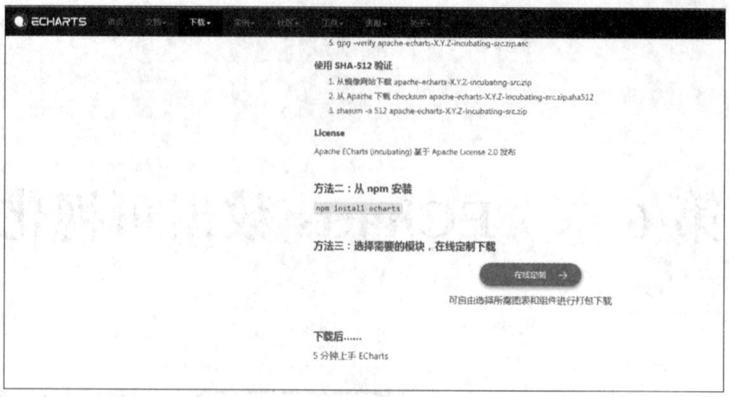

图 6-1　进入下载界面

可以看到各种图表介绍，用户可自由下载所需图表，如图 6-2 所示。

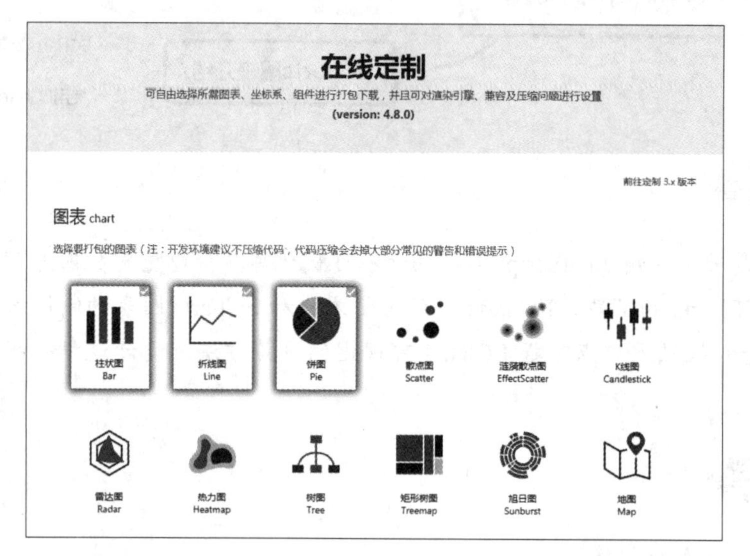

图 6-2　“在线定制”页面

下载图表界面如图 6-3 所示。

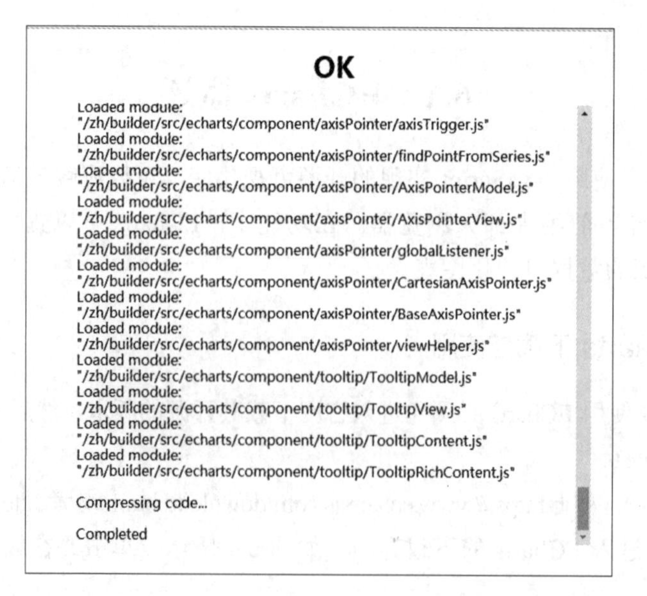

图 6-3　下载界面

2. 使用 ECharts

下载到本地的 ECharts 文件是一个名为 echarts.min 的 Script 文件，在编写网页文档时将该文件放入 HTML 页面中即可制作各种 ECharts 开源图表，文档结构如图 6-4 所示。

组织 ▾ 包含到库中 ▾ 共享 ▾ 新建文件夹

收藏夹	名称	修改日期	类型	大小
桌面	echarts.min	2020/6/15 21:28	JScript Script 文件	375 KB
最近访问的位置	新建文本文档	2019/3/5 22:28	HTML 文件	2 KB
下载	新建文本文档	2020/6/15 21:29	文本文档	0 KB

图 6-4 ECharts 文件

如果要使用 ECharts 制作可视化图表，只需把 echarts.min 装载到 HTML 网页中。

6.1.2 ECharts 实例

ECharts 实例

ECharts 是基于 HTML 页面的可视化图表，在使用 ECharts 前先要了解 HTML 的网页制作与实现方式。

1. HTML 网页实现

目前常用的 HTML5 网页的代码如下：

```
<!DOCTYPE html>
  <html lang="zh">
    <head>
      <title>这是我的网页</title>
    </head>
    <body>
      <h1>我的网页</h1>
      <p>正文</p>
    </body>
  </html>
```

在这里标记 <head></head> 代表 HTML5 的头部，标记 <body></body> 代表 HTML5 的正文部分，将该文档保存为 *.html 后即可使用浏览器运行该网页。

2. ECharts 实现

使用 ECharts 制作图表的步骤如下：

（1）新建 HTML 页面，一般为 HTML5 页面。

（2）在 HTML 页面头部中导入 js 文件，<head></head> 之间。

（3）在 HTML 页面正文中用 JavaScript 代码实现图表显示，<body></body> 之间。

值得注意的是，由于 ECharts 中的代码是由 JavaScript 实现的，因此在学习 ECharts 可视化之前应该具备最基本的 JavaScript 编程知识，下面给出具体实现代码。

（1）引入 ECharts。

```
<head>
<meta charset="utf-8">
<title>ECharts</title>
  <script src="echarts.min.js"></script>
</head>
```

（2）准备容器。

```
<body>
```

```
    <div id="main" style="width: 800px;height:800px;"></div>
</body>
```

（3）初始化实例。

```
<body>
    <div id="main" style="width: 800px;height:800px;"></div>
    <script type="text/javascript">
        var myChart = echarts.init(document.getElementById('main'));
    </script>
</body>
```

（4）指定图表的配置项和数据。

```
var option = {
    title:{
        text:'EChars实例'
    },
    //提示框组件
    tooltip:{
        //坐标轴触发，主要用于柱状图、折线图等
        trigger:'axis'
    },
    //图例
    legend:{
        data:['销量']
    },
    //横轴
    xAxis:{
        data:["衬衫","短袖","短裤","大衣","高跟鞋","帽子"]
    },
    //纵轴
    yAxis:{},
    //系列列表，每个系列通过type决定不同的图表类型
    series:[{
        name:'销量',
        //折线图
        type:'line',
        data:[5, 20,40, 10, 10, 30]
    }]
};
```

（5）显示图表。

```
myChart.setOption(option);
```

值得注意的是，在显示图表的时候可以使用语句 myChart.setOption(option) 来实现，也可以这样书写：

```
myChart.setOption()
```

例如：

```
<script type="text/javascript">
    var myChart = echarts.init(document.getElementById('main'));
        var option = {
    };
    myChart.setOption(option);
</script>
```

或者：

```
<script type="text/javascript">
  myChart.setOption()
 </script>
```

运行该例，效果如图 6-5 所示。

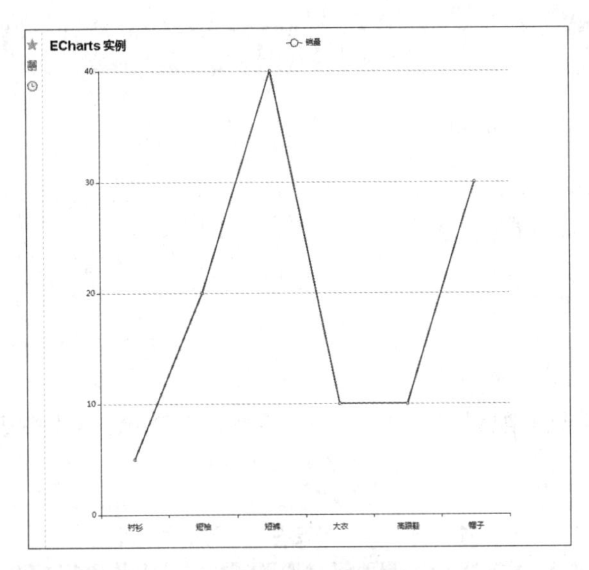

图 6-5 ECharts 实例

该例使用 ECharts 绘制了折线图，完整代码如下：

```
<!DOCTYPE html>
<html>
  <head>
    <meta charset="utf-8">
    <title>ECharts</title>
    <!-- 引入 echarts.js -->
    <script src="echarts.min.js"></script>
  </head>
  <body>
    <div id="main" style="width: 800px;height:800px;"></div>
    <script type="text/javascript">
    var myChart = echarts.init(document.getElementById('main'));
    var option = {
        title:{
          text:'EChars实例'
        },
        //提示框组件
        tooltip:{
          //坐标轴触发，主要用于柱状图、折线图等
          trigger:'axis'
        },
        //图例
         legend:{
          data:['销量']
         },
        //横轴
        xAxis:{
```

```
            data:["衬衫","短袖","短裤","大衣","高跟鞋","帽子"]
        },
        //纵轴
        yAxis:{},
        //系列列表，每个系列通过type决定不同的图表类型
        series:[{
            name:'销量',
            //折线图
            type:'line',
            data:[5, 20,40, 10, 10, 30]
        }]
    };
    myChart.setOption(option);
  </script>
</body>
</html>
```

3. ECharts 中的图表参数设置

ECharts 图表中常见的配置项参数如表 6-1 所示，ECharts 常见图表名称及其含义如表 6-2 所示。

表 6-1　ECharts 图表中常见的配置项参数

名称	含义
option	图表的配置项和数据内容
backgroundColor	全图默认背景
color	数值系列的颜色列表
animation	是否开启动画，默认开启
title	定义图表标题，其中还可包含 text（主标题）和 subtext（副标题）
tooltip	提示框，鼠标悬浮交互时的信息提示
legend	图例，每个图表最多有一个图例
toolbox	工具箱，每个图表最多有一个工具箱
dataView	数据视图
dataRange	值域
dataZoom	区域缩放控制器，仅对直角坐标系图表有效
timeline	时间轴
grid	网格
categoryAxis	类目轴
series	设置图表显示效果
roamController	缩放漫游组件，仅对地图有效
xAxis	直角坐标中的横坐标
yAxis	直角坐标中的纵坐标
polar	极坐标
symbolList	默认标志图形类型列表
calculable	可计算特性

表 6-2 ECharts 常见图表名称及其含义

名称	含义
bar	条形图 / 柱状图
scatter	散点图
funnel	漏斗图
gauge	仪表盘
line	折线图 / 面积图
pie	饼图
map	地图
overlap	组合图
line3D	3D 图
liquid	水滴球图
parallel	平行坐标图
graph	关系图
geo	地理坐标系
boxplot	箱形图
effectScatter	带有涟漪特效动画的散点图
radar	雷达图
chord	和弦图
force	力导布局图
tree	树图
evnetRiver	事件河流图
heatmap	热力图
candlestick	K 线图
wordCloud	词云

下面以 title 为例来详细介绍各项参数的含义。

（1）标题居中。

```
//left的值为'left'、'center'、'right'
title:{
  left:'center'
}
```

（2）主副标题间的间距。

```
title:{
  //默认为10
  itemGap:20
}
```

（3）标题文本样式。

```
title:{
  text:'标题文本',
  textStyle:{
    //文字颜色
```

```
        color:'#ccc',
        //字体风格：'normal'、'italic'、'oblique'
        fontStyle:'normal',
        //字体粗细：'normal'、'bold'、'bolder'、'lighter'、100 | 200 | 300 | 400...
        fontWeight:'bold',
        //字体系列
        fontFamily:'sans-serif'
        //字体大小
        fontSize:18
    }
}
```

（4）副标题。

```
title:{
    subtext:'副标题',
    //副标题文本样式
    subtextStyle:{}
}
```

6.2 ECharts 图表介绍

ECharts 中的图表较多，本节主要介绍几种常见图表的实现方式。

6.2.1 ECharts 绘制各种图表

ECharts 绘制各种图表

1. 柱状图

【例 6-1】制作 ECharts 图表。

代码如下：

```
<!DOCTYPE html>
<html>
<head>
    <meta charset="utf-8">
    <title>ECharts</title>
     <script src="echarts.min.js"></script>
</head>
<body>
    <div id="main" style="width: 800px;height:800px;"></div>
    <script type="text/javascript">
        var myChart = echarts.init(document.getElementById('main'));
                var option = {
            title: {
                text: 'ECharts 柱状图实例'
            },
            tooltip: {},
            legend: {
                data:['考试分数']
            },
            xAxis: {
                data: ["计算机","英语","物理","高等数学","逻辑学","线性代数"]
            },
```

```
        yAxis: {},
        series: [{
            name: '分数',
            type: 'bar',
            data: [75, 80, 76, 90, 80, 87]
        }]
    };
    myChart.setOption(option);
  </script>
</body>
</html>
```

语句含义如下：

<script src="echarts.min.js"></script>：引入 echarts.js。

<div id="main" style="width: 800px;height:800px;"></div>：定义图表大小样式。

var myChart = echarts.init(document.getElementById('main'))：初始化 echarts 实例，语句 echarts.init 是 ECharts 中的接口方法。

var option：指定图表的配置项和其中的数据。

title：定义图表标题。

tooltip：提示框，鼠标悬浮交互时的信息提示。

legend：图例名称。

xAxis：定义图表横坐标。

yAxis：定义图表纵坐标。

series：定义图表显示效果，如 type: 'bar'，将图表显示为柱状图。

myChart.setOption(option)：使用刚指定的配置项和数据显示图表。

该例使用 ECharts 绘制了柱状图，运行效果如图 6-6 所示。

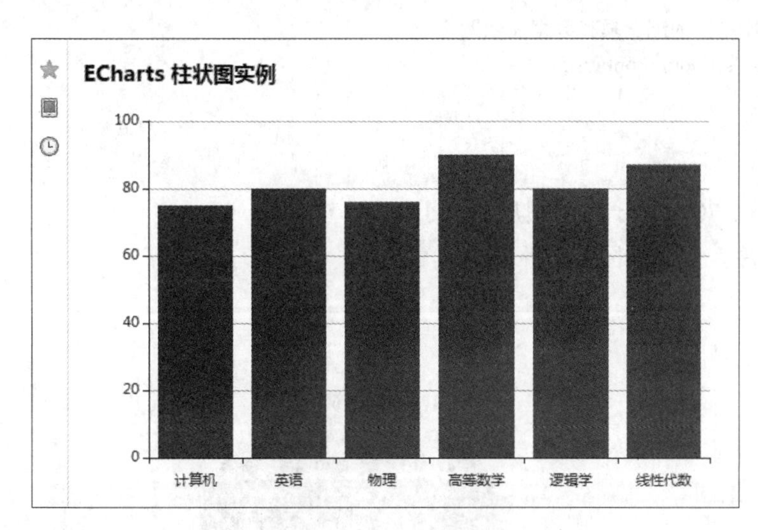

图 6-6 ECharts 绘制柱状图

2. 饼图

饼图主要是通过扇形的弧度来表现不同类目的数据在总和中的占比，它的数据格式比柱状图更简单，只有一维的数值，也不需要定义横坐标和纵坐标。在 ECharts 中显示饼图类型的代码如下：

```
type: 'pie',
```

【例 6-2】制作 ECharts 饼图。

代码如下：

```
<!DOCTYPE html>
<html>
  <head>
    <meta charset="utf-8">
    <title>ECharts</title>
     <script src="echarts.min.js"></script>
  </head>
  <body>
    <div id="main" style="width: 600px;height:400px;"></div>
    <script type="text/javascript">
        var myChart = echarts.init(document.getElementById('main'));
        myChart.setOption({
         series : [
            {
              name: '访问来源',
              type: 'pie',
              radius: '70%',
              data:[
                {value:235, name:'视频广告'},
                {value:274, name:'事件营销'},
                {value:310, name:'邮件营销'},
                {value:335, name:'市场营销'},
                {value:400, name:'搜索引擎'}   ]
            }
         ]
    })

    //使用刚指定的配置项和数据显示图表
    myChart.setOption(option);
  </script>
</body>
</html>
```

语句 radius: '70%' 用于控制图形的大小。

运行该程序，效果如图 6-7 所示。

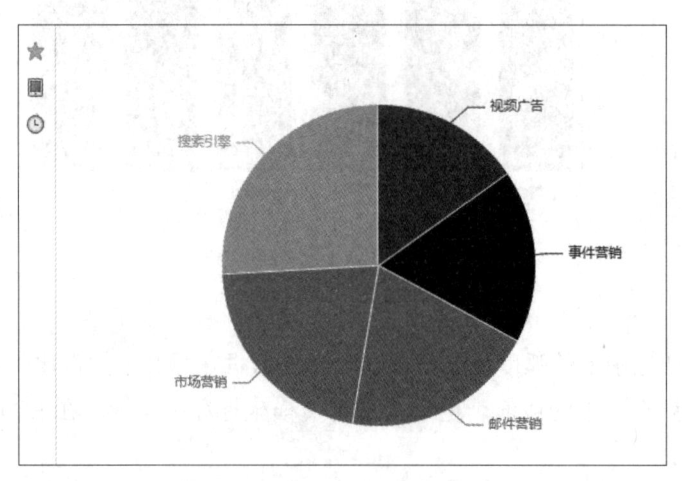

图 6-7 饼图

3. 散点图

散点图在回归分析中使用较多，它将序列显示为一组点。在散点图中每个点的位置可代表相应的一组数据值，因此通过观察散点图上数据点的分布情况可以推断出变量间的相关性。

在 ECharts 中显示散点图类型的代码如下：

```
type: 'scatter'
```

【例 6-3】制作 ECharts 散点图。

代码如下：

```
<!DOCTYPE html>
<html>
  <head>
    <meta charset="utf-8">
    <title>ECharts</title>
    <script src="echarts.min.js"></script>
  </head>
  <body>
    <div id="main" style="width: 600px;height:400px;"></div>
    <script type="text/javascript">
      var myChart = echarts.init(document.getElementById('main'));
      // 指定图表的配置项和数据
      option = {
          xAxis: {},
          yAxis: {},
          series: [{
              symbolSize: 40,
              data: [
                  [1, 3],
                  [8.0, 6.95],
                  [13.0, 7.58],
                  [9.0, 8.81],
                  [21.0, 8.33],
                  [14.0, 9.96],
                  [6.0, 7.24],
                  [2.0, 4.26],
                  [12.0, 14],
                  [7.0, 4.82],
                  [20, 3.68]
              ],
              type: 'scatter'
          }]
      };
       myChart.setOption(option);
    </script>
  </body>
</html>
```

语句含义如下：

symbolSize: 30：设置散点的形状大小。

data：设置每个点的坐标值，如 [1, 3] 表示该点的横向坐标为 1，纵向坐标为 3；[20, 3.68] 表示该点的横向坐标为 20，纵向坐标为 3.68。

运行该程序，效果如图 6-8 所示。

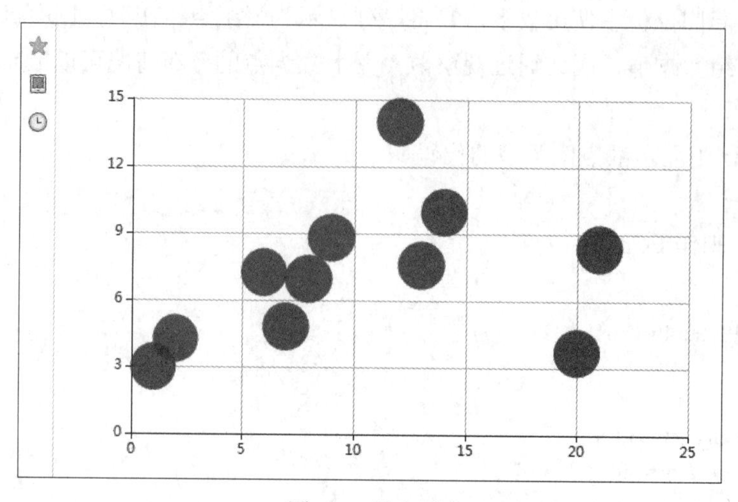

图 6-8　散点图

4. 折线图

折线图是一种较为简单的图形，通常用于显示随时间变化而变化的连续数据。在折线图中，类别数据沿水平轴均匀分布，所有值数据沿垂直轴均匀分布。

在 ECharts 中显示折线图类型的代码如下：

```
type: ' line'
```

【例 6-4】制作 ECharts 折线图。

代码如下：

```
<!DOCTYPE html>
<html>
<head>
  <meta charset="utf-8">
  <title>ECharts</title>
  <!-- 引入 echarts.js -->
  <script src="echarts.min.js"></script>
</head>
<body>
  <!-- 为ECharts准备一个具备大小（宽高）的Dom -->
  <div id="main" style="width: 600px;height:400px;"></div>
  <script type="text/javascript">
    // 基于准备好的dom初始化echarts实例
    var myChart = echarts.init(document.getElementById('main'));
    // 指定图表的配置项和数据
    var option = {
      title: {
            text: '一周销售量'
      },
      xAxis: {
        type: 'category',
        data: ['Mon', 'Tue', 'Wed', 'Thu', 'Fri']

      },
        yAxis: {
          type: 'value'
```

```
            },
            series: [{
                data: [820, 932, 1091, 1334, 1290],
                type: 'line',
                smooth: true
            }]
        };
        //使用刚指定的配置项和数据显示图表
        myChart.setOption(option);
        </script>
    </body>
</html>
```

语句含义如下：

data:：设置折线图中每个数据点的坐标值。

运行该程序，效果如图 6-9 所示。

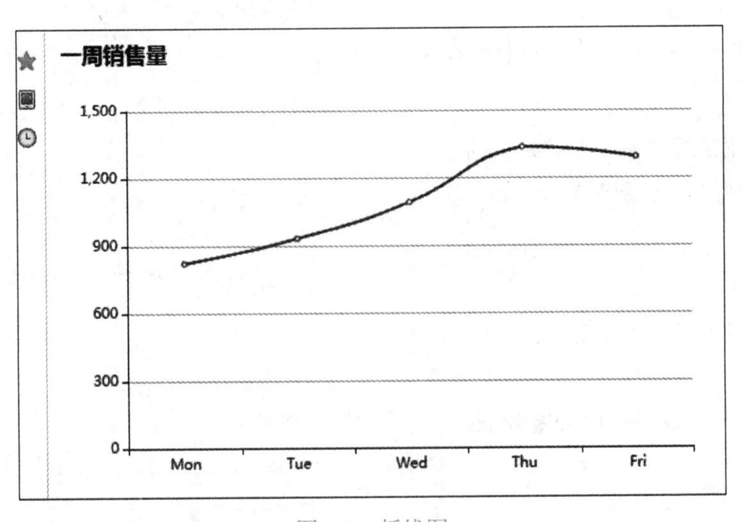

图 6-9 折线图

【例 6-5】使用 ECharts 制作多条折线图。

代码如下：

```
<!DOCTYPE html>
<html>
    <head>
        <meta charset="utf-8">
        <title>ECharts</title>
        <!-- 引入 echarts.js -->
        <script src="echarts.min.js"></script>
    </head>
    <body>
        <!-- 为ECharts准备一个具备大小（宽高）的Dom -->
        <div id="main" style="width: 600px;height:400px;"></div>
        <script type="text/javascript">
            //基于准备好的dom初始化echarts实例
            var myChart = echarts.init(document.getElementById('main'));
            //指定图表的配置项和数据
            var option = {
                title: {
```

```
            text: '未来一周气温变化范围'
        },
        tooltip: {},
        legend: {},
        toolbox: {},
        xAxis: [{
            data: ['周一', '周二', '周三', '周四', '周五', '周六', '周日']
        }],
        yAxis: { },
        series: [{
            name: '最高气温',
            type: 'line',
            data: [21, 21, 25, 23, 22, 23, 20]
        },
        {
            name: '最低气温',
            type: 'line',
            data: [10, 12, 12, 15, 13, 12, 10]
        }]
    };
    //使用刚指定的配置项和数据显示图表
    myChart.setOption(option);
  </script>
</body>
</html>
```

运行该程序，效果如图 6-10 所示。

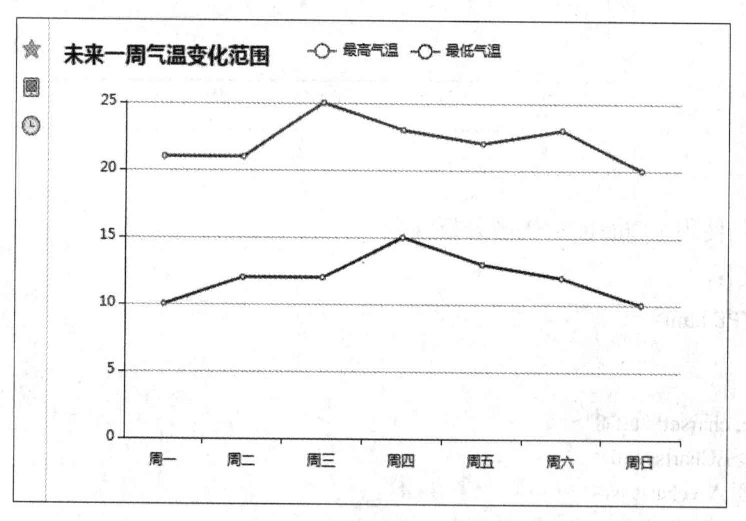

图 6-10 制作多条折线图

6.2.2 使用 ECharts 模板绘制图表

初学者也可以直接登录 ECharts 官网（http://echarts.baidu.com/）下载模板并使用，步骤如下：

（1）选择自己需要的图形，此处选择的是桑基图，单击右下角的 Download 按钮即可将文件下载到本地，如图 6-11 和图 6-12 所示。

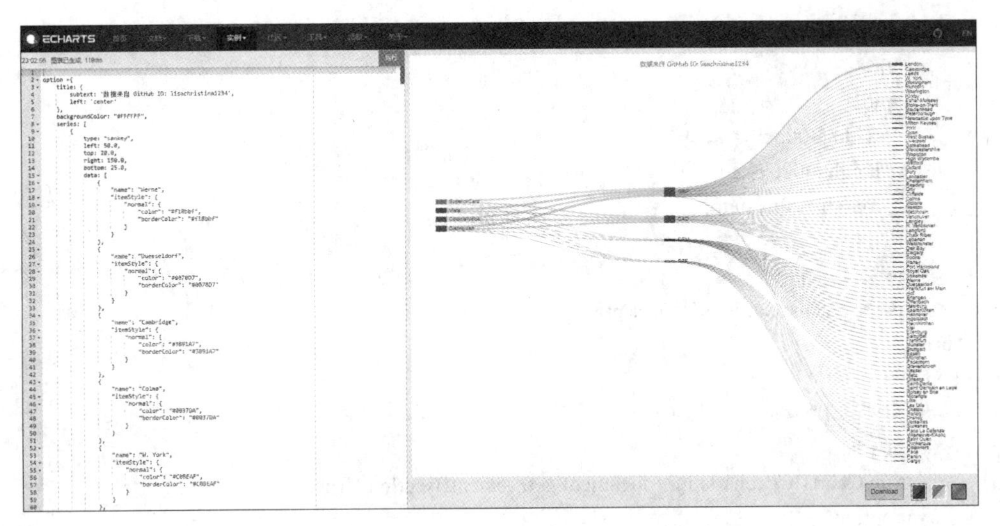

图 6-11　选中桑基图

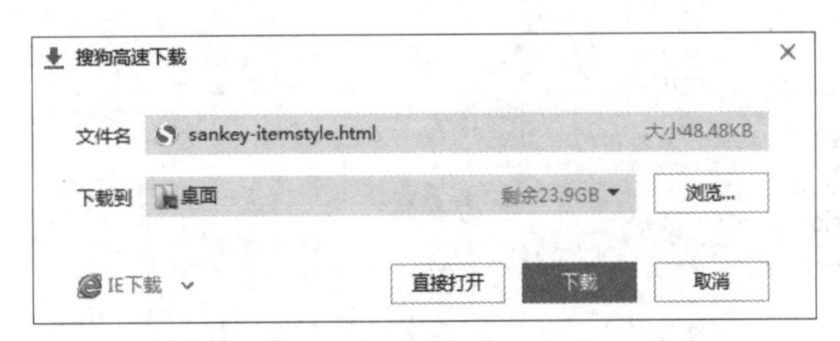

图 6-12　下载图形文件

（2）下载之后是 sankey-itemstyle.html 文件，直接在浏览器中打开运行，也可以自行编辑运行，如图 6-13 所示。

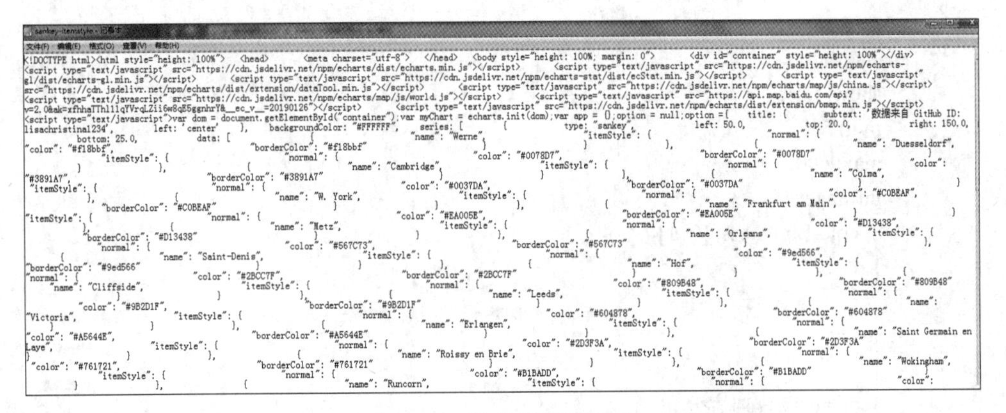

图 6-13　编辑并运行模板

图 6-13

6.3　实训

（1）使用 ECharts 制作饼图，代码如下：

```
<!DOCTYPE html>
<html>
  <head>
    <meta charset="UTF-8">
```

```
        <title>饼图练习</title>
        <style>
          #pic1{
            width:400px;
            height:400px;
            margin: 20px auto;
          }
      </style>
      <script src="echarts.min.js"></script>
    </head>
    <body>
      <div id="pic1"></div>
      <script>
        var myCharts1 = echarts.init(document.getElementById('pic1'));
        var option1 = {
          backgroundColor: 'white',

          title: {
            text: '课程内容分布',
            left: 'center',
            top: 20,
            textStyle: {
              color: '#ccc'
            }
          },
          tooltip : {
            trigger: 'item',
            formatter: "{a} <br/>{b} : {d}%"
          },

          visualMap: {
            show: false,
            min: 500,
            max: 600,
            inRange: {
              colorLightness: [0, 1]
            }
          },
          series : [
            {
              name:'课程内容分布',
              type:'pie',
              clockwise:'true',
              startAngle:'0',
              radius : '60%',
              center: ['50%', '50%'],
              data:[
                {
                  value:70,
                  name:'外语',
                  itemStyle:{
                    normal:{
```

```
                color:'rgb(255,192,0)',
                shadowBlur:'90',
                shadowColor:'rgba(0,0,0,0.8)',
                shadowOffsetY:'30'
              }
            }
          },
          {
            value:10,
            name:'美国科学&社会科学',
            itemStyle:{
              normal:{
                color:'rgb(1,175,80)'
              }
            }
          },
          {
            value:20,
            name:'美国数学',
            itemStyle:{
              normal:{
                color:'rgb(122,48,158)'
              }
            }
          }

        ],
      }
    ]
  };
  myCharts1.setOption(option1);
 </script>
</body>
</html>
```

运行该例，效果如图 6-14 所示。

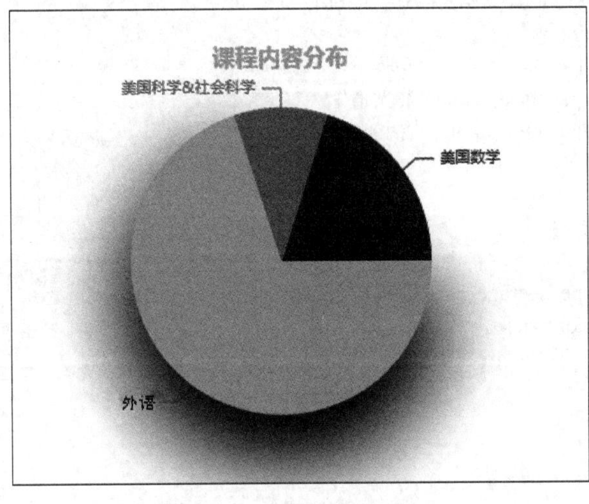

图 6-14 饼图

（2）制作折线图与柱状图，代码如下：

```
<!DOCTYPE html>
<html>
<hcad>
  <meta charset="utf-8">
  <title>ECharts</title>
  <!-- 引入 echarts.js -->
  <script src="echarts.min.js"></script>
</head>
<body>
  <!-- 为ECharts准备一个具备大小（宽高）的Dom -->
  <div id="main" style="width: 600px;height:400px;"></div>
  <script type="text/javascript">
    // 基于准备好的dom初始化echarts实例
    var myChart = echarts.init(document.getElementById('main'));
    // 指定图表的配置项和数据
    var option={
      baseOption:{
          title:{
          text:'商店一周销售情况',

        },
        legend:{
          data:['购买金额','销售金额']
        },
        xAxis:{
          data:['周一','周二','周三','周四','周五','周六','周日']
        },
        yAxis:{

        },
        tooltip:{
          show:true,
          formatter:'系列名:{a}<br />类目:{b}<br />数值:{c}'
        },
        series:[{
          name:'购买金额',
          type:'bar',
          data:[200,312,431,241,175,275,369],
          markPoint: {
            data: [
              {type: 'max', name: '最大值'},
              {type: 'min', name: '最小值'}
            ]
          },
          markLine:{
            data:[
              {type:'average',name:'平均值',itemStyle:{
                normal:{
                  color:'green'
                }
              }}
            ]
          }
        },{
          name:'销售金额',
```

```
                type:'line',
                data:[321,432,243,376,286,298,400],
                markPoint: {
                    data: [
                        {type: 'max', name: '最大值'},
                        {type: 'min', name: '最小值'}
                    ]
                },
                markLine:{
                    data:[
                        {type:'average',name:'平均值',itemStyle:{
                            normal:{
                                color:'blue'
                            }
                        }}
                    ]
                }
            }]
        },
        media:[
            {
                //小于1000像素时响应
                query:{
                    maxWidth:1000
                },
                option:{
                    title:{
                        show:true,
                        text:'折线图与柱状图'
                    }
                }
            }
        ]
    };
    myChart.setOption(option);
  </script>
</body>
</html>
```

运行该例，效果如图 6-15 所示。

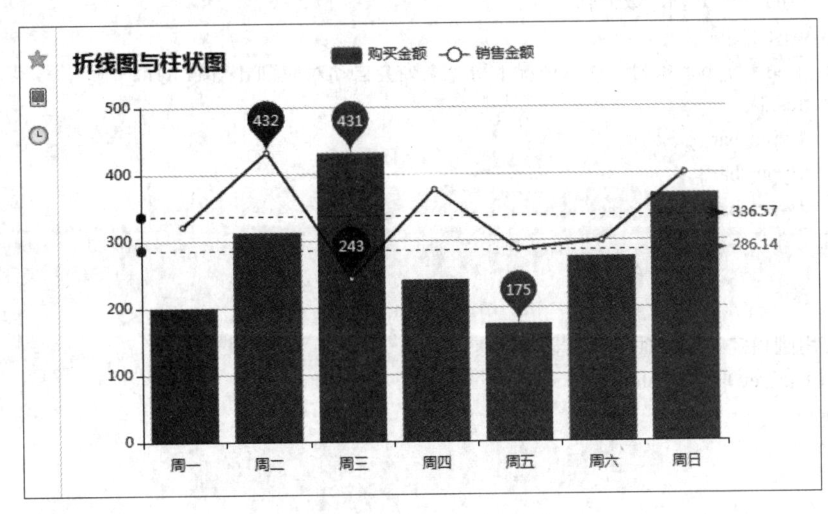

图 6-15　折线图与柱状图

（3）制作柱状图，代码如下：

```
<!DOCTYPE html>
<html>
<head>
  <meta charset="utf-8">
  <title>第一个 ECharts 实例</title>
  <!-- 引入 echarts.js -->
  <script src="https://cdn.staticfile.org/echarts/4.3.0/echarts.min.js"></script>
</head>
<body>
  <!-- 为ECharts准备一个具备大小（宽高）的Dom -->
  <div id="main" style="width: 600px;height:400px;"></div>
  <script type="text/javascript">
    // 基于准备好的dom初始化echarts实例
    var myChart = echarts.init(document.getElementById('main'));

    // 指定图表的配置项和数据
    var option = {
      title:{
        text:'销售量'
      },

      legend: {},
      tooltip: {},
      dataset: {
        // 提供一份数据
        source: [
          ['年月销售量', '2017', '2018', '2019'],
          ['洗衣机', 430, 858, 937],
          ['空调', 831, 734, 551],
          ['电视机', 864, 652, 825],
          ['路由器', 724, 539, 391]
        ]
      },
      // 声明一个 X 轴：类目轴（category），默认情况下类目轴对应到 dataset 的第一列
      xAxis: {type: 'category'},
      // 声明一个 Y 轴：数值轴
      yAxis: {},
      // 声明多个 bar 系列，默认情况下每个系列会自动对应到 dataset 的每一列
      series: [
        {type: 'bar'},
        {type: 'bar'},
        {type: 'bar'}
      ]
    };

    //使用刚指定的配置项和数据显示图表
    myChart.setOption(option);
  </script>
</body>
</html>
```

运行该例，效果如图 6-16 所示。

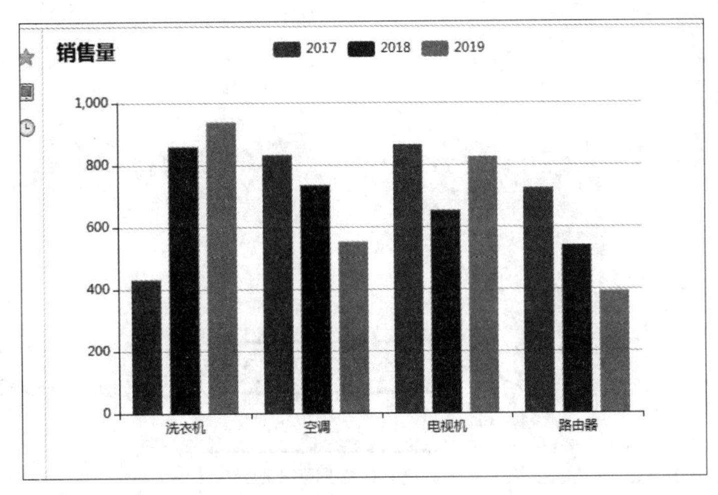

图 6-16　柱状图

（4）登录 https://echarts.apache.org/examples/zh/index.html，选择饼图并下载运行，如图 6-17 所示。

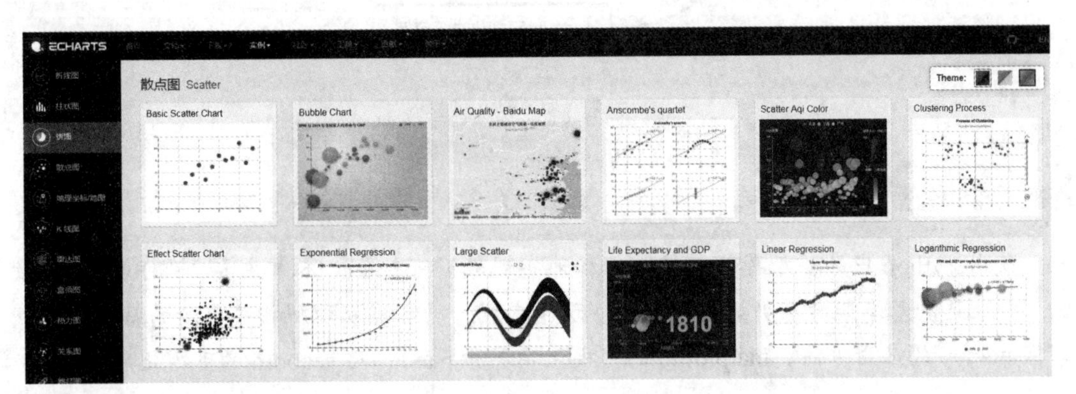

图 6-17　下载饼图

图 6-17

练习 6

1. 阐述 ECharts 的特点。
2. 如何下载并安装 ECharts？
3. 阐述如何制作 ECharts 柱状图。
4. 阐述如何制作 ECharts 折线图。

第7章 Python数据可视化

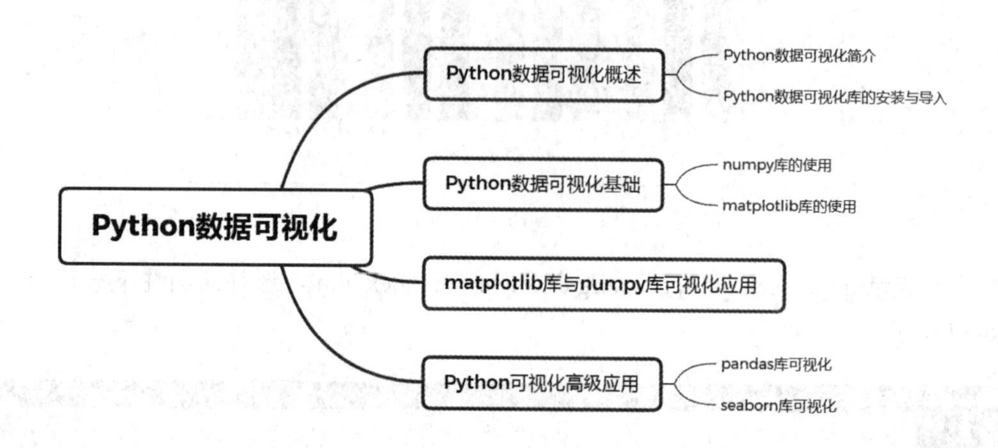

本章导读

使用 Python 中的扩展库可以较为轻松地实现数据可视化。本章主要介绍 Python 中数据可视化库的基本概念及数据可视化的实现等内容。读者应在理解相关概念的基础上重点掌握 numpy 的应用方法、matplotlib 的可视化实现和 pandas 与 seaborn 的可视化应用等。

本章要点

- Python 数据可视化概述
- numpy 的应用方法
- matplotlib 的可视化实现
- pandas 和 seaborn 的可视化应用

7.1 Python 数据可视化概述

使用 Python 中的扩展库可以较为轻松地实现数据可视化，本章将应用 Python 中的扩展库来制作各自的可视化图表。

7.1.1 Python 数据可视化简介

Python 数据可视化简介

Python 中的可视化扩展库较多，通常来讲，初学者应当先熟悉 numpy 库和 matplotlib 库，熟练掌握 numpy 库和 matplotlib 库的各种用法，并在此基础上学习其他的扩展库。

1. numpy库

numpy库是Python进行数据处理的底层库，是高性能科学计算和数据分析的基础，比如著名的Python机器学习库SKlearn就需要numpy的支持。掌握numpy的基本数据处理能力是利用Python进行数据运算和机器学习的基础。

numpy支持多维数组与矩阵运算，并针对数组运算提供大量的数学函数库，通常与scipy和matplotlib一起使用，支持比Python更多种类的数值类型，其中定义的最重要的对象是称为ndarray的n维数组类型，用于描述相同类型的元素集合，可以使用基于0的索引来访问集合中的元素。

2. matplotlib库

matplotlib库是Python下著名的绘图库，也是Python可视化库的基础库，功能十分强大。为了方便快速绘图，matplotlib通过pyplot模块提供了一套和Matlab类似的绘图API，将众多绘图对象所构成的复杂结构隐藏在这套API内部。因此，只需调用pyplot模块所提供的函数即可实现快速绘图和设置图表的各种细节。

不过值得注意的是，尽管matplotlib库功能非常强大，但也非常复杂。

3. seaborn库

seaborn库是基于matplotlib的Python可视化库。它提供了一个高级界面来绘制有吸引力的统计图形，可以使得数据可视化更加的方便美观。

seaborn与matplotlib的最大区别是，在seaborn中默认的绘图风格和色彩搭配都具有现代美感。

4. pandas库

pandas库是Python下著名的数据分析库，主要功能是进行大量的数据处理，也可以高效地完成绘图工作。与matplotlib库相比，pandas库的绘图方式更加简洁。

5. Python中的其他扩展库

在Python中除了上述几个可视化库以外，还有一些可视化库，如bokeh库、pyqtgraph库、plotly库等。其中，bokeh库是一款针对现代Web浏览器呈现功能的交互式可视化库；pyqtgraph库是一种建立在PyQt4/PySide和numpy库基础之上的纯Python图形GUI库；plotly库是一个基于JavaScript的绘图库，绘图种类多，操作简单，效果很好。

7.1.2 Python数据可视化库的安装与导入

要在Python下实现数据可视化，首先应把扩展库下载并安装到本地。

1. 安装可视化扩展库

在Windows 7下安装Python可视化库常用pip命令来实现，如输入命令pip install matplotlib来安装matplotlib库。安装完成后，可在Windows命令行中输入Python，并在进入Python界面后输入以下命令：

```
import matplotlib
import pandas
import seaborn
import bokeh
import pyqtgraph
import numpy
import plotly
```

2. 导入可视化扩展库

在安装完以上扩展库后，可以在 cmd 命令中查看是否成功导入了上述库，如导入成功，则可以进行后续的 Python 可视化操作，导入界面如图 7-1 所示。

```
管理员: C:\windows\system32\cmd.exe - python
Microsoft Windows [版本 6.1.7601]
版权所有 (c) 2009 Microsoft Corporation。保留所有权利。

C:\Users\xxx>python
Python 3.7.0 (v3.7.0:1bf9cc5093, Jun 27 2018, 04:59:51) [MSC v.1914 64 bit (AMD6
4)] on win32
Type "help", "copyright", "credits" or "license" for more information.
>>> import plotly
>>> import pandas
>>> import numpy
>>> import matplotlib
>>> import bokeh
>>> import pyqtgraph
>>>
```

图 7-1　扩展库的导入

7.2　Python 数据可视化基础

本节主要介绍 Python 中各种可视化库的详细用法，以帮助读者快速绘制各种图形。

7.2.1　numpy 库的使用

numpy 库的使用

numpy 库主要用于分析数据，在进行数据可视化时，经常需要使用到 numpy 库中的计算功能。

1. numpy 库的特点

numpy 库具有以下特征：

- numpy 库中最核心的部分是 ndarray 对象，它封装了同构数据类型的 n 维数组，其功能将通过演示代码的形式呈现。
- 在数组中所有元素的类型必须一致，且在内存中占有相同的大小。
- 数组元素可以使用索引来描述，索引序号从 0 开始。
- numpy 数组的维数称为秩（rank），一维数组的秩为 1，二维数组的秩为 2，依此类推。在 numpy 中，每一个线性的数组称为一个轴（axes），秩其实是描述轴的数量。

值得注意的是，numpy 数组和标准 Python 序列之间有以下两个重要区别：

- numpy 数组在创建时就会有一个固定的尺寸，这一点和 Python 中的 list 数据类型是不同的。
- 在数据量较大时，使用 numpy 进行高级数据运算和其他类型的操作是更为方便的。通常情况下，这样的操作比使用 Python 的内置序列更有效，执行代码更少。

2. numpy 库的使用

（1）数组的创建与查看。在 numpy 库中创建数组可以使用如下语法：

```
numpy.array
```

该语句表示通过引入 numpy 库创建了一个 ndarray 对象。

在创建数组时，可以加入如下参数：

```
numpy.array(object, dtype = None, copy = True, order = None, subok = False, ndmin = 0)
```

参数的具体含义如表 7-1 所示。

表 7-1 array 参数的具体含义

名称	含义
object	任何暴露数组接口方法的对象都会返回一个数组或任何（嵌套）序列
dtype	数组的所需数据类型，可选
copy	对象是否被复制，可选，默认为 true
order	C（按行）、F（按列）或 A（任意，默认）
subok	默认情况下，返回的数组被强制为基类数组。如果为 true，则返回子类
ndmin	指定返回数组的最小维数

【例 7-1】创建数组对象。

```
import numpy as np
 a = np.array([10,20,30])
 print (a)
```

该例首先引入了 numpy 库，接着定义了一个一维数组 a，最后将数组输出显示。运行该程序，结果如图 7-2 所示。

```
>>> import numpy as np
>>> a=np.array([10,20,30])
>>> print(a)
[10 20 30]
>>>
```

图 7-2 数组的定义

在定义了数组后可以查看该数组的 ndarray 属性，如表 7-2 所示。ndarray 创建数组的方法与函数如表 7-3 所示。

表 7-2 ndarray 属性

名称	含义
ndarray.ndim	数组秩的个数
ndarray.shape	数组在每个维度上的大小，对于矩阵，为 n 行 m 列
ndarray.size	数组元素的个数
ndarray.dtype	数组元素的数据类型
ndarray.data	数组元素的缓冲区地址
ndarray.flat	数组元素的迭代器
ndarray.itemsize	数组中每个元素的字节大小

表 7-3 ndarray 创建数组的方法与函数

名称	含义
np.arange(n)	元素从 0 到 n-1 的 ndarray 类型，如 np.arange(3)，则创建的数组是 0,1,2
np.eye(n)	创建一个正方的 n×n 单位矩阵，对角线为 1，其余为 0

续表

名称	含义
np.ones(shape)	根据 shape 生成一个全 1 数组，shape 是元组类型
np.zeros(shape)	根据 shape 生成一个全 0 数组，shape 是元组类型
np.ones_like(a)	按数组 a 的形状生成全 1 的数组
np.zeros_like(a)	按数组 a 的形状生成一个全 0 的数组
np.linspace()	根据起止数据等间距地生成数组（等差数组）
np.concatenate()	将两个或多个数组合并成一个新的数组
.reshape(shape)	不改变数组元素，返回一个 shape 形状的数组，原数组不变
.flatten()	对数组进行降维，返回折叠后的一维数组，原数组不变
.swapaxes(ax1, ax2)	将数组 n 个维度中的两个维度进行调换

【例 7-2】创建数组对象并查看属性。

```
import numpy as np
a = np.array([10,20,30])
print (a)
 a.ndim
 a.shape
 a.dtype
```

该例首先引入了 numpy 库，接着定义了一个一维数组 a 并将数组输出显示，最后查看该数组的秩的个数、数组在每个维度上的大小、数组元素的数据类型。运行该程序，结果如图 7-3 所示。

```
>>> import numpy as np
>>> a=np.array([10,20,30])
>>> print(a)
[10 20 30]
>>> a.ndim
1
>>> a.shape
(3,)
>>> a.dtype
dtype('int32')
>>>
```

图 7-3　数组的定义与查看

该例定义的是一维数组，还可以定义多维数组。

【例 7-3】创建多维数组对象并查看属性。

```
import numpy as np
 a = np.array([[1,2,3],[4,5,6],[7,8,9]])
 print (a)
 a.ndim
 a.shape
 a.dtype
```

该例定义了一个多维数组 a 并将数组输出显示，最后查看该数组的秩的个数、数组在每个维度上的大小、数组元素的数据类型。运行该程序，结果如图 7-4 所示。

（2）ndarray 对象的计算模块、线性代数模块、三角函数和随机函数模块。

numpy 包含用于数组内元素或数组间求和、求积以及进行差分的模块，如表 7-4 所示。numpy 还包含 numpy.linalg 模块，提供线性代数所需的所有功能，此模块中的一些重要功能如表 7-5 所示；在 numpy 库中有三角函数模块，如表 7-6 所示；在 numpy 库中还有计算随机函数的模块，如表 7-7 所示。

```
>>> a=np.array([[1,2,3],[4,5,6],[7,8,9]])
>>> print(a)
[[1 2 3]
 [4 5 6]
 [7 8 9]]
>>> a.ndim
2
>>> a.shape
(3, 3)
>>>
```

图 7-4　多维数组的定义与查看

表 7-4　numpy 计算模块

名称	功能
prod()	返回指定轴上的数组元素的乘积
sum()	返回指定轴上的数组元素的总和
cumprod()	返回沿给定轴的元素的累积乘积
cumsum()	返回沿给定轴的元素的累积总和
diff()	计算沿指定轴的离散差分
gradient()	返回数组的梯度
cross()	返回两个（数组）向量的叉积
trapz()	使用复合梯形规则沿给定轴积分
mean()	算术平均数
np.abs(x)	计算基于元素的整型、浮点或复数的绝对值
np.sqrt(x)	计算每个元素的平方根
np.square(x)	计算每个元素的平方
np.sign(x)	计算每个元素的符号
np.ceil(x)	计算大于或等于每个元素的最小值
np.floor(x)	计算小于或等于每个元素的最大值

表 7-5　numpy 线性代数模块

名称	功能
dot()	计算两个数组的点积
vdot()	计算两个向量的点积
inner()	计算两个数组的内积
matmul()	计算两个数组的矩阵积
determinant()	计算数组的行列式
solve()	计算线性矩阵方程
inv()	计算矩阵的乘法逆矩阵

表 7-6 numpy 三角函数模块

名称	功能
sin(x[, out])	正弦值
cos(x[, out])	余弦值
tan(x[, out])	正切值
arcsin(x[, out])	反正弦
arccos(x[, out])	反余弦
arctan(x[, out])	反正切

表 7-7 numpy 随机函数模块

名称	功能
seed()	确定随机数生成器
permutation()	返回一个序列的随机排序或一个随机排列的范围
normal()	产生正态分布的样本值
binomial()	产生二项分布的样本值
rand()	返回一组随机值，根据给定维度生成 [0,1) 之间的数据
randn()	返回一个样本，具有标准正态分布
randint(low[, high, size])	返回随机的整数，位于半开区间 [low, high)
random_integers(low[, high, size])	返回随机的整数，位于闭区间 [low, high]
random()	返回随机的浮点数，位于半开区间 [0.0, 1.0)
bytes()	返回随机字节

【例 7-4】根据给定维度随机生成 [0,1) 之间的数据，包含 0 但不包含 1。

```
import numpy as np
a = np.random.rand(6,2)
print(a)
```

该例随机生成了 6 组数值，均在 [0,1)，运行该程序的效果如图 7-5 所示。

```
>>> import numpy as np
>>> a=np.random.rand(6,2)
>>> print(a)
[[0.62273243 0.31739335]
 [0.8930468  0.92591017]
 [0.05146035 0.95345079]
 [0.29782617 0.77387296]
 [0.99978621 0.98895988]
 [0.51417317 0.18094951]]
>>>
```

图 7-5 numpy 中的随机函数

【例 7-5】创建指定形状的多维数组，数值范围为 0 ～ 1。

```
import numpy as np
a = np.random.rand(2,2,4)
print(a)
```

该例随机生成了多维数值，均在 [0,1)，运行该程序的效果如图 7-5 所示。

【例 7-6】创建一个数组，数组元素符合标准正态分布。

```
import numpy as np
```

```
a = np.random.randn(2,3)
print(a)
```

该例创建了两组正态分布的函数，运行该程序的效果如图 7-7 所示。

```
>>> import numpy as np
>>> a=np.random.rand(2,2,4)
>>> print(a)
[[[0.06366851 0.91898986 0.99481025 0.29400983]
  [0.34447443 0.70889986 0.43539576 0.75789171]]

 [[0.80424452 0.42257661 0.5883797  0.03361627]
  [0.53014308 0.23363753 0.62065966 0.72851788]]]
>>>
```

图 7-6　numpy 随机生成多维数值

```
>>> import numpy as np
>>> a=np.random.randn(2,3)
>>> print(a)
[[ 0.44122749 -0.33087015  2.43077119]
 [-0.25209213  0.10960984  1.58248112]]
>>>
```

图 7-7　numpy 中的正态分布函数

7.2.2　matplotlib 库的使用

matplotlib 库的使用

matplotlib 是在 Python 中提供绘图功能的扩展库，而 pyplot 子库则主要用于各种图形的绘制与展示。

1. matplotlib.pyplot 简介

matplotlib.pyplot 是一个命令型函数集合，它可以让人们像使用 Matlab 一样使用 matplotlib。pyplot 中的每一个函数都会对画布图像作出相应的改变，如创建画布、在画布中创建一个绘图区、在绘图区上画几条线、给图像添加文字说明等。matplotlib.pyplot 中常见的函数有 plt.figure、plt.subplot 和 plt.axes。

- plt.figure()：用于创建一个全局绘图区域。
- plt.subplot()：用于在全局绘图区域中创建自绘图区域。
- plt.axes()：plt.axes(rect,axisbg='w') 创建一个坐标系风格的子绘图区域。默认创建一个 subplot(111) 坐标系，参数 rect=[left,bottom,width,height] 中 4 个变量的范围都是 [0,1]，表示坐标系与全局绘图区域的关系。

在 matplotlib 库中，matplotlib.pyplot 的导入语句如下：

```
import matplotlib.pyplot as plt
```

【例 7-7】用 subplot 划分子区域。

```
import matplotlib.pyplot as plt
plt.subplot(441)
plt.show()
```

该例使用语句 plt.subplot(441) 将全局划分为了 4×4 的区域，其中横向为 4，纵向也为 4，并用代码 plt.subplot(441) 在第 1 个位置（左侧上方）生成了一个坐标系。运行该程序，结果如图 7-8 所示。

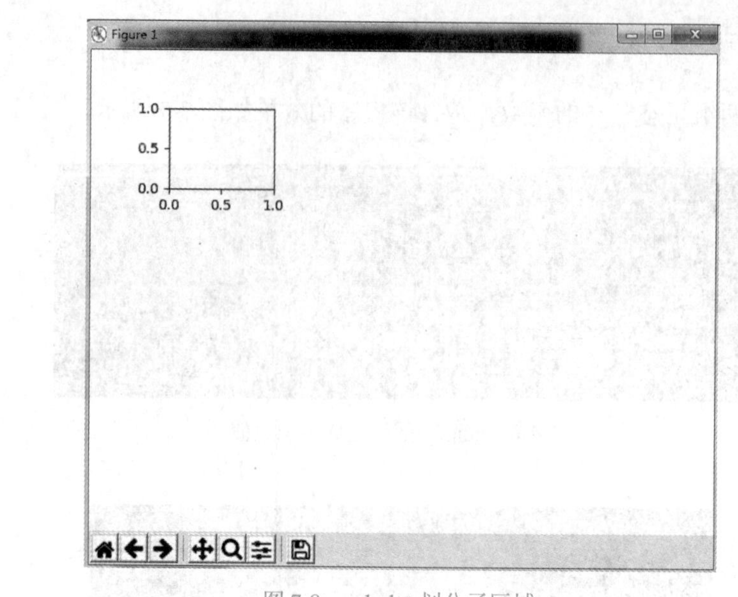

图 7-8　subplot 划分子区域

2. matplotlib.pyplot 使用

（1）matplotlib.pyplot 函数库介绍。在 matplotlib.pyplot 库中有 plt 子库，该子库提供了 7 个用于读取和显示的函数、17 个用于绘制基础图表的函数、3 个区域填充函数、9 个坐标轴设置函数和 11 个标签与文本设置函数，具体如表 7-8 至表 7-12 所示。

表 7-8　plt 库的读取和显示函数

名称	作用
plt.legend()	在绘图区域放置绘图标签
plt.show()	显示绘制的图像
plt.matshow()	在窗口中显示数组矩阵
plt.imshow()	在 axes 上显示图像
plt.imsave()	保存数组为图像文件
plt.savefig()	设置图像保存的格式
plt.imread()	从图像文件中读取数组

表 7-9　plt 库的基础图表函数

名称	作用
plt.plot(x,y,label,color,width)	根据 x,y 数组绘制直线或曲线
plt.boxplot(data,notch,position)	绘制一个箱形图
plt.bar(left,height,width,bottom)	绘制一个条形图
plt.barh(bottom,width,height,left)	绘制一个横向条形图
plt.polar(theta,r)	绘制极坐标图
plt.pie(data,explode)	绘制饼图
plt.psd(x, NFFT=256, pad_to, Fs)	绘制功率谱密度图
plt.specgram(x, NFFT=256, pad_to, F)	绘制谱图
plt.cohere(x,y,NFFT=256,Fs)	绘制 x-y 的相关性函数

续表

名称	作用
plt.scatter()	绘制散点图
plt.step(x,y,where)	绘制步阶图
plt.hist(x,bins,normed)	绘制直方图
plt.contour(X,Y,Z,N)	绘制等值线
plt.clines()	绘制垂直线
plt.stem(x,y,linefmt, markerfmt, basefmt)	绘制曲线每个点到水平轴线的垂线
plt.plot_date()	绘制数据日期
plt.plotfile()	绘制数据后写入文件

表 7-10　plt 库的区域填充函数

名称	作用
fill(x,y,c,color)	填充多边形
fill_between(x,y1,y2,where,color)	填充曲线围成的多边形
fill_betweenx(y,x1,x2,where,hold)	填充水平线之间的区域

表 7-11　plt 库的坐标轴设置函数

名称	作用
plt.axis()	获取设置轴属性的快捷方式
plt.xlim()	设置 x 轴取值范围
plt.ylim()	设置 y 轴取值范围
plt.xscale()	设置 x 轴缩放
plt.yscale()	设置 y 轴缩放
plt.autoscale()	自动缩放轴视图
plt.text()	为 axes 图添加注释
plt.thetagrids()	设置极坐标网格
plt.grid()	打开或关闭极坐标

表 7-12　plt 库的标签与文本设置函数

名称	作用
plt.figlegend()	为全局绘图区域放置图注
plt.xlabel()	设置当前 x 轴的文字
plt.ylabel()	设置当前 y 轴的文字
plt.xticks()	设置当前 x 轴刻度位置的文字和值
plt.yticks()	设置当前 y 轴刻度位置的文字和值
plt.clabel()	设置等高线数据
plt.get_figlabels()	返回当前绘图区域的标签列表
plt.figtext()	为全局绘图区域添加文本信息
plt.title()	设置标题

续表

名称	作用
plt.suptitle()	设置总图标题
plt.annotate()	为文本添加注释

（2）matplotlib.pyplot 绘图实例。

【例 7-8】用 numpy 和 matplotlib 绘制直线。

```
import matplotlib.pyplot as plt
import numpy as np
x=[1,2,3,4]
y=[5,6,7,8]
plt.plot( x , y , "-")
plt.plot( x , y , "-")
plt.show()
```

该例首先导入了 matplotlib 库和 numpy 库，接着定义了 x、y 的值（横坐标与纵坐标），横坐标依次为 1，2，3，4，纵坐标依次为 5，6，7，8，语句 plot() 绘制了直线并使用实线来显示("-")，最后用语句 plt.show() 将该图形绘制出来。运行该程序，结果如图 7-9 所示。

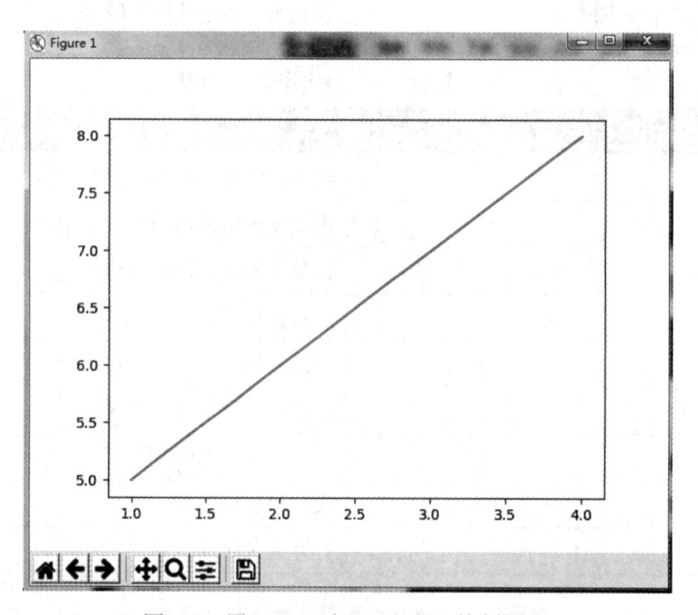

图 7-9　用 numpy 和 matplotlib 绘制图形

plot() 函数是 matplotlib 中最基础的函数，主要功能是绘制直线（线条），其调用方式很灵活，可选择的参数也很多。表 7-13 所示为线条的风格设置，表 7-14 所示为线条的标记设置，表 7-15 所示为颜色的设置，表 7-16 所示为线条属性设置。

表 7-13　线条的风格设置

线条风格	描述
'-'	实线
':'	虚线
'--'	破折线
'-.'	点划线

表 7-14　线条的标记设置

线条标记	描述
'o'	圆圈
'.'	点
's'	正方形（方块）
'*'	星号
'D'	菱形
'd'	小菱形
'p'	五边形
'+'	加号
'|'	竖线
','	像素
'8'	八边形
'h'	六边形

表 7-15　颜色设置

英文	颜色
b	蓝色
r	红色
c	青色
m	洋红色
g	绿色
y	黄色
k	黑色
w	白色

表 7-16　线条属性设置

属性	描述
alpha	设置混色
color 或 c	设置线条颜色
dashes	设置破折号序列
linestyle	设置线条风格
linewidth	设置以点为单位的线宽
marker	设置线条标记
markersize	设置以点为单位的标记大小
markerfacecolor	设置标记的颜色

【例 7-9】用 numpy 和 matplotlib 绘制复杂图形。

```
import matplotlib.pyplot as plt
import numpy as np
x = [ 1 , 2 , 3 , 5 ]
```

```
y = [ 2 , 3 , 5 , 6 ]
plt.plot( x , y , "s")
plt.title("name")
plt.xlabel(" x ")
plt.ylabel("y")
plt.xlim( 0 , 10)
plt.ylim( 0 , 13 )
x1 = [ 1 , 3 , 5 , 7 ]
y1 = [ 2 , 4 , 6 , 8 ]
plt.plot( x1 , y1 , "r" )
plt.show()
```

该例使用语句x、y绘制了方块，使用语句x1、y1绘制了直线。其中语句plt.title("name")显示了图表的标题，语句plt.plot(x , y , "s")表示x、y绘制的形状是方块，语句plt.plot(x1 , y1 , "r")表示x1、y1线条的颜色是红色，语句plt.xlabel(" x ")设置x轴的文字，语句plt.xlim(0 , 10)设置了x轴取值范围，语句plt.ylabel("y")设置y轴的文字，语句plt.ylim(0 , 13)设置了y轴取值范围。运行该程序，结果如图7-10所示。

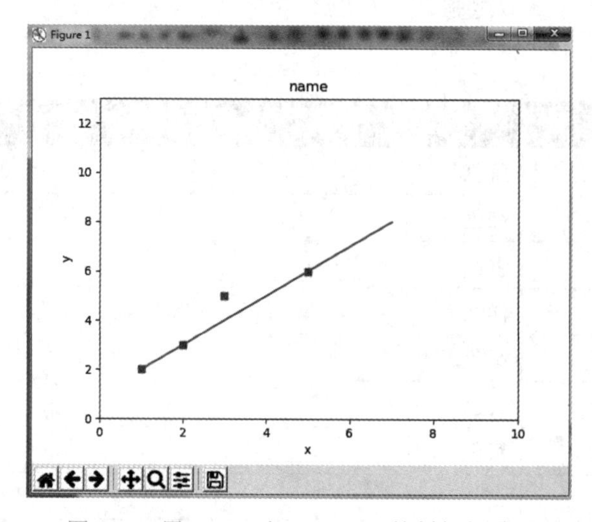

图 7-10 用 numpy 和 matplotlib 绘制复杂图形

【例 7-10】用 numpy 和 matplotlib 绘制多条直线。

```
import matplotlib.pyplot as plt
import numpy as np
a = np.arange(10)
plt.plot(a,a*1.5,a,a*2.5,a,a*3.5,a,a*4.5)
plt.show()
```

该例绘制了多条直线并用不同的颜色来区分。运行该程序，结果如图 7-11 所示。

【例 7-11】用 numpy 和 matplotlib 绘制正弦、余弦和正切曲线。

```
import matplotlib.pyplot as plt
import numpy as np
x = np.arange(10)
y = np.sin(x)
z = np.cos(x)
w = np.tan(x)
plt.plot(x, y, marker="*", linewidth=3, linestyle="--", color="red")
plt.plot(x, z)
plt.plot(x, w)
```

```
plt.title("matplotlib")
plt.xlabel("x")
plt.ylabel("y")
plt.legend(["Y","Z","W"], loc="upper right")
plt.grid(True)
plt.show()
```

语句 x = np.arange(10) 创建了 0 ～ 9 的等差数列，语句 y = np.sin(x)、z = np.cos(x)、w = np.tan(x) 分别绘制了正弦函数曲线、余弦函数曲线和正切函数曲线。

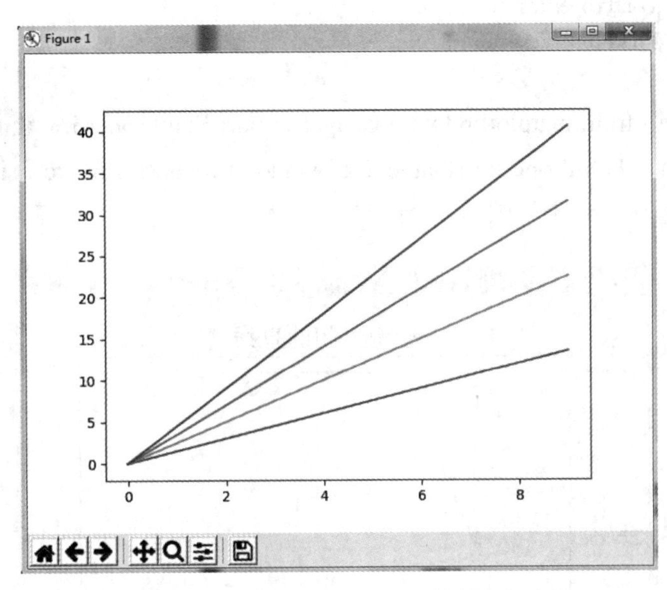

图 7-11 用 numpy 和 matplotlib 绘制多条直线

语句 plt.plot(x, y, marker="*", linewidth=3, linestyle="--", color="red" 设置数据点样式，linewidth 设置线宽，linestyle 设置线型样式，color 设置颜色，语句 plt.legend(["Y","Z", "W"], loc="upper right") 设置图例。运行该程序，结果如图 7-12 所示。

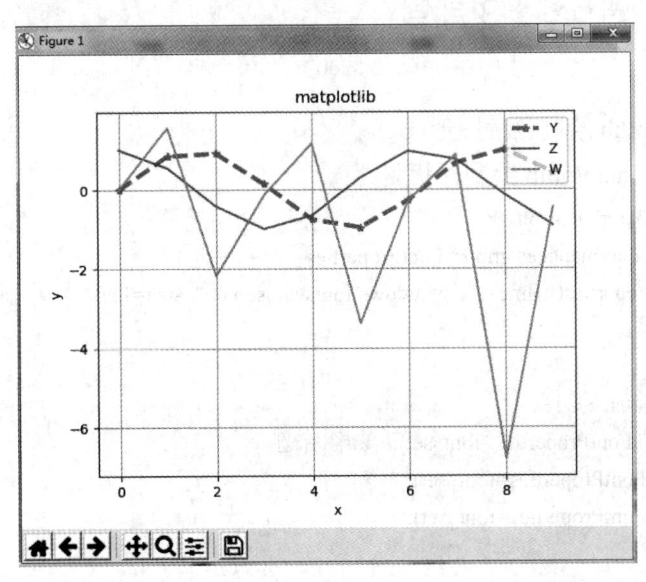

图 7-12 正弦、余弦和正切曲线

此外，在 matplotlib 中绘制图形时还可以导入中文字体来显示中文字符。

【例 7-12】在 matplotlib 中导入中文字体。

```
import matplotlib.pyplot as plt
from matplotlib.font_manager import FontProperties
font_set = FontProperties(fname=r"c:\windows\fonts\simsun.ttc", size=20)    #导入宋体字体文件
dataX = [1,2,3,4]
dataY = [2,4,4,2]
plt.plot(dataX,dataY)
plt.title("绘制直线",FontProperties=font_set);
plt.xlabel("x轴",FontProperties=font_set);
plt.ylabel("y轴",FontProperties=font_set);
plt.show()
```

该例使用语句 from matplotlib.font_manager import FontProperties 让 matplotlib 支持中文，语句 font_set = FontProperties(fname=r"c:\windows\fonts\simsun.ttc", size=20) 导入了中文字体。运行该程序，结果如图 7-13 所示。

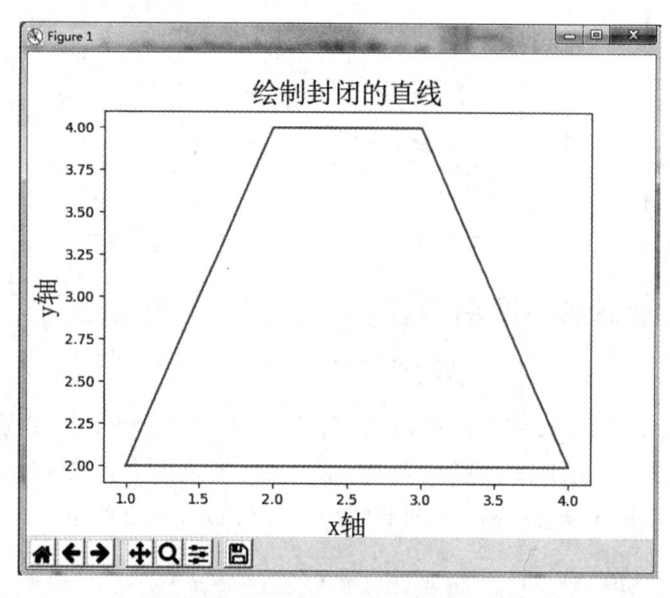

图 7-13 在 matplotlib 中导入中文字体

（3）用 matplotlib 绘制各种图形。

【例 7-13】用 matplotlib 绘制柱状图。

```
import matplotlib.pyplot as plt
from matplotlib.font_manager import FontProperties
font_set = FontProperties(fname=r"c:\windows\fonts\simsun.ttc", size=15)    #导入宋体字体文件
x = [0,1,2,3,4,5]
y = [7,2,3,2,4,3]
plt.bar(x,y)    #竖的条形图
plt.title("柱状图",FontProperties=font_set);    #图标题
plt.xlabel("x轴",FontProperties=font_set);
plt.ylabel("y轴",FontProperties=font_set);
plt.show()
```

该例绘制了 6 个柱状形状，用函数 plt.bar() 来实现，其中参数为 x 和 y。运行该程序，效果如图 7-14 所示。

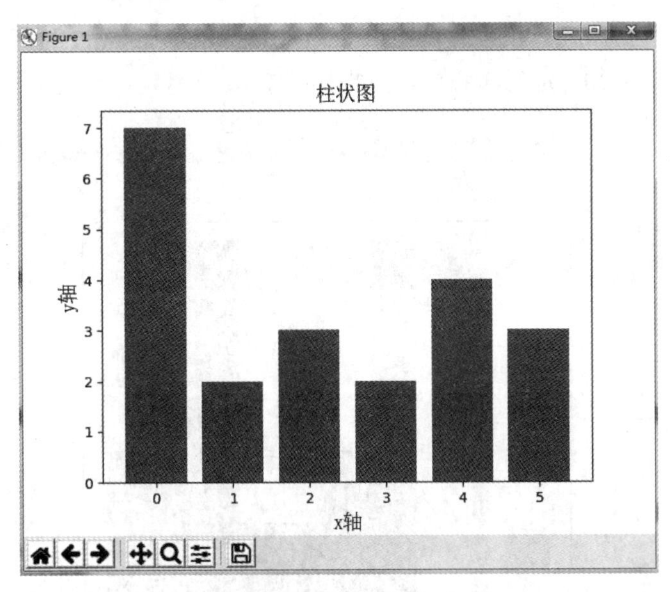

图 7-14 柱状图

【例 7-14】用 matplotlib 绘制概率分布直方图。

```
import matplotlib.pyplot as plt
import numpy as np
mean, sigma = 0, 1
x = mean + sigma * np.random.randn(10000)
plt.hist(x,50,normed=1,histtype='bar',facecolor='red',alpha=0.5)
plt.show()
```

该例是一个概率分布的直方图，用函数 plt.hist() 来实现，其中参数 mean=0 设置均值为 0，sigma=1 设置标准差为 1。运行该程序，效果如图 7-15 所示。

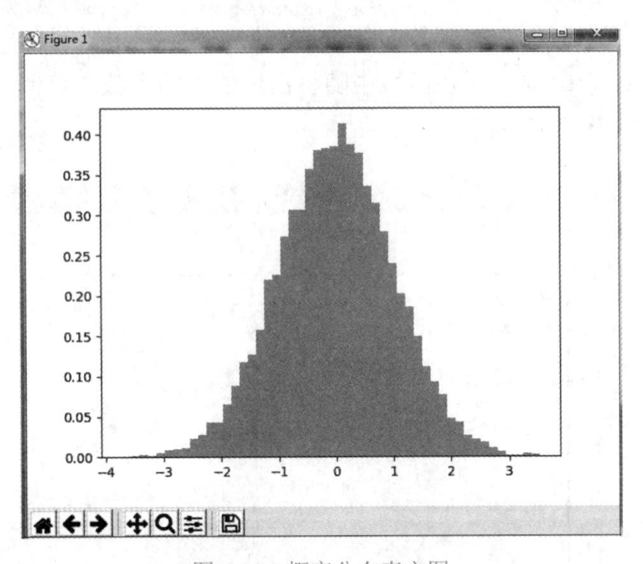

图 7-15 概率分布直方图

【例 7-15】用 matplotlib 绘制正态分布直方图。

```
import matplotlib.pyplot as plt
import numpy as np
data = np.random.normal( 1, 20 , 20 )
plt.hist(data)
plt.show()
```

该例是一个正态分布的直方图，语句 data = np.random.normal(1, 20 , 20) 表示均值为 1，标准差为 20，个数为 20。运行该程序，效果如图 7-16 所示。

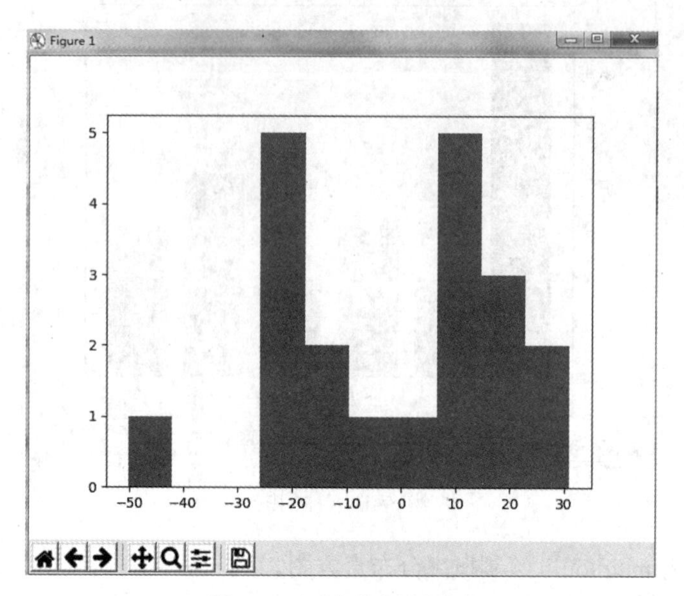

图 7-16 正态分布直方图

【例 7-16】用 matplotlib 绘制散点图。

```
import matplotlib.pyplot as plt
import numpy as np
x = np.random.rand(10)
y = np.random.rand(10)
plt.scatter(x,y)
plt.show()
```

该例绘制了一个散点图，用函数 plt.scatter() 来实现，其中语句 x = np.random.rand(10) 和 y = np.random.rand(10) 显示了在区域中随机出现的点的个数，该例共有 10 个点。运行该程序，显示效果如图 7-17 所示。

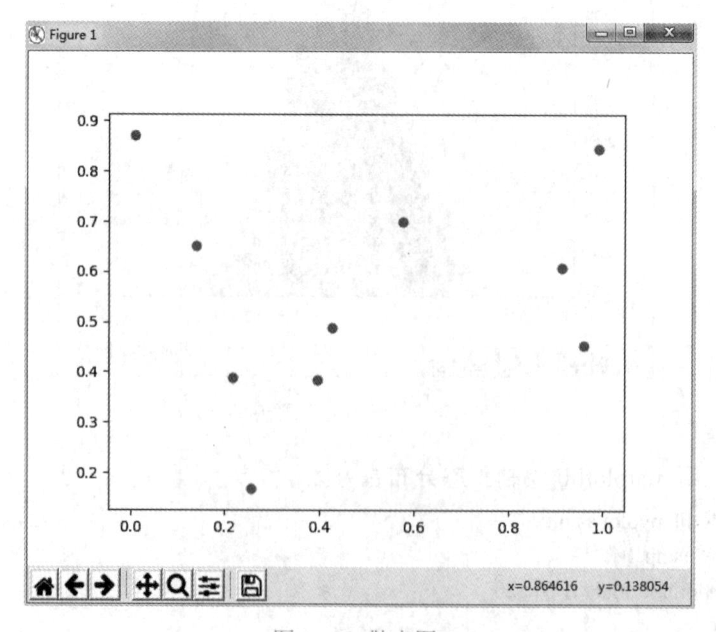

图 7-17 散点图

【例 7-17】用 matplotlib 绘制极坐标图。

```
import matplotlib.pyplot as plt
import numpy as np
theta=np.arange(0,2*np.pi,0.02)
ax1 = plt.subplot(111, projection='polar')
ax1.plot(theta,theta/6,'--',lw=2)
plt.show()
```

该例绘制了一个极坐标图，用函数 plt.polar() 来实现。matplotlib 库中的 pyplot 子库提供了绘制极坐标图的方法，在调用 subplot() 创建子图时通过设置 projection='polar' 即可创建一个极坐标子图，然后调用 plot() 在极坐标子图中绘图，其中语句 theta 代表数学上的平面角度。运行该程序，显示效果如图 7-18 所示。

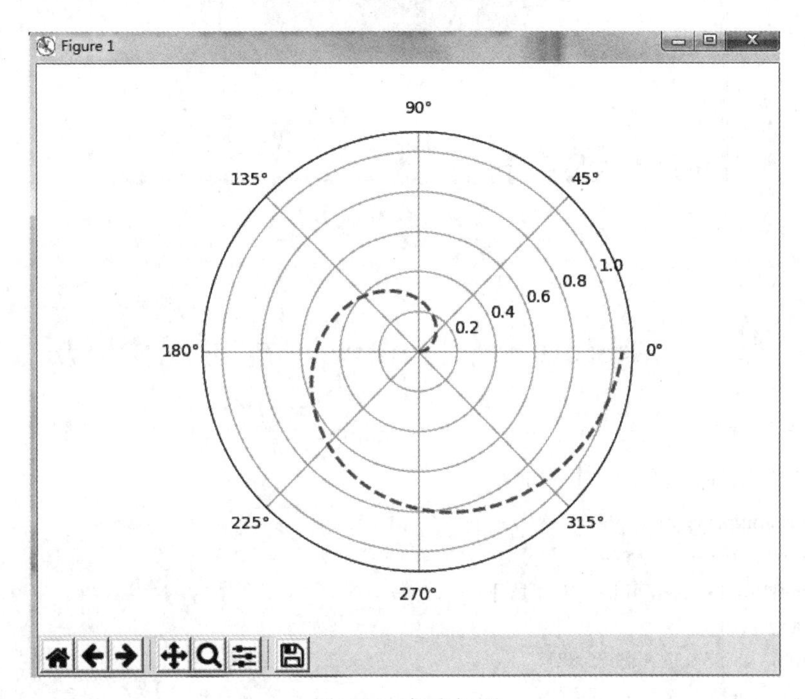

图 7-18 极坐标图

【例 7-18】用 matplotlib 绘制饼图。

```
import matplotlib.pyplot as plt
import numpy as np
plt.rcParams['font.sans-serif'] = ['SimHei']
plt.title("饼图");
labels = '计算机系','机械系','管理系','社科系'
sizes = [55,20,15,10]
explode = (0,0.0,0,0)
plt.pie(sizes,explode=explode,labels=labels,autopct='%1.1f%%',shadow=False,startangle=90)
plt.show()
```

该例使用语句 plt.rcParams['font.sans-serif'] = ['SimHei'] 设置字体，语句 plt.title(" 饼图 ") 设置标题，语句 labels = ' 计算机系 ',' 机械系 ',' 管理系 ',' 社科系 ' 设置饼图外侧的说明文字，语句 sizes = [55,20,15,10] 设置饼图中每一部分区域的大小，语句 explode = (0,0.0,0,0) 设置饼图中每一部分的凹凸，语句 plt.pie(sizes,explode=explode,labels=labels,autopct='%1.1f %%',shadow=False,startangle=90) 设置饼图的起始位置，startangle=90 表示开始角度为 90°。

运行该程序，显示效果如图 7-19 所示。

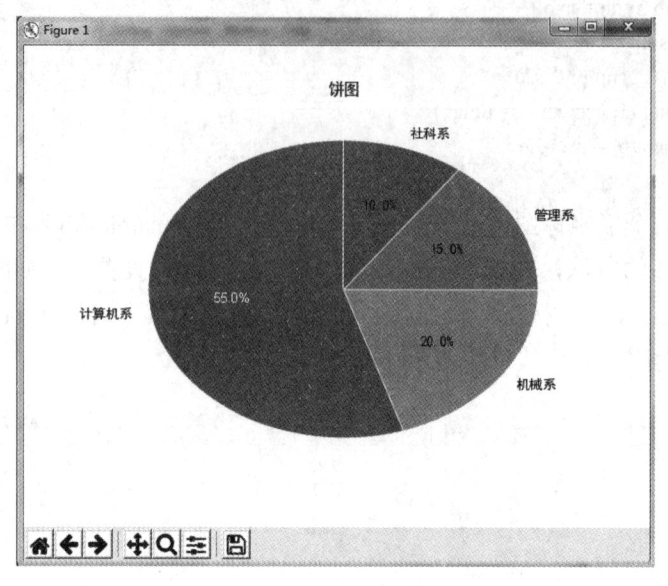

图 7-19　饼图

7.3　matplotlib 库与 numpy 库可视化应用

本节主要讲述在 Python 中 matplotlib 库和 numpy 库的可视化图形绘制与实现。

【例 7-19】用线条表示学生的成绩。

```
import matplotlib.pyplot as plt
import numpy as np
plt.rcParams['font.sans-serif'] = ['SimHei']
x = np.arange(10)
y = [80,50,66,48,55,95,65,85,75,88]
plt.plot(x, y, label='分数')
plt.xlabel('x label：学号', fontsize=12)
plt.ylabel('y label：成绩', fontsize=12)
plt.title("学生成绩表")
plt.legend()
plt.show()
```

该例使用线条来显示不同学生的成绩，x = np.arange(10) 表示生成 0 ～ 9 的数组，y = [80,50,66,48,55,95,65,85,75,88] 表示对应的数值，语句 plt.legend() 在绘图区域放置绘图标签。运行该程序，显示效果如图 7-20 所示。

【例 7-20】用 matplotlib 绘制曲线。

```
import numpy as np
import matplotlib.pyplot as plt
x = np.arange(0, 5, 0.1);
y = np.sin(x)
plt.plot(x, y)
plt.show()
```

该例使用语句 x = np.arange(0, 5, 0.1) 来生成数组，使用语句 y = np.sin(x) 设置正弦函数，用 plt.plot(x, y) 输出形状。运行该程序，显示效果如图 7-21 所示。

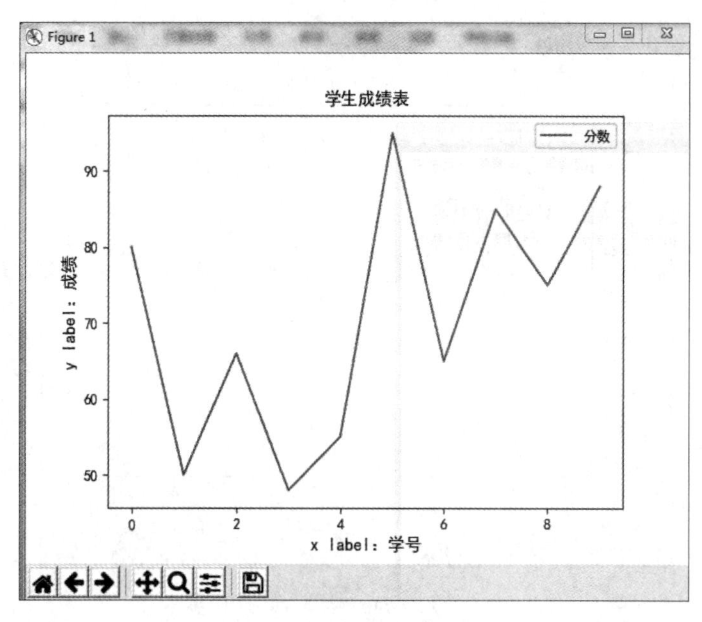

图 7-20 用线条表示学生的成绩

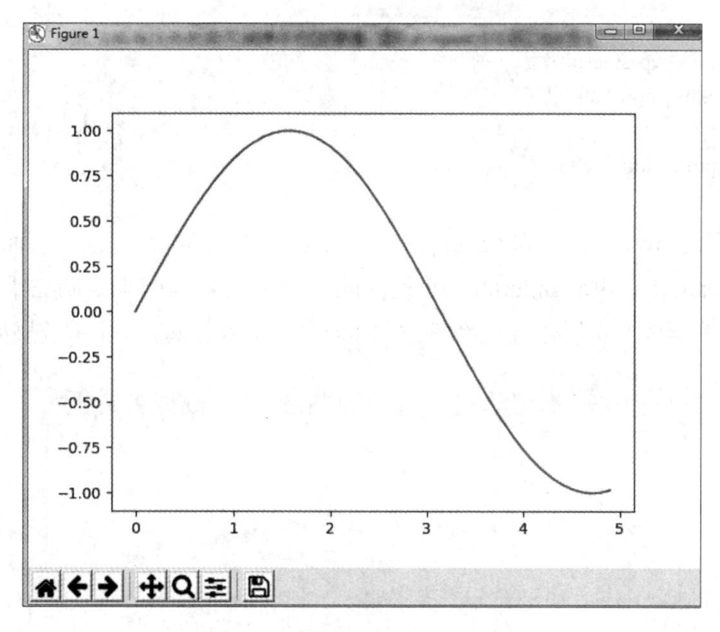

图 7-21 用 matplotlib 绘制曲线

如果在该例中直接运行 print(np.arange(0, 5, 0.1))，则输出结果为一系列跳跃的数字，如图 7-22 所示。

```
[0.  0.1 0.2 0.3 0.4 0.5 0.6 0.7 0.8 0.9 1.  1.1 1.2 1.3 1.4 1.5 1.6 1.7
 1.8 1.9 2.  2.1 2.2 2.3 2.4 2.5 2.6 2.7 2.8 2.9 3.  3.1 3.2 3.3 3.4 3.5
 3.6 3.7 3.8 3.9 4.  4.1 4.2 4.3 4.4 4.5 4.6 4.7 4.8 4.9]
>>> |
```

图 7-22 np.arange(0, 5, 0.1) 输出结果

如果将 arange(0, 5, 0.1) 改为 arange(10)，则该程序的运行结果就是由线条组成的图形，如图 7-23 所示。

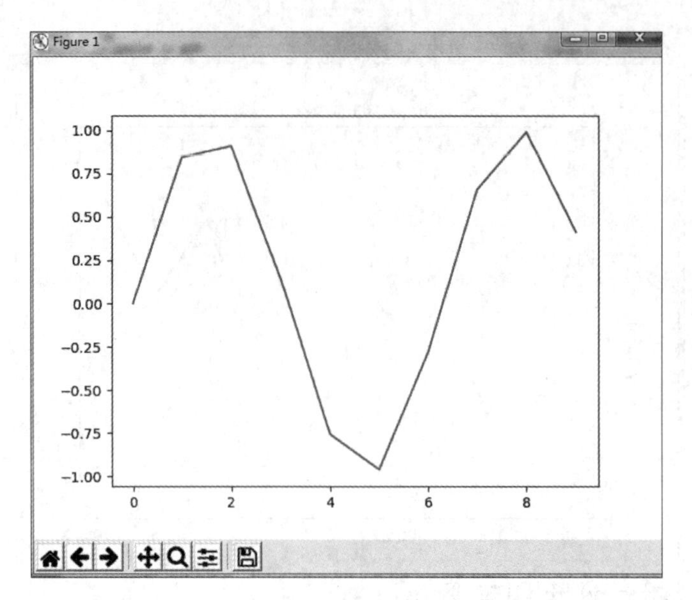

图 7-23　np.arange(10) 输出的图形

【例 7-21】用 matplotlib 和 numpy 库绘制 3d 图形。

```
import numpy as np
import matplotlib.pyplot as plt
from mpl_toolkits import mplot3d
fig = plt.figure()
ax = plt.axes(projection='3d')
plt.show()
```

该例通过语句 from mpl_toolkits import mplot3d 来导入 3d 工具包，从而实现三维图形的绘制。其中 axes3d 是由 matplotlib API 提供的一个类，可以用来绘制三维图形；语句 ax = plt.axes(projection='3d') 可以创建一个三维的坐标轴。运行该程序，显示效果如图 7-24 所示。

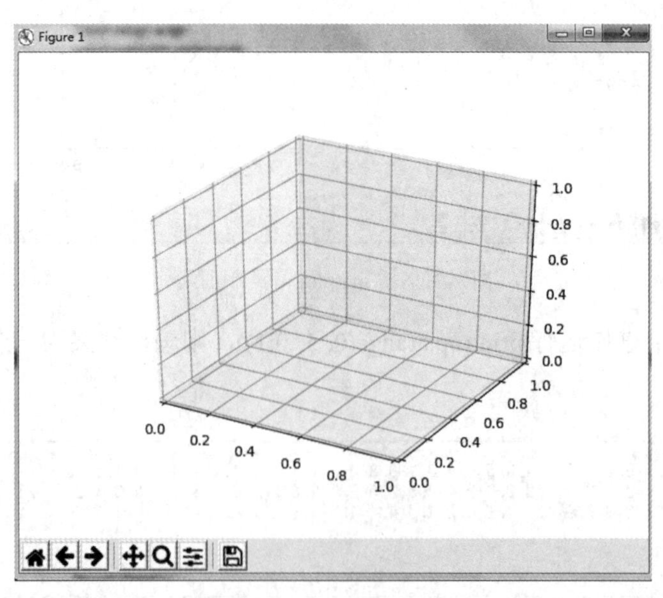

图 7-24　3d 图形的绘制

绘制三维图形的步骤如下：

（1）创建一个 figure 对象。

```
fig = plt.figure()
```

（2）利用 figure 对象创建一个 axes3d 坐标轴。

```
ax = plt.axes(projection='3d')
```

（3）设置各种参数，以便绘制各种三维图形。

（4）显示图形。

【例 7-22】用 matplotlib 和 numpy 库绘制复杂 3d 图形。

```
import numpy as np
import matplotlib.pyplot as plt
from mpl_toolkits import mplot3d
fig = plt.figure()
ax = plt.axes(projection='3d')
zline = np.linspace(0, 15, 1000)
xline = np.sin(zline)
yline = np.cos(zline)
ax.plot3D(xline, yline, zline, 'gray')
zdata = 15 * np.random.random(100)
xdata = np.sin(zdata) + 0.1 * np.random.randn(100)
ydata = np.cos(zdata) + 0.1 * np.random.randn(100)
ax.scatter3D(xdata, ydata, zdata, c=zdata, cmap='Greens');
plt.show()
```

该例首先创建了三维的坐标轴，接着绘制了三维图形。最基本的三维图是散点图的线或集合创建的组 (x,y,z) 三元组，可以使用 ax.plot3D 和 ax.scatter3D 函数来实现，默认情况下散点会自动改变透明度，以在平面上呈现出立体感。该例绘制了三角螺旋线，如图 7-25 所示。

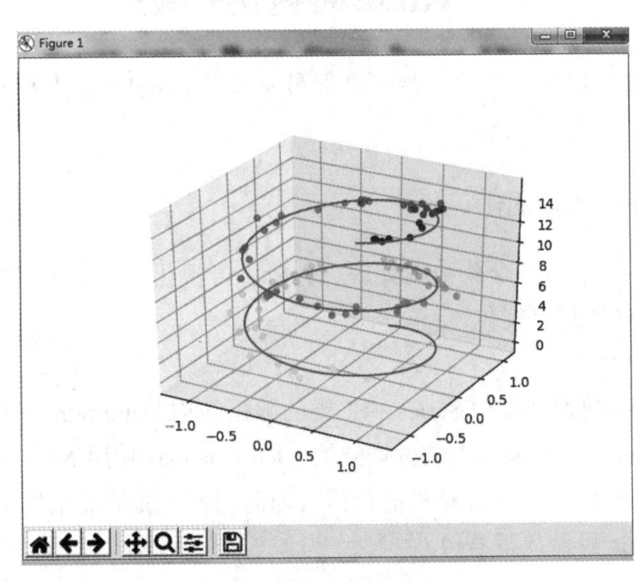

图 7-25　三角螺旋线

【例 7-23】用 matplotlib 和 numpy 库绘制直方图。

```
import numpy as np
import matplotlib.pyplot as plt
x1 = np.random.normal(0, 0.8, 1000)
x2 = np.random.normal(-2, 1, 1000)
x3 = np.random.normal(3, 2, 1000)
kwargs = dict(histtype='stepfilled', alpha=0.3, density=True, bins=40)
plt.hist(x1, **kwargs)
plt.hist(x2, **kwargs)
```

```
plt.hist(x3, **kwargs);
plt.show()
```

该例绘制了多个直方图，并用语句 kwargs = dict(histtype='stepfilled', alpha=0.3, density=True, bins=40) 设置直方图的属性。运行该程序，显示效果如图 7-26 所示。

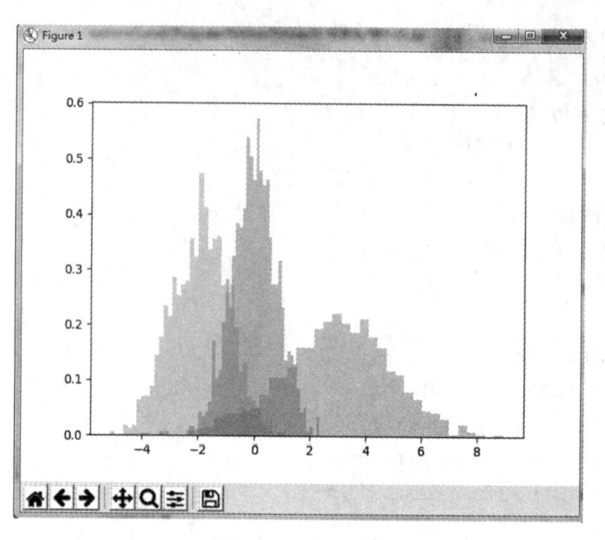

图 7-26 直方图

7.4 Python 可视化高级应用

使用 Python 实现数据可视化，除了掌握最基本的 matplotlib 库和 numpy 库以外，还应该学习 Python 的其他可视化库。

7.4.1 pandas 库可视化

pandas 是 Python 下的一个集数据处理、分析、可视化于一身的扩展库，使用它可以轻松实现数据分析与数据可视化。

1．pandas 绘图原理

pandas 使用一维的数据结构 Series 和二维的数据结构 DataFrame 来表示数据，因此与 numpy 相比，pandas 可以存储混合的数据结构。同时 pandas 使用 NaN 来表示缺失的数据，而不用像 numpy 一样要手工处理缺失的数据，因而制作一张完整的图表，matplotlib 需要大段代码，而 pandas 只需几条语句。

在 Python3 中，pandas 库或绘图函数导入语句如下：

```
import pandas as pd
import numpy as np
from pandas import DataFrame,Series
import matplotlib.pyplot as plt
```

值得注意的是，在 pandas 库中有两个最基本的数据类型：Series 和 DataFrame。其中 Series 数据类型表示一维数组，与 numpy 中的一维 array 类似，并且两者与 Python 基本的数据结构 List 也很相近。而 DataFrame 数据类型则代表二维的表格型数据结构，也可以将 DataFrame 理解为 Series 的容器。pandas 库中的基本数据类型及含义如表 7-17 所示。

表 7-17 pandas 库中的基本数据类型及含义

数据类型	含义
Series	pandas 库中的一维数组
DataFrame	pandas 库中的二维数组

Series 是能够保存任何类型的数据（整数、字符串、浮点数、Python 对象等）的一维标记数组，并且每个数据都有自己的索引。在 pandas 库中仅由一组数据即可创建最简单的 Series。

DataFrame 是一个表格型的数据类型。它含有一组有序的列，每列可以是不同的类型（数值、字符串等）。DataFrame 类型既有行索引又有列索引，因此它可以被看作是由 Series 组成的字典。

2. pandas 绘图实例

使用 pandas 可以轻松地绘制各种图形，pandas 的两类基本数据结构 series 和 dataframe 都提供了一个统一的接口 plot()，因此在 pandas 中依靠 Series 和 DataFrame 中的一个生成各类图表的 plot 方法可以十分轻松地绘制各种图形或图表。

pandas 中常见的图表类型如表 7-18 所示，pandas 中使用的 Series.plot 参数如表 7-19 所示，pandas 中专门用于 DataFrame.plot 方法的图形参数如表 7-20 所示。

表 7-18 pandas 中常见的图表类型

类型	描述
bar	垂直柱状图
barh	水平柱状图
hist	直方图
kde	密度图
line	折线图
box	箱形图
pie	饼图
scatter	散点图
area	面积图

表 7-19 pandas 中的 Series.plot 参数

参数	描述
label	图表的标签
ax	要进行绘制的 matplotlib subplot 对象
style	要传给 matplotlib 的字符风格
alpha	图表的填充透明度（0 ～ 1）
kind	图表的类型，有 line、bar、barh 和 kde 等
logy	在 y 轴上使用对数标尺
rot	旋转刻度标签（0 ～ 360）
xticks、yticks	用作 x 轴和 y 轴刻度的值
xlim、ylim	x 轴和 y 轴的界限

表 7-20 pandas 中的 DataFrame.plot 方法

参数	含义
subplots	将各个 DataFrame 列绘制到单独的 subplot 中
sharex	如果 subplots=True，则共用一个 x 轴
sharey	如果 subplots=True，则共用一个 y 轴
figsize	图像元组的大小
title	图像的标题
legend	添加一个 subplots 图例
sort_columns	以字母表顺序绘制各列

【例 7-24】用 pandas 中的 Series 绘制线性图。

```
from pandas import DataFrame,Series
import pandas as pd
import numpy as np
import matplotlib.pyplot as plt
s_data = Series(np.random.randn(10))
s_data.plot()
plt.show()
```

该例使用 pandas 中的 Series 数据类型来绘制线性图，运行该例的效果如图 7-27 所示。

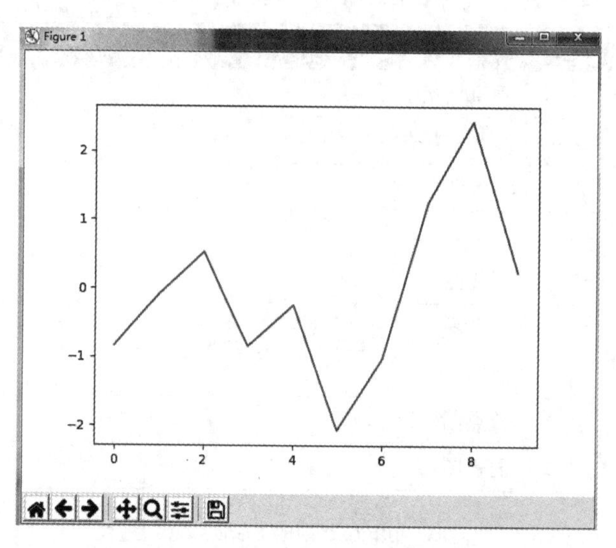

图 7-27 用 Series 绘制线性图

【例 7-25】用 pandas 中的 DataFrame 绘制线性图。

```
from pandas import DataFrame,Series
import pandas as pd
import numpy as np
import matplotlib.pyplot as plt
df = DataFrame(np.random.randn(10, 4).cumsum(0), columns=['A', 'B', 'C', 'D'], index=np.arange(0, 100, 10))
df.plot()
plt.show()
```

该例首先在 Python 中导入了 pandas 库、numpy 库和 matplotlib 库，并引入了来自 pandas 库的 DataFrame 和 Series 数组，接着将 DataFrame 对象的索引传给 matplotlib 来绘制图形。语句 np.random 表示随机抽样，np.random.randn(10) 用于返回一组随机数据，该

数据具有标准正态分布。cumsum() 用于返回累加值。语句 np.arange(0, 100, 10) 用于返回一个有终点和起点的固定步长的排列以显示刻度值，其中 0 为起点，100 为终点，10 为步长。运行该例，效果如图 7-28 所示。

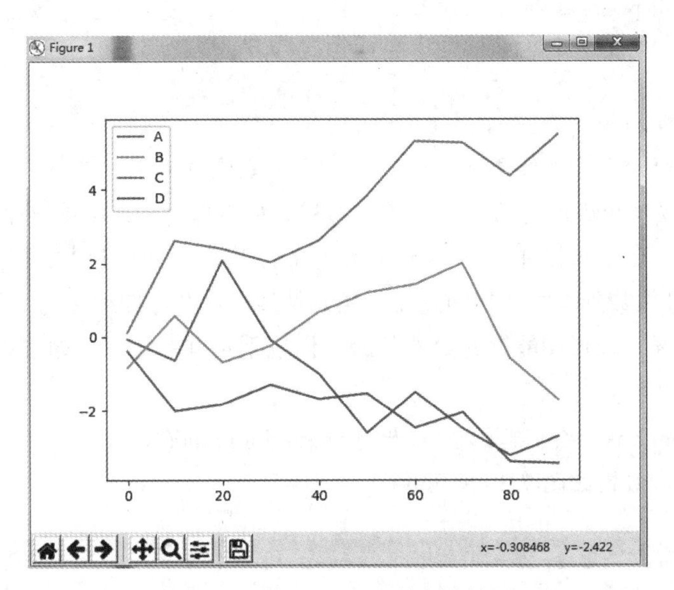

图 7-28 用 DataFrame 绘制线性图

图 7-27 中显示了 4 条不同颜色的线条，这是用语句 columns=['A', 'B', 'C', 'D'] 来实现的。

【例 7-26】用 pandas 绘制柱状图。

```
import pandas as pd
import numpy as np
import matplotlib.pyplot as plt
df = pd.DataFrame(np.random.rand(10, 4), columns=['a', 'b', 'c', 'd'])
df.plot.bar()
plt.show()
```

该例使用语句 df.plot.bar() 绘制了柱状图，并用 columns=['a', 'b', 'c', 'd'] 来显示 4 个条形。运行该例，效果如图 7-29 所示。

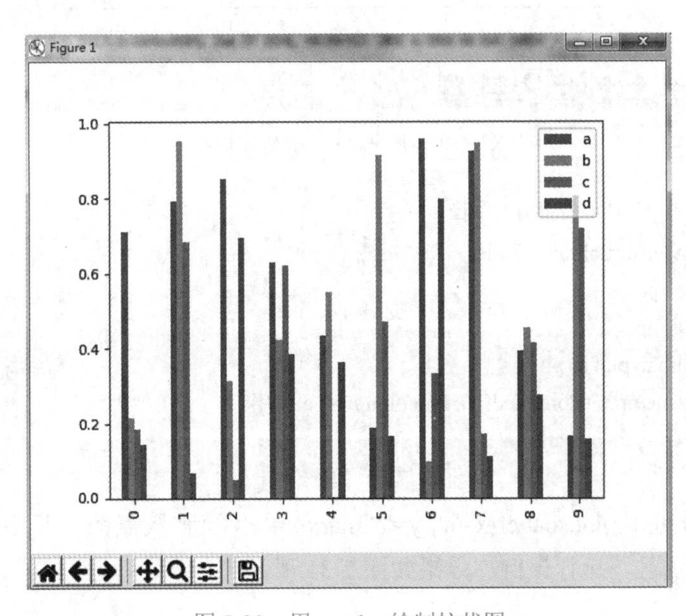

图 7-29 用 pandas 绘制柱状图

【例 7-27】用 pandas 绘制箱形图。

```
import pandas as pd
import numpy as np
import matplotlib.pyplot as plt
df = pd.DataFrame(np.random.rand(10, 5), columns=['A', 'B', 'C', 'D', 'E'])
df.plot.box()
plt.show()
```

箱形图在数据清洗中比较常见，它一般由 5 个数值点组成：最小值（min）、下四分位数（Q1）、中位数（median）、上四分位数（Q3）、最大值（max），此外也可以向其中加入平均值（mean）。在箱形图中，下四分位数、中位数、上四分位数组成一个“带有隔间的盒子”，上四分位数到最大值之间建立一条延伸线，这个延伸线称为“胡须（whisker）”。在分析数据的时候，箱形图能够有效地帮助我们识别数据的特征，如直观地识别数据集中的异常值（查看离群点）。

该例使用 plot.box() 绘制箱形图，语句 np.random.rand(10, 5) 表示产生 10 行 5 列的随机数。运行该例，效果如图 7-30 所示。

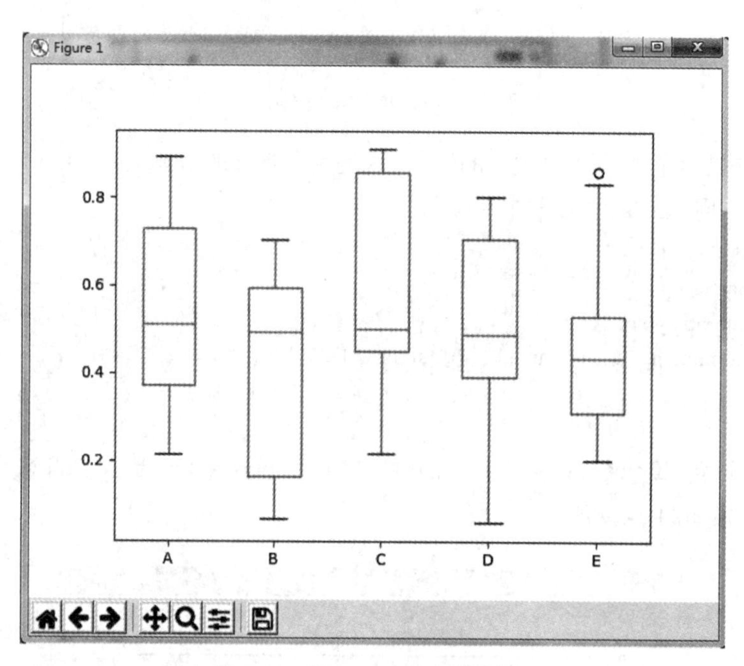

图 7-30 用 pandas 绘制箱形图

【例 7-28】用 pandas 绘制散点图。

```
from pandas import DataFrame,Series
import pandas as pd
import numpy as np
import matplotlib.pyplot as plt
df = pd.DataFrame(np.random.rand(50, 2), columns=['a', 'b'])
df.plot.scatter(x='a', y='b',marker='+')
plt.show()
```

该例使用语句 df.plot.scatter(x='a', y='b',marker='+') 绘制散点图，其中 marker='+' 设置了散点的形状为加号。运行该例，效果如图 7-31 所示。

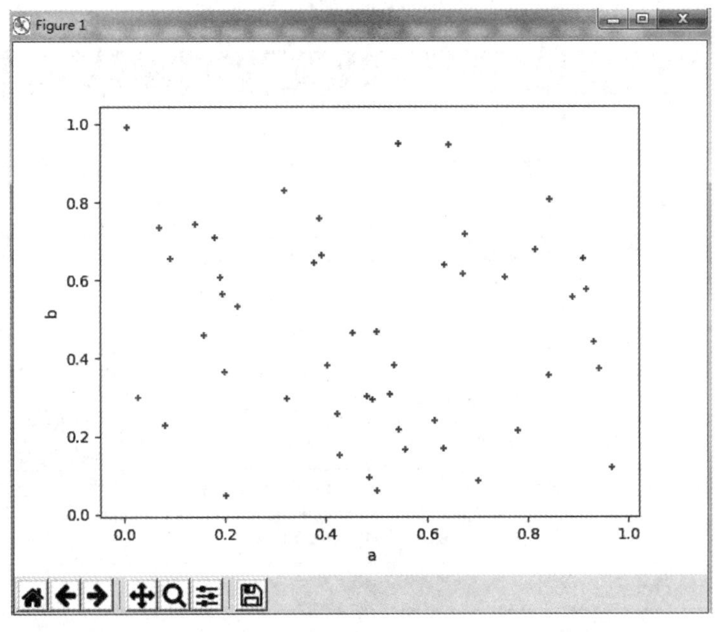

图 7-31　用 pandas 绘制散点图

7.4.2　seaborn 库可视化

seaborn 是基于 matplotlib 的图形可视化 Python 包，它提供了一种高度交互式界面，便于用户做出各种有吸引力的统计图表。

1. seaborn 绘图原理

seaborn 是斯坦福大学开发的一个非常好用的可视化包，也是基于 matplotlib 的 Python 数据可视化库。与 matplotlib 相比，seaborn 提供更高层次的 API 封装，使用起来更加方便快捷。因此，从开发者的角度讲，seaborn 是 matplotlib 的扩充。值得注意的是，由于 seaborn 是以 matplotlib 为基础，因此在使用 seaborn 前还是应该先学习 matplotlib 的相关知识。

在 Python3 中，seaborn 绘图库或函数常见导入语句如下：

```
import numpy as np
import pandas as pd
from scipy import stats, integrate
import matplotlib.pyplot as plt
import seaborn as sns
```

要想使用 Python 实现 seaborn 数据可视化，需要导入 numpy 库、pandas 库、scipy 库、matplotlib 库和 seaborn 库，其中 seaborn 可简写为 sns。

值得注意的是，语句 from scipy import stats, integrate 表示导入了 scipy 库。scipy 是一款方便、易于使用、专为科学和工程设计的 Python 工具包，包括了统计、优化、整合、线性代数模块、傅里叶变换、信号和图像处理、常微分方程求解器等。scipy 库由一些特定功能的模块组成，它们均依赖于 numpy 库。表 7-21 所示为 scipy 库中常见的模块及其含义。

表 7-21 scipy 库中常见的模块及其含义

名称	含义
scipy.cluster	K-均值
scipy.constants	物理和数学常数
scipy.fftpack	傅里叶变换
scipy.integrate	积分程序
scipy.interpolate	插值
scipy.io	数据输入输出
scipy.linalg	线性代数程序
scipy.signal	信号处理
scipy.sparse	稀疏矩阵
scipy.spatial	空间数据结构和算法
scipy.stats	统计

在 seaborn 中常用的 scipy 模块主要有 integrate 和 stats，因此在可视化中只需导入这两个模块即可。scipy.stats 模块的主要功能有产生随机数、求概率密度函数、求累计概率密度函数、求累计分布函数的逆函数等，scipy.integrate 模块的主要功能有求解多重积分、求解高斯积分、求解常微分方程等。

2. pandas 绘图实现

要实现 seaborn 可视化，首先要了解 seaborn 中常见的绘图函数。seaborn 中的常见绘图函数名称及含义如表 7-22 所示，seaborn 中的常见图形名称及含义如表 7-23 所示。

表 7-22 seaborn 中的常见函数名称及含义

函数名称	含义
sns.set()	调用 seaborn 默认绘图样式
sns.set_style()	调用 seaborn 中的绘图主题风格
plt.subplot()	同 matplotlib，绘制子图
sinplot()	绘制图形，主要是绘制曲线
sns.despine()	移除坐标轴线
sns.axes_style()	临时设定图形样式
sns.set_context()	设置绘图的上下文参数
sns.color_palette()	设置调色板

表 7-23 seaborn 中的常见图形名称及含义

图形名称	含义
kdeplot()	密度曲线图
boxplot()	箱形图
jointplot()	联合分布图
heatmap()	热力图
scatter()	散点图

续表

图形名称	含义
countplot()	特征统计图
violinplot()	小提琴图
lineplot()	线性图
relplot()	关系图
lmplot()	回归图
barplot()	柱状图
clustermap()	聚类图
stripplot()	分布散点图
distplot()	直方图
pairplot()	成对关系图

【例 7-29】seaborn 应用。

```
import numpy as np
import pandas as pd
from scipy import stats, integrate
import matplotlib.pyplot as plt
import seaborn as sns
sns.set()
x = [1, 3, 5, 7, 9, 11, 13, 15, 17, 19]
y_bar = [3, 4, 6, 8, 9, 10, 9, 11, 7, 8]
y_line = [2, 3, 5, 7, 8, 9, 8, 10, 6, 7]
plt.bar(x, y_bar)
plt.plot(x, y_line, '-o', color='y')
plt.show()
```

该例使用语句 x = [1, 3, 5, 7, 9, 11, 13, 15, 17, 19] 设置了横坐标的值，语句 y_bar = [3, 4, 6, 8, 9, 10, 9, 11, 7, 8] 设置了柱状图中的纵坐标值，语句 y_line = [2, 3, 5, 7, 8, 9, 8, 10, 6, 7] 设置了连接的线条，并将 Seaborn 提供的样式声明代码 sns.set() 放置在绘图前即实现了 seaborn 可视化绘图。运行该例，效果如图 7-32 所示。

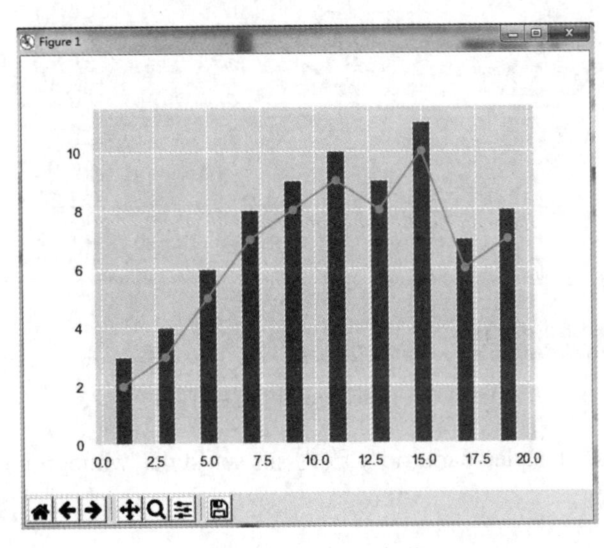

图 7-32　seaborn 应用

在 seaborn 绘图中，sns.set() 的默认参数为：

```
sns.set(context='notebook', style='darkgrid', palette='deep', font='sans-serif', font_scale=1, color_
codes=False, rc=None)
```

参数含义如下：

context：控制着默认画幅大小，有 paper、notebook、talk、poster 四个值，其中 poster > talk > notebook > paper。

style：控制默认样式，有 darkgrid、whitegrid、dark、white、ticks 五个值。

palette：为预设的调色板，有 deep、muted、bright、pastel、dark、colorblind 等值。

font：设置字体。

font_scale：设置字体大小。

color_codes：不使用调色板而采用先前的 'r' 等色彩缩写。

【例 7-30】在 seaborn 中设置绘图风格。

```
import numpy as np
import pandas as pd
import matplotlib.pyplot as plt
import seaborn as sns
sns.set_style("darkgrid")
plt.plot(np.arange(10))
plt.show()
```

语句 sns.set_style("darkgrid") 为图形设置 seaborn 中的绘图风格，seaborn 有 5 个预设好的主题：darkgrid、whitegrid、dark、white 和 ticks，默认为 darkgrid；语句 plt.plot(np.arange(10)) 引入 numpy 库创建了一维数组。运行该例，效果如图 7-33 所示。

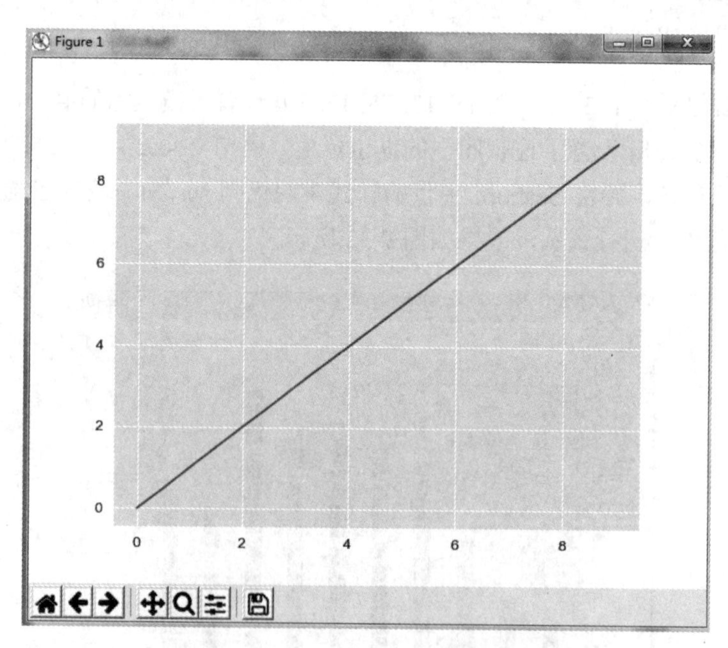

图 7-33　在 seaborn 中设置绘图风格

如果将语句 sns.set_style("darkgrid") 改为 sns.set_style("whitegrid")，则显示结果如图 7-34 所示。

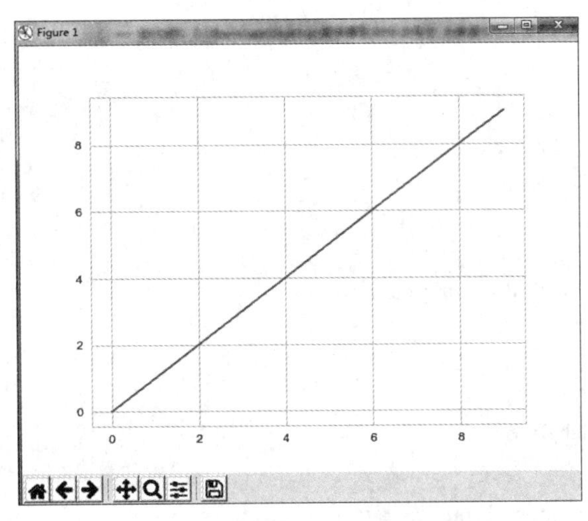

图 7-34　在 seaborn 中设置 whitegrid 绘图风格

【例 7-31】在 seaborn 中绘制直方图。

```
import numpy as np
import pandas as pd
from scipy import stats, integrate
import matplotlib.pyplot as plt
import seaborn as sns
sns.set(color_codes=True)
np.random.seed(sum(map(ord, "distributions")))
x = np.random.normal(size=100)
sns.distplot(x, kde=True, bins=20, rug=True)
plt.show()
```

在语句 np.random.seed(sum(map(ord, "distributions"))) 中，ord() 函数以一个字符（长度为 1 的字符串）作为参数，返回对应的 ASCII 数值或者 Unicode 数值，并利用 np.random.seed() 函数设置相同的 seed，每次生成的随机数相同。如果不设置 seed，则每次会生成不同的随机数。语句 sns.distplot 绘制了直方图，其中参数 kde 控制是否绘制核密度估计曲线，默认为 True；参数 bins 用于确定直方图中显示直方的数量，默认为 None；参数 rug 控制是否绘制对应 rugplot 的部分，默认为 False。运行该例，效果如图 7-35 所示。

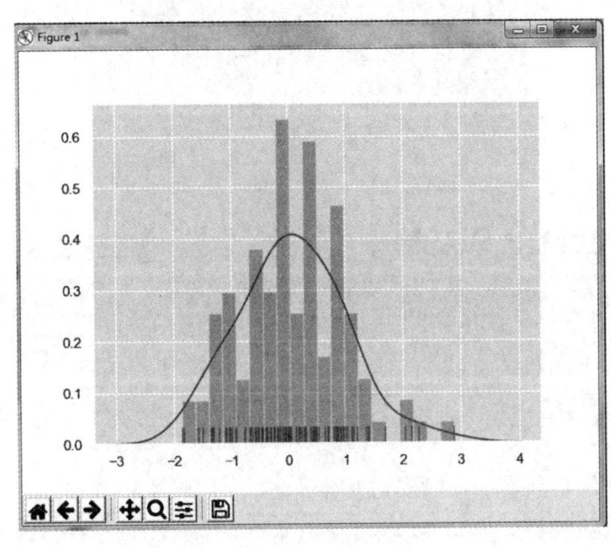

图 7-35　seaborn 绘制直方图

【例 7-32】在 seaborn 中绘制核密度估计图，该图主要是估计连续密度分布。

```
import numpy as np
import pandas as pd
from scipy import stats, integrate
import matplotlib.pyplot as plt
import seaborn as sns
sns.set(color_codes=True)
np.random.seed(sum(map(ord, "distributions")))
x = np.random.normal(size=100)
sns.kdeplot(x)
sns.kdeplot(x, bw=1, label="bw: 1")
sns.kdeplot(x, bw=2, label="bw: 2")
plt.show()。
```

语句 sns.set(color_codes=True) 设置颜色。

在语句 np.random.seed(sum(map(ord, "distributions"))) 中，ord() 函数以一个字符（长度为 1 的字符串）作为参数，返回对应的 ASCII 数值或者 Unicode 数值，并利用 np.random.seed() 函数设置相同的 seed，每次生成的随机数相同。如果不设置 seed，则每次会生成不同的随机数。

语句 x = np.random.normal(size=100) 设置正态分布的曲线。

语句 sns.kdeplot(x) 设置图形为核密度图。

语句 sns.kdeplot(x, bw=1, label="bw: 1") 设置正态分布曲线的宽度为 1。

语句 sns.kdeplot(x, bw=2, label="bw: 2") 设置正态分布曲线的宽度为 2。

运行该例，效果如图 7-36 所示。

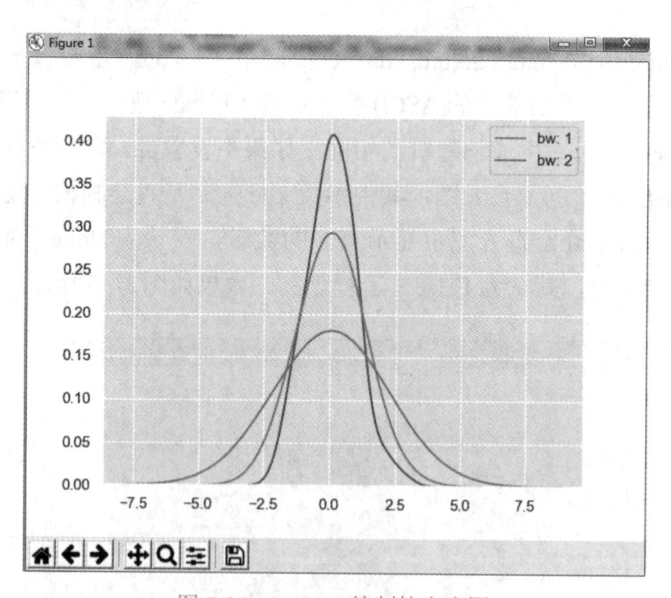

图 7-36 seaborn 绘制核密度图

7.5 实训

（1）绘制房价变化折线图，如图 7-37 所示。

```
import matplotlib.pyplot as plt
plt.rcParams[ 'font.sans-serif'] =[ 'Microsoft YaHei']    #设置字体
```

```
x1 = ['2019-01', '2019-02', '2019-03', '2019-04', '2019-05', '2019-06', '2019-07', '2019-08',
    '2019-09', '2019-10', '2019-11', '2019-12']
y1 = [9700, 9800, 9900, 12000, 11000, 12400, 13000, 13400, 14000, 14100, 13900, 13700]
plt.figure(figsize=(10, 8))
#标题
plt.title("房价变化")
plt.plot(x1, y1, label='房价变化', linewidth=2, color='r', marker='o',
      markerfacecolor='blue', markersize=10)
#横坐标描述
plt.xlabel('月份')
#纵坐标描述
plt.ylabel('房价')
for a, b in zip(x1, y1):
   plt.text(a, b, b, ha='center', va='bottom', fontsize=10)
plt.legend()
plt.show()
```

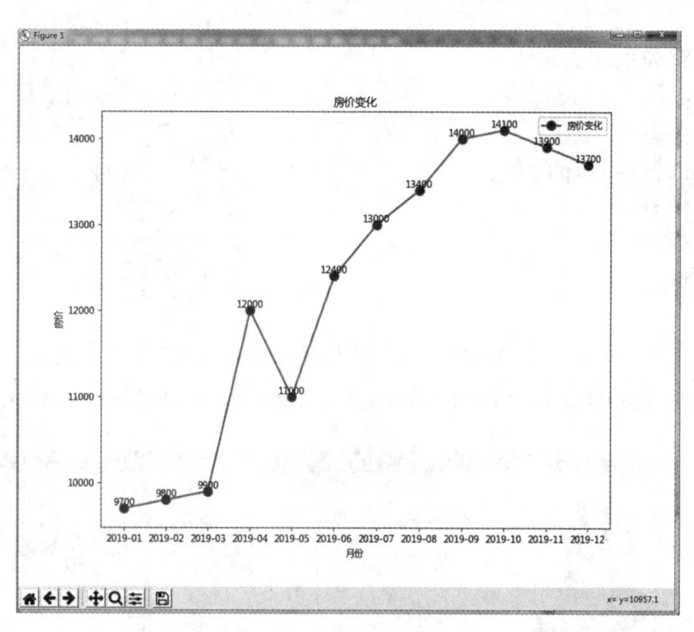

图 7-37 线性图

（2）绘制上下对称的柱状图，如图 7-38 所示。

```
import numpy as np
import pandas as pd
import matplotlib.pyplot as plt
n = 10
X = np.arange(n)
Y1 = np.random.uniform(0.5, 1.0, n)
Y2 = np.random.uniform(0.5, 1.0, n)
plt.bar(X, +Y1, facecolor='#9999ff', edgecolor='white')
plt.bar(X, -Y2, facecolor='#ff9999', edgecolor='white')
plt.show()
```

该实训使用了 np.random.uniform(low, high, size) 函数，这个函数从一个均匀分布 [low,high) 中随机采样，定义域是左闭右开，即包含 low 但不包含 high，而 size 则输出样本的数目，在本实训中 n 的值为 10。

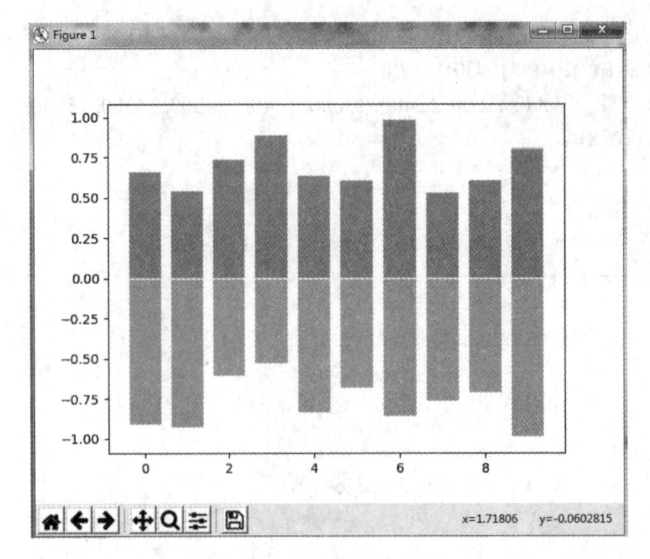

图 7-38 对称的柱状图

（3）绘制成对关系图。

```
import numpy as np
import pandas as pd
import matplotlib.pyplot as plt
import seaborn as sns
iris = sns.load_dataset('iris')
sns.pairplot(iris)
plt.show()
```

该实训导入了 seaborn 中的 pairplot 函数来对数据集中的多个双变量的关系进行探索，并通过绘制两两变量间的数据分布图来看出变量的相关性，如图 7-39 所示。

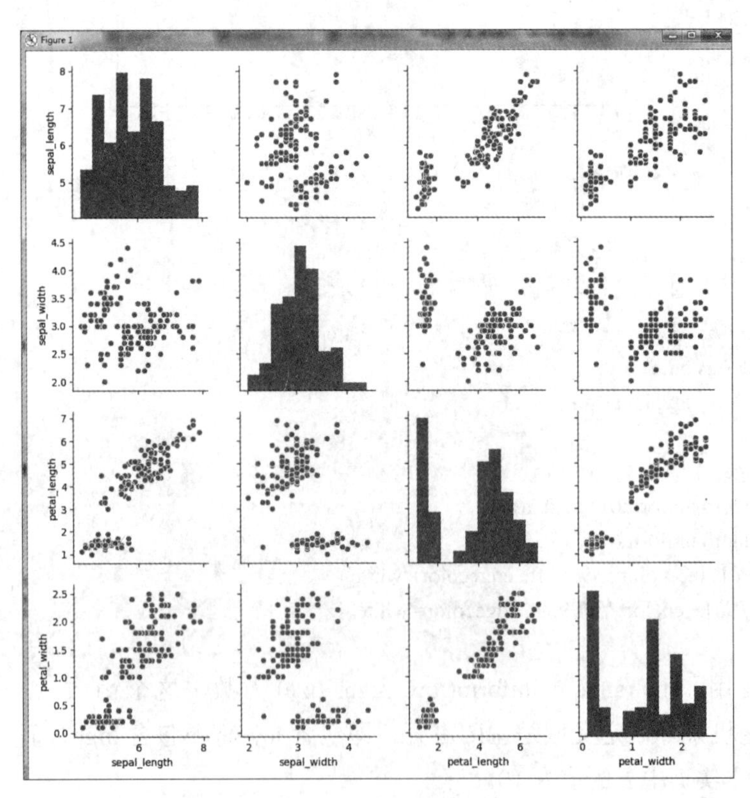

图 7-39 成对关系图

语句 iris = sns.load_dataset('iris') 导入了 seaborn 中自带的数据集 iris，该数据集是 Pandas DataFrame 数据类型，也称为鸢尾花卉数据集，是一类多重变量分析的数据集。数据集包含 150 个数据样本，分为 3 类，每类 50 个数据，每个数据包含 4 个属性。可通过花萼长度、花萼宽度、花瓣长度、花瓣宽度 4 个属性预测鸢尾花卉属于 Setosa、Versicolour、Virginica 三个种类中的哪一类。

从图 7-39 可以看出，一共有 sepal_length、sepal_width、petal_length 和 petal_width 四个变量，它们分别是花萼长度、花萼宽度、花瓣长度和花瓣宽度。这张图相当于这 4 个变量两两之间的关系。比如矩阵中的第一张图代表的就是花萼长度自身的分布图，它右侧的这张图代表的是花萼长度与花萼宽度这两个变量之间的关系。

此外，seaborn 中还有其他不同类型的数据集，使用 sns.load_dataset() 即可调用。

iris 数据集中的部分数据如图 7-40 所示。

	A	B	C	D	E	F
1		Sepal.Length	Sepal.Width	Petal.Length	Petal.Width	Species
2	1	5.1	3.5	1.4	0.2	setosa
3	2	4.9	3	1.4	0.2	setosa
4	3	4.7	3.2	1.3	0.2	setosa
5	4	4.6	3.1	1.5	0.2	setosa
6	5	5	3.6	1.4	0.2	setosa
7	6	5.4	3.9	1.7	0.4	setosa
8	7	4.6	3.4	1.4	0.3	setosa
9	8	5	3.4	1.5	0.2	setosa
10	9	4.4	2.9	1.4	0.2	setosa
11	10	4.9	3.1	1.5	0.1	setosa
12	11	5.4	3.7	1.5	0.2	setosa
13	12	4.8	3.4	1.6	0.2	setosa
14	13	4.8	3	1.4	0.1	setosa
15	14	4.3	3	1.1	0.1	setosa
16	15	5.8	4	1.2	0.2	setosa
17	16	5.7	4.4	1.5	0.4	setosa
18	17	5.4	3.9	1.3	0.4	setosa
19	18	5.1	3.5	1.4	0.3	setosa
20	19	5.7	3.8	1.7	0.3	setosa
21	20	5.1	3.8	1.5	0.3	setosa
22	21	5.4	3.4	1.7	0.2	setosa
23	22	5.1	3.7	1.5	0.4	setosa
24	23	4.6	3.6	1	0.2	setosa
25	24	5.1	3.3	1.7	0.5	setosa
26	25	4.8	3.4	1.9	0.2	setosa
27	26	5	3	1.6	0.2	setosa
28	27	5	3.4	1.6	0.4	setosa
29	28	5.2	3.5	1.5	0.2	setosa
30	29	5.2	3.4	1.4	0.2	setosa
31	30	4.7	3.2	1.6	0.2	setosa
32	31	4.8	3.1	1.6	0.2	setosa

图 7-40 iris 数据集中的部分数据

（4）绘制散点图。

```
import matplotlib as mlp
import matplotlib.pyplot as plt
#中文支持
plt.rcParams['font.sans-serif'] = ['SimHei']
data = [[18.9, 19.4], [21.3, 8.7], [19.5, 11.6], [20.5, 9.7], [19.9, 9.4], [22.3, 11.0], [21.4, 10.6],
    [9.0, 9.4], [10.4, 9.0], [9.3, 11.3],[11.6, 8.5], [11.8, 10.4], [10.3, 10.0], [8.7, 9.5],
```

```
    [14.3, 15.2],[14.1, 15.5], [14.0, 16.5], [16.5, 15.7], [15.1, 17.3], [16.4, 15.0],[15.7, 18.0]]
data_X = [item[0] for item in data]
data_Y = [item[1] for item in data]
#绘制散点图
plt.scatter(data_X, data_Y)
plt.title("商品价格与销售量散点图")
plt.xlabel("价格/元")
plt.ylabel("销量/百件")
#设置坐标文本
plt.text(10,12,"铅笔")
plt.text(16,16,"笔记本")
plt.text(21,10,"洗手液")
plt.show()
```

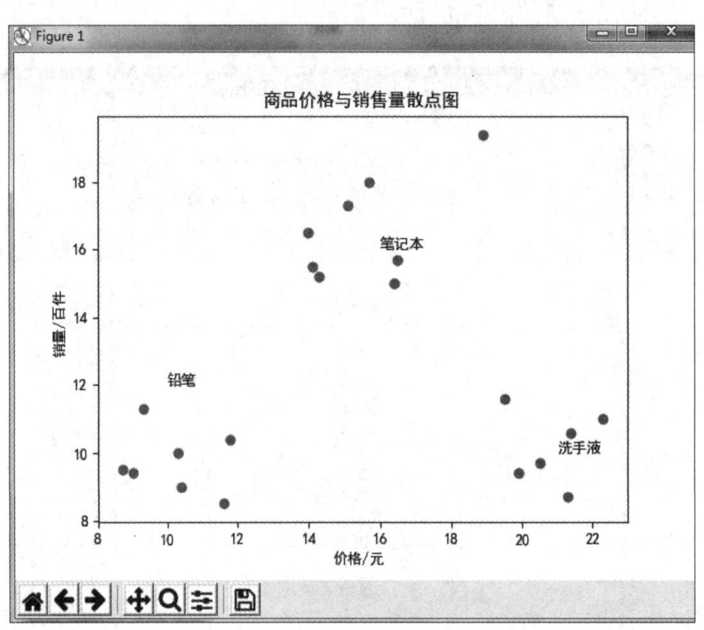

图 7-41　散点图

练习 7

1．阐述 numpy 库的特点。
2．阐述 matplotlib.pyplot 中的常见函数及其含义。
3．阐述 matplotlib 绘制图表的基本方法。
4．阐述 pandas 的可视化应用。
5．阐述 seaborn 的可视化应用。

第 8 章　大屏数据可视化设计

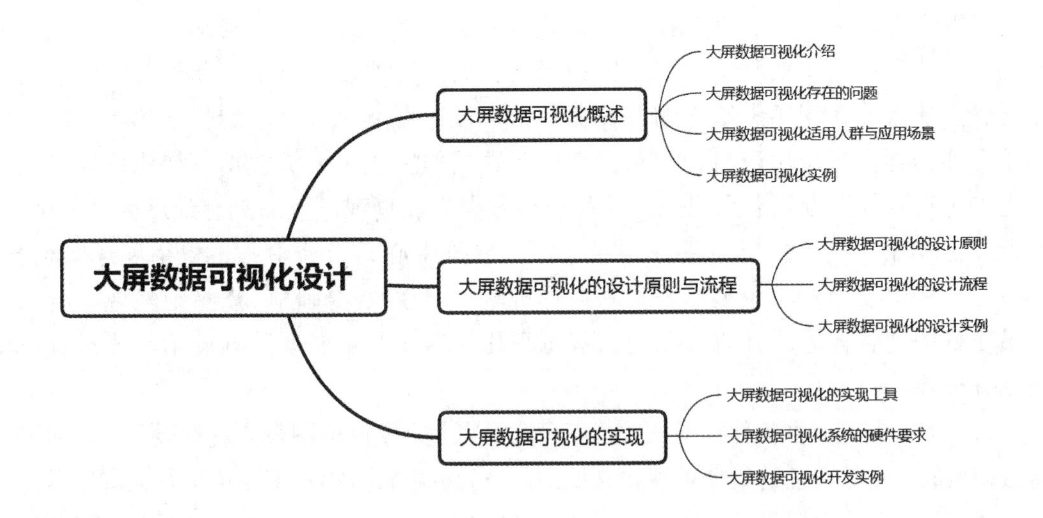

本章导读

大屏数据可视化是以大屏为主要展示载体的数据可视化设计。本章主要介绍大屏数据可视化的基本概念、设计原则与设计流程、大屏数据可视化的实现方式。读者应在理解相关概念的基础上重点掌握大屏数据可视化的应用场景、设计原则和设计流程等。

本章要点

- 大屏数据可视化的概念
- 大屏数据可视化存在的问题
- 大屏数据可视化的应用场景
- 大屏数据可视化的设计原则
- 大屏数据可视化的设计流程
- 大屏数据可视化的应用实例

8.1　大屏数据可视化概述

近几年来，随着信息化建设的快速发展以及人们对数据可视化产品要求的不断提高，大屏数据可视化已逐渐成为各大企业的标配，越来越多的企业领导人已慢慢感受到了大屏数据可视化的魅力，因此无论是物流、电力、水利、环保、交通、军工等领域，还是在会议展览、指挥监控、风险预警、地理信息分析等场景下，大屏都已成为数据可视化最出色的“展示之窗”。

8.1.1 大屏数据可视化介绍

大屏数据可视化是以大屏为主要展示载体的数据可视化设计。大屏具有面积大、可展示信息多的特点，因此可以通过酷炫动效、色彩丰富的可视化设计在观感上给人留下震撼的印象，营造仪式感。此外，设计团队或部门决策层也可通过关键信息大屏共享的方式进行讨论和决策，因此在数据分析监测中也经常使用到大屏数据可视化技术。

1. 大屏数据可视化的应用场景

可视化数据最主要的 3 个特征：新颖而有趣、充实而高效、美感且悦目。以大屏作为可视化数据的主要载体，其原因在于面积大、可展示信息多、便于关键信息的共享讨论及决策，在观感上给人留下震撼印象，便于营造氛围、打造仪式感等。因此相比于普通的标准屏使用表格、简单图表展示数据的方式，大屏数据可视化可以将数据以更加生动有趣的方式展示出来，从而使得数据更加直观，更加具有说服力、渲染力。因此，近年来，大屏广泛应用在交易大厅、展览中心、管控中心、数字展厅等场合，通过把一些关键数据集中展示在一块巨形屏幕上，使数据绚丽、震撼地呈现，给业务人员更好的视觉体验。目前常见的大屏可视化应用场景主要有数据展示、数据监控和数据分析等。

（1）数据展示。将各种数据从数据库里读出来并用不同的图表来进行展示。例如可以将数据做成一个综合性的数据可视化看板，并在看板中将数据从多维度进行大屏展示。常见的数据展示形式主要包括三大类：表格、静态图形、三维动态图形或视频 3D 图形。

（2）数据监控。数据监控是及时、有效地反馈出数据异常的一种手段，通过对数据的监控去观察是否异常，进而分析数据。通过监控每个业务环节的基础数据，如果数据异常，可以快速定位哪个环节出了问题，进而进行进一步分析。通过大屏可视化进行数据监控时，如果数据出现问题可以迅速作出反应，可在第一时间通知到所有人，这样就能快速发现问题。

（3）数据分析。在大数据时代来临后，大屏显示系统也不再仅仅作为显示工具，只是将图像、数据信号传输到大屏幕上显示给用户，而是需要对海量的数据信息进行高效的分析，实现硬件搭载软件的完美组合，帮助管理者发现数据背后的关系和规律，从而为决策提供依据。

2. 大屏数据可视化的要求

大屏数据可视化，要求数据传达更加准确而高效、精简而全面；将不可见的数据现象通过大屏数据可视化转化为可见的图形符号，从而将错综复杂、看起来无法解释和关联的数据建立起联系，从而达到让可视化大屏“讲故事”的目的。

8.1.2 大屏数据可视化存在的问题

目前市面上大屏数据可视化设计方案的水平参差不齐，主要存在以下几个问题：缺乏整体创意策划、对大屏可视化的理解不深、缺乏良好的设计。

1. 缺乏整体创意策划

很多企业在策划大屏显示内容时，仅仅想到了展示数据，把大屏的数据可视化设计工作当作一个“1+1=2”的算术在做。最终呈现出来的结果就是“枯燥的图表 + 一成不变的地图”。缺乏整体创意策划的大屏数据可视化效果就如同工厂流水线生产出来的产品，一个模样。然而，每个大屏数据可视化的内容都是为特定的公司、特定的业务场景而存在，它应该拥有自己独一无二的模样。

2. 对大屏可视化的理解不深

大屏数据可视化与人们常见的标准屏数据可视化差异较大，因而不能照搬照抄。但是初学者或者缺乏开发经验的设计者往往不能领会其中的关键所在，从而使得数据可视化大屏由“小可爱”变身“讨人厌”。

3. 缺乏良好的设计

由于设计者对大屏可视化的开发经验不足，因此经常会出现大屏可视化设计风格单一、表现形式单一、表现沉闷无趣等问题。在大屏可视化设计时需要考虑多种设计方式和风格，如各种类型和样式的控件、耳目一新的设计风格、富于动感的交互效果等都可以融入到大屏可视化设计中去。

8.1.3 大屏数据可视化的适用人群与应用场景

在策划或开发大屏可视化时，先要了解其适用人群和相应的应用场景。

1. 大屏数据可视化的适用人群

大屏数据可视化面向的用户群体一般有以下几种：

- 外来参观人员：一般是领导、相关行业的技术专家、同行等。
- 公司决策层：董事长、总经理等最终决策者。
- 公司管理层：项目负责人、技术采购部门、财务部门等。
- 公司操作层：大屏的使用者，有可能是项目负责人。

2. 大屏数据可视化的应用场景

大屏数据可视化面向的应用场景一般有以下几种：

- 对外展示公司实力。
- 领导指挥调度各方资源。
- 实时监控业务数据。
- 加强公司内部管理。
- 传达企业理念和战略方向。

当然，大屏数据可视化内容在策划时还需要考虑企业的战略定位、竞品公司目前达到的水平、如何通过大屏给企业带来价值最大化等。俗话说“知己知彼，百战不殆”，既要考虑企业自身，也要考虑客户和竞争对手。

8.1.4 大屏数据可视化实例

大屏数据可视化的应用较多，下面介绍几个具体的应用示例。图 8-1 所示为某市中小学营养数据可视化大屏，图 8-2 所示为某市固定资产投资大屏，图 8-3 所示为云计算服务监控大屏。

从图 8-1 至图 8-3 可以看出，与一般的标准屏数据可视化相比，大屏数据可视化表现的内容更丰富，表现的形式更灵活，展示的可视化图表也更多。

图 8-1

图 8-1 学校营养餐数据可视化大屏

图 8-2

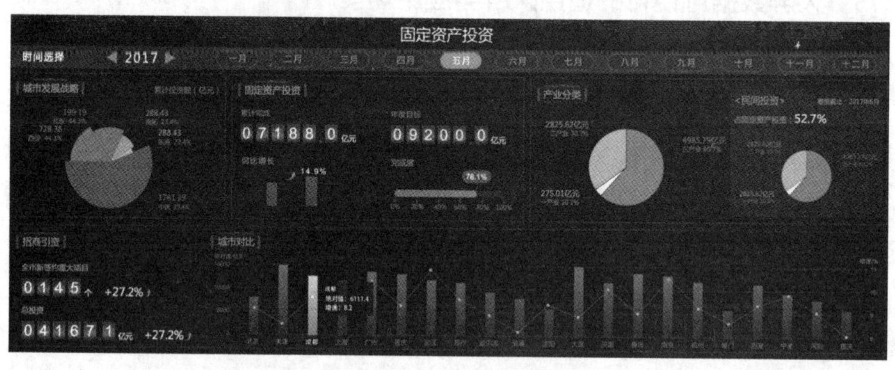

图 8-2 某市固定资产投资大屏

图 8-3

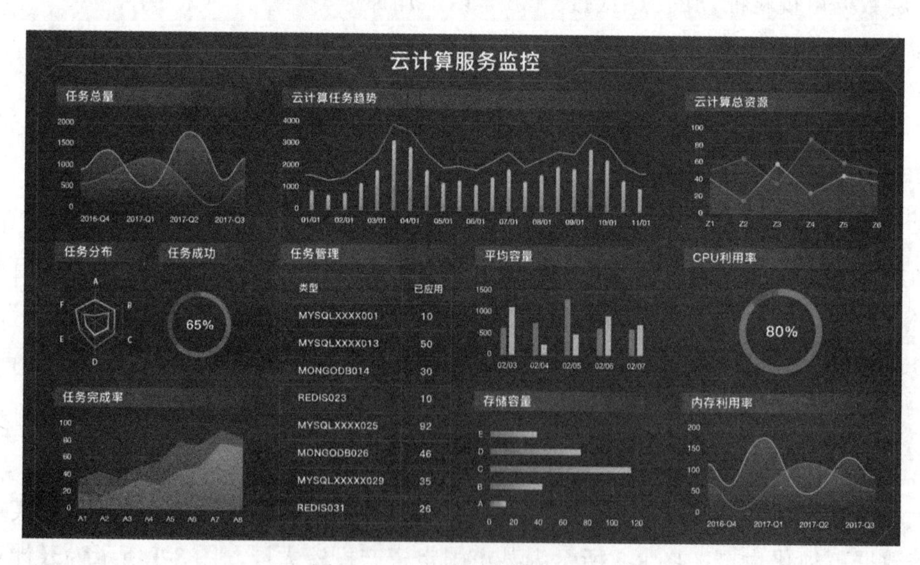

图 8-3 云计算服务监控大屏

8.2 大屏数据可视化的设计原则与设计流程

大屏数据可视化有自己的设计原则和设计流程，下面分别介绍。

8.2.1 大屏数据可视化的设计原则

大屏数据可视化的设计原则

在设计大屏可视化的时候，人们需要考虑的设计原则通常包含设计服务需求、先总览后细节和可视化设计中的美学原则。

1. 设计服务需求

大屏设计要避免为了展示而展示，排版布局、图表选用等应服务于业务，所以大屏设计是在充分了解业务需求的基础上进行的。那什么是业务需求呢？业务需求就是要解决的问题或达成的目标。设计师通过设计的手段帮助相关人员达成这个目标是大屏数据可视化的价值所在。

2. 先总览后细节

大屏数据可视化有屏幕较大、承载数据多的特点。因此为了避免观者迷失，大屏信息呈现要有焦点、有主次，更需要重点突出，一目了然。在展示的时候可以通过对比，先把核心数据抛给用户，待用户理解大屏的主要内容与展示逻辑后，再逐级浏览二三级内容。并且在大屏展示中部分细节数据可暂时隐藏，用户需要时可通过鼠标点击等交互方式唤起，再详细查看。

3. 可视化设计的美学原则

传统的数据可视化以各种通用图表组件为主，不能达到炫酷、震撼人心的视觉效果。而大屏可视化则可以根据需要设计炫酷的视觉效果，让可视化设计随时随地脱颖而出。常见的大屏可视化设计美学原则有：

（1）可以大量应用符合可视化主题的颜色搭配，并根据用户群体、公司品牌、受众年龄层等因素来选择合适的配色方案。

（2）适当使用渐变色，由于大屏普遍存在色域偏差，更建议多使用纯色。

（3）将业务需要与可视化展示较好地融合在一起。

图 8-4 使用大屏可视化展示了某工厂的设备故障情况，该图的大屏可视化设计较为合理，颜色搭配适中，图表应用清晰明了，符合大屏可视化设计美学原则。

图 8-4

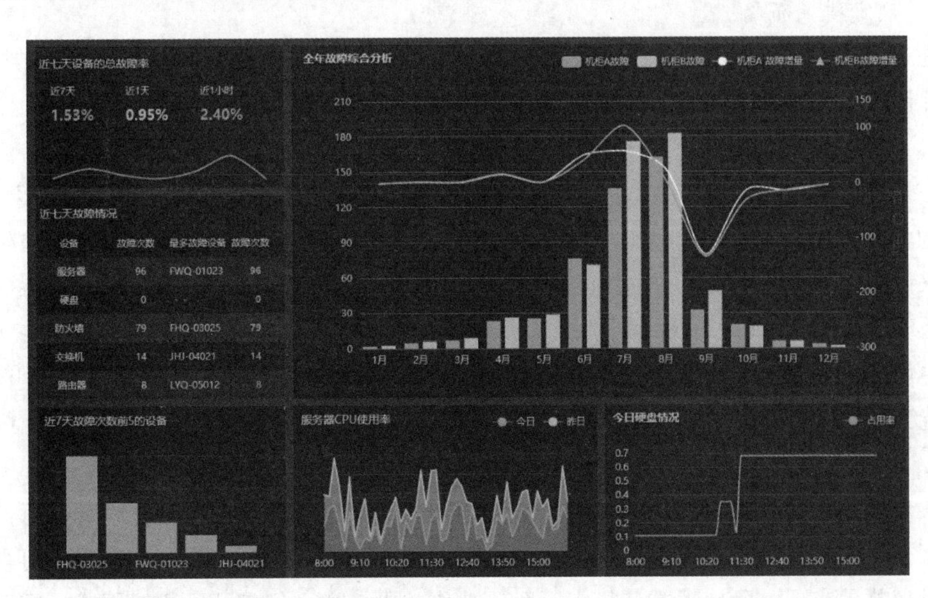

图 8-4 某工厂的设备故障情况

但值得注意的是，对于超宽超高的大屏可视化展示，其组件功能比较复杂，页面布局

要求比较精细，有时甚至需要页面和美工开发人员一起探讨研究再进行设计。

8.2.2 大屏数据可视化的设计流程

大屏数据可视化的设计流程通常包括基础准备、抽取关键指标、确定排版布局、定义配色风格、可视化设计、设计动画效果和页面开发与测试。

1. 基础准备

在实现大屏可视化前，先要进行一系列的准备工作，如确认展示的主题以及具体展示的内容；确认大屏的使用场景、设计尺寸、与大屏的拼接方式（拼接屏像素超大可等比例缩放）、具体设计时根据项目确定实现的工具。

2. 抽取关键指标

设计大屏，人们可能会被炫酷的可视化所感动，但一定要谨记，大屏一定要以展示数据为核心，任何炫酷的表现都要建立在不影响数据的有效展示上。因此，需要根据业务场景抽取关键指标。一般情况下，一个指标在大屏上独占一块区域，所以通过关键指标定义就可以知道大屏上大概会显示哪些内容，以及大屏会被分为几块。以共享单车电子围栏监控系统为例，这里的关键指标有企业停车时长、企业违停量、热点违停区域、车辆入栏率等。确定关键指标后，可根据业务场景确定指标的重要性（主、次、辅）。关键指标确定之后，我们还要确定指标的分析维度。分析维度代表分析的角度，从不同角度分析会得到不同结论，数据是否能分析透彻，是否能为决策提供辅助支持，都依赖于指标的分析维度。目前在可视化设计中常见的分析方法有类比、趋势、分布和构成等，分析方法的选择依赖于实际的业务场景。当确定好分析维度后，事实上所能选用的图表类型也就基本确定了，接下来设计者们只需要从少数几个图表里筛选出最能体现设计意图的即可。

值得注意的是，大屏可视化设计要考虑大屏最终用户，可视化结果应该是一看就懂，不需要思考和过度理解，因而选定图表时要理性，避免为了视觉上的效果而选择一些对用户不太友好的图形。

3. 确定排版布局

在进行大屏可视化设计时，需要根据确定的关键指标及其重要性来进行排版布局。常见的排版布局包括左右布局、中心环绕、上下布局等。

4. 定义配色风格

在数据可视化中，不同的颜色、不同的色彩搭配都会给观看者以不同的视觉感受。色彩搭配的学问博大精深，如冷暖色、明度、纯度、色彩的轻重感等因素都影响观看者的感受。一般来讲，大屏可视化采取的主色调多以深蓝色为主，例如背景颜色、背景图片、统计图颜色、组件配色等大色块一般都采用深色系，这样可以让整个页面更加协调。此外，在大屏可视化中使用深色暗色作为背景还可以减少拼缝带来的不适感。由于背景面积大，使用暗色背景还能够减少屏幕色差对整体表现的影响；同时暗色背景更能聚焦视觉，也方便突出内容。

5. 可视化设计

该步骤是根据定义好的设计风格和选定的图表类型进行合理的可视化设计。目前来说大屏可视化主要有指标类信息点和地理类信息点两大可视化数据。指标类信息点可视化效果相对简单易实现，而地理类信息点一般可视化效果炫酷，但是开发相对困难，需要设计师跟开发者多沟通。地理类信息一般具有很强的空间感、丰富的粒子、流光等动效、高精度的模型和材质、可交互实时演算等特点，所以对于被投计算机、大屏拼接器等硬件设备的性能会有要求，硬件配置不够的情况下可能出现卡顿甚至崩溃的情况，所以这点也是需要提前沟通评估的。

6. 设计动画效果

数据可视化大屏设计少不了动画效果，动画效果是可视化的重要组成部分。在大屏展示中可以制作丰富的粒子流动、光圈闪烁等动画效果，它可以使整个大屏富有动感，也更加吸引人的眼球，但是过度的动画效果有时也会产生乱花迷眼的反效果。因此在大屏可视化中需要把握动画效果设计的度。一般而言，大屏可视化中的动画效果动效范围很广，比如动态的图片、页面轮播效果、列表滚动的效果、数据实时变化的效果等。

7. 页面开发与测试

事实上页面开发阶段并不是到了这一步才进行，这里说的页面开发仅指前端样式的实现，实际上后台数据准备工作在定义好分析指标后就已经开始进行了，而人们当前的工作是把数据接入到前端，然后用设计的样式呈现出来。在进行大屏可视化开发与测试时，当有多个信号源时，就会有多个设计稿，此时每个设计稿的尺寸即对应信号源计算机屏幕的分辨率。一般情况下设计稿的分辨率就是计算机的分辨率，当有多个信号源时，有时会通过显卡自定义计算机屏幕分辨率，从而使计算机显示分辨率不等于其物理分辨率，此时对应设计稿的分辨率也就变成了设置后的分辨率。此外，当被投计算机分辨率长宽比与大屏物理长宽比不一致时，也会对被投计算机屏幕分辨率进行自定义调整，这种情况设计稿分辨率也会发生变化。所以在开发前了解物理大屏长宽比很重要。

值得注意的是，大屏可视化设计与其他可视化设计的不同之处就是大屏有它自己独特的分辨率、屏幕组成、色彩显示、运行和展示环境，这里的很多问题只有设计稿投到大屏上时才能被发现，所以这一步在样图沟通确认环节非常重要，有时候需要开发出 demo，反复测试多次。

另一方面，因为大多数时候大屏都会存在色彩偏差，因此通过测试我们就能发现渐变色、邻近色等不同类型的色彩搭配是否可以在目标大屏上良好呈现，如果不可以，那进行设计时就不要使用显示效果不佳的色彩搭配。

8.2.3 大屏数据可视化的设计实例

大屏数据可视化的设计实例

在进行大屏数据可视化设计时，需要遵循一些设计原则，并要求设计者能根据具体情况灵活设计。下面介绍一些大屏数据可视化设计的实例。

图 8-5 所示是媒体情感分析的大屏可视化，左侧是旧版，右侧是改版后的样式。存在的问题首先是旧版用色不恰当，最严重的问题是图表上没有任何数据，因为展示型的大屏很少有交互行为，这样的设计是不可取的，不能让观者去猜百分比数据，数据可视化就是要用图表数据的形式展示出最直接的信息，除非是展示趋势并不很准确的数据。而经过修改后图表的显示效果明显好了许多。

图 8-5 大屏可视化实例

图 8-5

图 8-6 和图 8-7 所示为机场航班流量的可视化设计。

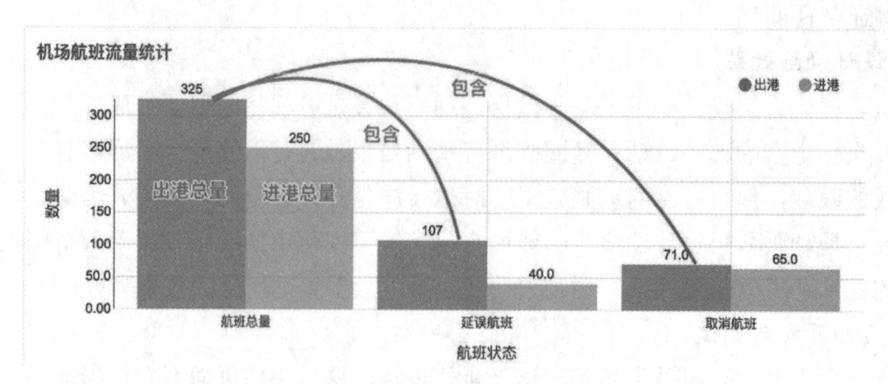

图 8-6 机场航班流量的可视化设计旧版

图 8-7 机场航班流量的可视化设计新版

图 8-6 虽然可以表达清楚全部数据，但图表包含航班总数量，这样的展现方式视觉上表现弱，同时不能直观表达总量里面包含延误航班和取消航班。而经过改动后的图 8-7 用大字号重点突出进出总航班量，然后在下面分别罗列延误航班数量、取消航班数量，这样数据之间的关系表达就很清晰，让人一看就明白，同时两个维度的各个数据也可以互相比较。

图 8-8 和图 8-9 所示为航班人数统计的可视化设计。

今日旅客累计进港量

46520

+39.8% 比两小时前增长

今日旅客累计出港量

62520

+18.9% 比两小时前增长

图 8-8 航班人数统计的可视化设计旧版

图 8-9 航班人数统计的可视化设计新版

与图 8-8 相比，图 8-9 显得更加直观和清楚，不仅增加了大屏可视化的背景颜色，还调整了标题并将重点区别的关键词置前，使浏览者能够快速识别。

此外，在大屏数据可视化中还可以制作 3D 图形，图 8-10 所示为在大屏可视化中使用 3D 图来展示相应的数据。

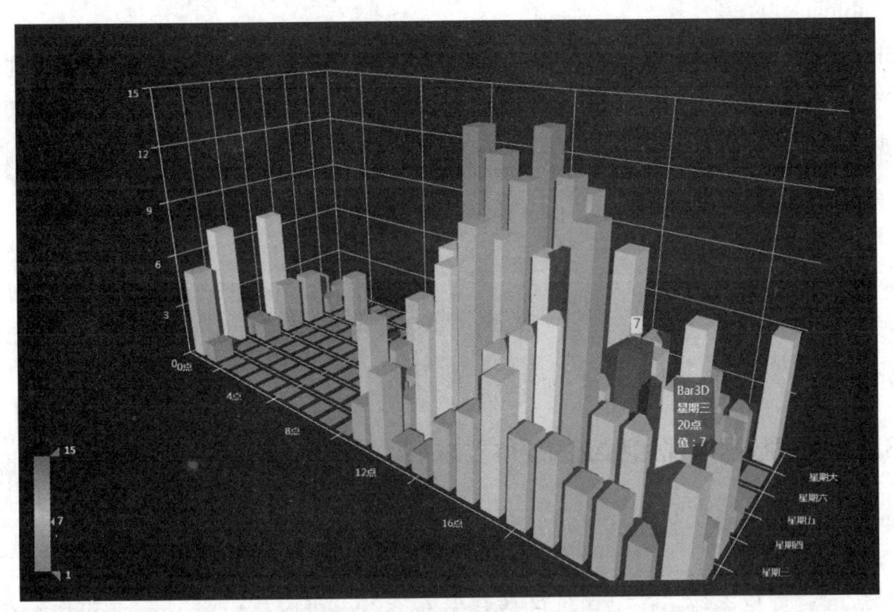

图 8-10　在大屏可视化中使用 3D 图来展示相应的数据

图 8-10

8.3　大屏数据可视化的实现

大屏数据可视化的实现比通常的数据可视化实现要复杂，其中既涉及软件也涉及硬件。

8.3.1　大屏数据可视化的实现工具

大屏数据可视化的实现工具较多，既可以使用国产的软件，也可以使用国外的软件。

1. ECharts

大部分开发者可能会选择 ECharts 组件来进行数据可视化。ECharts 是百度的一款开源数据图表组件产品，是一个纯 JavaScript 的图标库，兼容绝大部分的浏览器，底层依赖轻量级的 Canvas 类库 ZRender，提供直观、生动、可交互、可高度个性化定制的数据可视化图表。创新的拖拽重计算、数据视图、值域漫游等特性大大增强了用户体验，赋予了用户对数据进行挖掘、整合的能力。

2. 阿里云 DataV

DataV 是阿里云出品的专业大屏数据可视化服务，提供指挥中心、地理分析、实时监控、汇报展示等多种场景模板，即便没有设计师，开发者的可视化作品也能显现出高的设计水准。

值得注意的是，DataV 可以调用比较多的数据接口，有比较多的组件和模板供选择，制作出来的整体数据效果呈现上非常炫酷，视觉效果会更符合领导的要求。

3. FineReport

FineReport 是一款纯 Java 编写的、集数据展示（报表）和数据录入（表单）功能于一身的企业级 Web 报表工具，具有专业、简捷、灵活的特点和无码理念，仅需简单的拖拽

操作便可设计复杂的中国式报表，搭建数据决策分析系统。FineReport 可以通过连接数据库来展示各种数据。

4. Tableau

Tableau 是一款数据可视化工具，致力于帮助人们查看并理解自己的数据；不同于传统 BI 软件，Tableau 是一款“轻”BI 工具；开发者可以使用 Tableau 的拖放界面可视化任何数据，探索不同的视图，甚至可以轻松地将多个数据库组合在一起。更方便的是，Tableau 甚至不需要任何复杂的脚本。

5. FineBI

FineBI 是帆软软件有限公司推出的一款商业智能（Business Intelligence）产品，它可以通过最终业务用户自主分析企业已有的信息化数据，帮助企业发现并解决存在的问题，协助企业及时调整策略，做出更好的决策，增强企业的可持续竞争性。

8.3.2 大屏数据可视化系统的硬件要求

大屏数据可视化系统对硬件设备有着较高的要求，下面分别介绍。

1. 系统集成性

大屏数据可视化系统不仅是单纯的信息发布系统，更应是集成了各种应用系统的可视化信息共享平台。要求所显示的信息清晰、分辨率高，能针对不同需求采集不同信号同时在大屏幕上显示，比如视频会议、软件界面、欢迎画面等。通过一个可显示超高分辨率图片的可视化平台显示系统提高业务能力，更好地展示企业形象。

2. 接入性

大屏数据可视化系统对信号接入数量和组合屏数量应留有一定的余地，并能通过便捷的操作对系统进行升级和扩容。例如在增加组合屏时，只需对软件更改相应参数；扩充信号源数量时，只需增加相应控制器的板卡数量。

3. 可靠性

为保证系统能为用户实际调度、监控或会议中发挥最大作用，大屏幕显示系统必须具有良好的可靠性和稳定性并能很好地适应现场工作环境，因此系统是否具有良好的抗震、防尘、散热能力，是否配置了合理的硬件冗余结构是十分重要的。同时还需要满足系统 7×24 小时的运行需求，并且最大限度地降低故障发生率。投影单元应采用 LED 光源，控制器采用多风扇、多网段等冗余配置，以提高系统运行的可靠性和稳定性。

8.3.3 大屏数据可视化开发实例

大屏数据可视化的实现方式较多，下面介绍具体用 HTML5 和 JavaScript 书写并运行的实例。

【例 8-1】公司机房大屏监控数据。

分析：使用 JavaScript 开发网页并投到大屏上进行显示，如图 8-11 所示。

实现核心代码如下：

（1）CSS 样式设置。

```
<style type="text/css">
  body{background-image: url(images/nybj.png);background-size:100%;font-weight:bold;font-family:
      苹方;overflow: hidden;}
```

```
.main{width:1024px;height:768px;position:relative;margin:auto;}
div{border:0px solid white;margin:1px;}
.layer{position:relative;width:100%;}
#layer01{}
#layer01 img{text-align: center;display: block;height: 35px;padding-top: 35px;margin: auto;}
#layer02 > div{height:100%;float:left;position:relative;}
.layer02-data{position: absolute;width: auto;height: 100px;color: white;top: 45px;left: 65px;}
.layer03-panel{height:100%;position:relative;float:left;}
.layer03-left-label{position:absolute;}
#layer03_left_label01{top:10px;left:10px;color:white;height:20px;width:200px;font-weight: bold;}
#layer03_left_label02{right:10px;top:10px;color:#036769;height:20px;width:200px;}
.layer03-left-chart{position:relative;float:left;height:100%;}
#layer03_right_label{position:absolute;top:10px;left:10px;color:white;height:20px;width:100px;}
.layer03-right-chart{position:relative;float:left;height:100%;width:32%;}
.layer03-right-chart-label{color:white;text-align:center;position:absolute;bottom: 60px;width: 100%;}
.layer04-panel{position:relative;float:left;height:100%;width:48%;}
.layer04-panel-label{width:100%;height:15%;color:white;padding-top:5px;}
.layer04-panel-chart{width:100%;height:85%;}
</style>
```

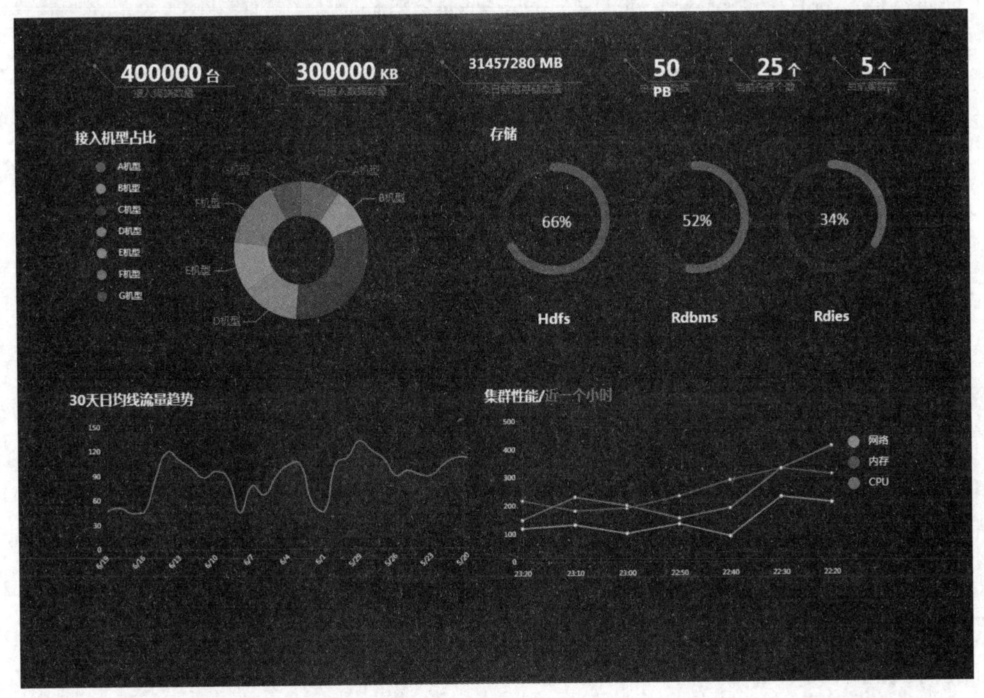

图 8-11 大屏可视化实例

图 8-11

（2）导入的 JavaScript 代码。

```
<script src="http://www.jq22.com/jquery/jquery-1.10.2.js"></script>
<script src="https://cdn.bootcss.com/echarts/4.1.0.rc2/echarts.min.js"></script>
<script src="monitor.js"></script>
```

（3）使用 JQuery 绘制图形。

```
<script type="text/javascript">
$(function(){
    drawLayer02Label($("#layer02_01 canvas").get(0),"接入终端数量",80,200);
```

```
    drawLayer02Label($("#layer02_02 canvas").get(0),"今日接入数据数量",80,300);
    drawLayer02Label($("#layer02_03 canvas").get(0),"今日新增存储数据",80,400);
    drawLayer02Label($("#layer02_04 canvas").get(0),"总存储数据",50,200);
    drawLayer02Label($("#layer02_05 canvas").get(0),"当前任务个数",40,200);
    drawLayer02Label($("#layer02_06 canvas").get(0),"当前集群数",50,200);
    renderLegend();
    //饼状图
    renderChartBar01();
    //renderChartBar02();
    //存储
    renderLayer03Right();
    //30天日均线流量趋势
    renderLayer04Left();
    //集群性能
    renderLayer04Right();
  });
</script>
```

（4）书写页面中的 HTML 代码，部分如下：

```
<div id="layer03" class="layer" style="height:40%;">
<div id="layer03_left" style="width:48%;" class="layer03-panel">
  <div id="layer03_left_label01" class="layer03-left-label">接入机型占比</div>
  <!--
  <div id="layer03_left_label02" class="layer03-left-label">（左）在线数量（右）上线率</div>
  -->
  <div id="layer03_left_01" class="layer03-left-chart" style="width:16%;">
    <canvas width="100" height="200" style="margin:30px 0 0 20px;"></canvas>
  </div>
    <div id="layer03_left_02" class="layer03-left-chart" style="width:80%;"></div>
    <!--
    <div id="layer03_left_03" class="layer03-left-chart" style="width:80%;"></div>
    -->
  </div>
  <div id="layer03_right" style="width:50%;" class="layer03-panel">
    <div id="layer03_right_label">存储</div>
    <div id="layer03_right_chart01" class="layer03-right-chart">
      <canvas width="130" height="150" style="margin:40px 0 0 20px;"></canvas>
      <div class="layer03-right-chart-label">Hdfs</div>
    </div>
    <div id="layer03_right_chart02" class="layer03-right-chart">
      <canvas width="130" height="150" style="margin:40px 0 0 20px;"></canvas>
      <div class="layer03-right-chart-label">Rdbms</div>
    </div>
    <div id="layer03_right_chart03" class="layer03-right-chart">
      <canvas width="130" height="150" style="margin:40px 0 0 20px;"></canvas>
      <div class="layer03-right-chart-label">Rdies</div>
    </div>
  </div>
</div>
```

8.4 实训

（1）仔细查看图 8-12，指出其中用大屏可视化实现了哪些功能（从数据展示、数据监控到数据分析）？

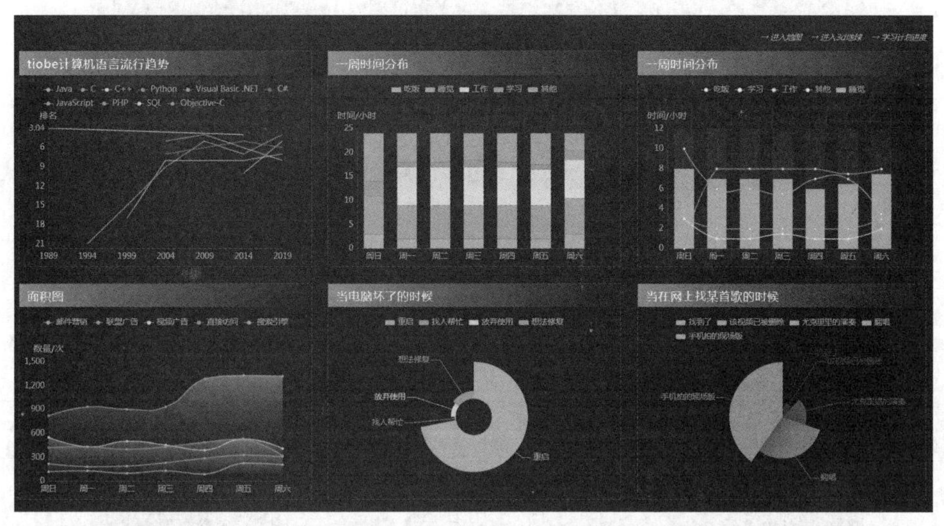

图 8-12 大屏可视化

图 8-12

（2）仔细查看图 8-13 至图 8-15，指出其中用大屏可视化实现了哪些功能，并分析图中图表的特点。

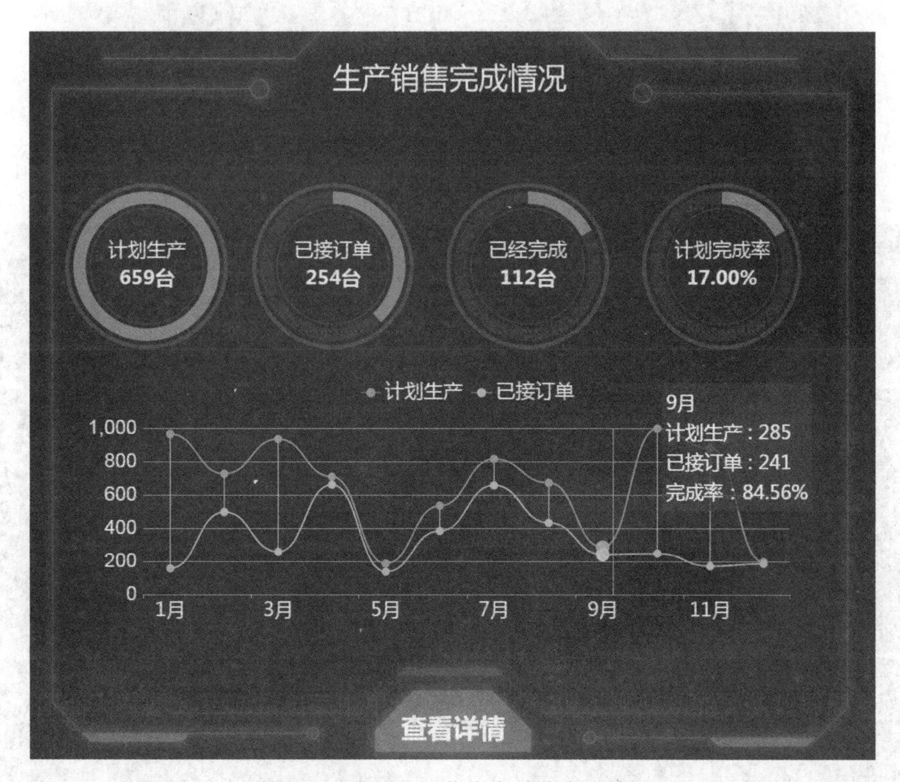

图 8-13 大屏可视化生产销售完成情况

图 8-13

图 8-14

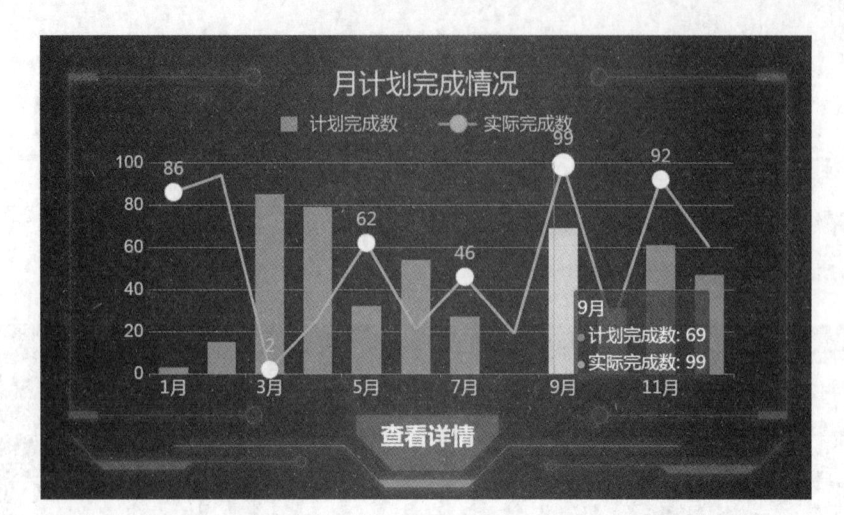

图 8-14　大屏可视化月计划完成情况

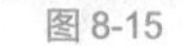

图 8-15

图 8-15　大屏可视化质量指标分析

（3）尝试使用 HTML5 和 JavaScript 制作一个简单的大屏可视化实例，如图 8-16 所示。

图 8-16

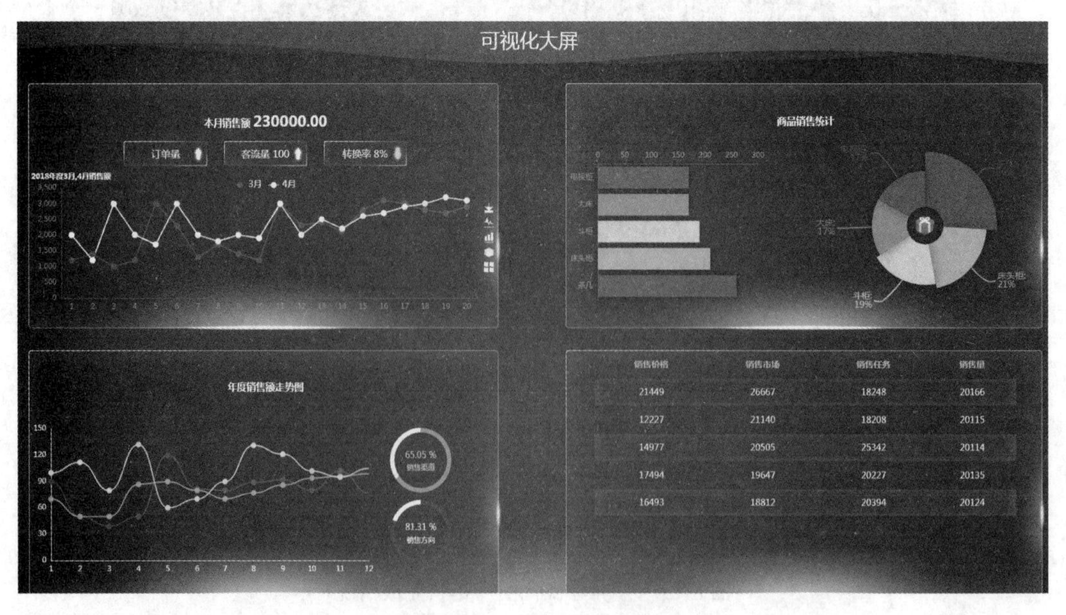

图 8-16　可视化大屏实例

该例包含 css 文件夹、img 文件夹、js 文件夹和 index 网页文档，如图 8-17 所示。

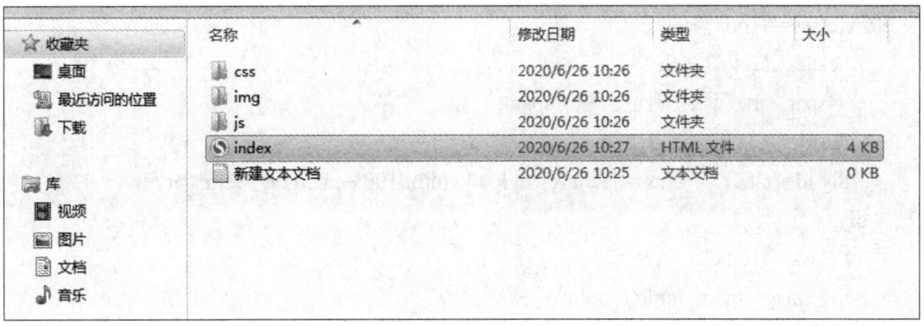

图 8-17　结构图

index 文档的主要代码如下：

```
<!DOCTYPE html>
<html lang="en">
<head>
  <meta charset="UTF-8">
  <meta name="viewport" content="width=device-width, initial-scale=1.0">
  <meta http-equiv="X-UA-Compatible" content="ie=edge">
  <link rel="stylesheet" href="css/index.css">
  <title>可视化大屏</title>
  <script src="js/jquery-2.2.1.min.js"></script>
  <script src="js/rem.js"></script>
  <script src="js/echarts.min.js"></script>
  <script src="js/index.js"></script>
</head>
<body>
  <div class="t_container">
    <header class="t_h_bg">
      <span style="cursor:pointer;" onclick=" " >可视化大屏</span>
    </header>
    <main class="t_main">
      <div class="t_box">
        <header class="t_title">
          <span>本月销售额</span>
          <span class="t_number">230000.00</span>
        </header>
        <div class="t_list">
          <div class="t_min">订单量 <i></i></div>
          <div class="t_min">客流量 100 <i></i></div>
          <div class="t_min">转换率 8% <i class="down"></i></div>
        </div>
        <div id="chart_1" class="echart" style="width: 100%; height: 2.4rem;"></div>
      </div>
      <div class="t_box">
        <header class="t_title">
          <span>商品销售统计</span>
        </header>
```

```
    <div id="chart_2" class="echart" style="width: 100%; height: 3rem;"></div>
</div>
<div class="t_box">
    <header class="t_title">
        <span>年度销售额走势图</span>
    </header>
    <div id="chart_3" class="echart" style="width: 100%; height: 3rem;"></div>
</div>
<div class="t_box">
    <div class="main_table t_btn8">
        <table>
            <thead>
                <tr>
                    <th>销售价格</th>
                    <th>销售市场</th>
                    <th>销售任务</th>
                    <th>销售量</th>
                </tr>
            </thead>
            <tbody>
            <tr>
                <td>21449</td>
                <td>26667</td>
                <td>18248</td>
                <td>20166</td>
            </tr>
            <tr>
                <td>12227</td>
                <td>21140</td>
                <td>18208</td>
                <td>20115</td>
            </tr>
            <tr>
                <td>14977</td>
                <td>20505</td>
                <td>25342</td>
                <td>20114</td>
            </tr>
            <tr>
                <td>17494</td>
                <td>19647</td>
                <td>20227</td>
                <td>20135</td>
            </tr>
            <tr>
                <td>16493</td>
                <td>18812</td>
                <td>20394</td>
```

```
                    <td>20124</td>
                </tr>
                </tbody>
            </table>
        </div>
    </div>
  </main>
</div>
</body>
</html>
```

CSS 的主要代码如下：

```
/*简单初始化*/
html{
  font-size: 100px;   /*设置HTML字体大小*/
}
html,body{
  margin: 0;
  padding: 0;
  width: 100%;
  height: 100%;
}
ul{
  list-style: none;
  margin: 0;
  padding: 0;
}
a{
  text-decoration: none;
}
/*正文内容*/
.t_container{
  width: 100%;
  height: 100%;
  background: url('../img/bg.png') no-repeat;
  background-size: 100% 100%;
}
.t_h_bg{
  width: 100%;
  height: 80px;
  line-height: 80px;
  background: url('../img/t_header.png') no-repeat;
  background-size: 100% 100%;
  text-align: center;
}
.t_h_bg span{
  font-size: 32px;
  color: #fff;
  display: inherit;
```

```
}
.t_main{
    text-align: center;
}
.t_box{
    width: 8rem;
    height: 4rem;
    background: url('../img/t_bg.png') no-repeat;
    background-size: 100% 100%;
    display: inline-block;
    float: left;
    position: relative;
    margin-left: 1.06rem;
    margin-top: 0.31rem;
}
.t_title{
    text-align: center;
    font-size: 0.16rem;
    color: #fff;
    font-weight: bold;
    height: 0.4rem;
    line-height: 0.4rem;
    width: 100%;
    margin-top: 0.4rem;
}
.t_list{
    width: 100%;
    text-align: center;
    line-height: 0rem;
    height: 0.6rem;
}
.t_min{
    display: inline-block;
    width: 1.4rem;
    height: 0.4rem;
    line-height: 0.4rem;
    background: url('../img/t_border.png') no-repeat;
    background-size: 100% 100%;
    font-size: 0.16rem;
    color: #fff;
    position: relative;
}
.t_min i{
    position: absolute;
    display: inline-block;
    width: 0.20rem;
    height: 0.28rem;
    background: url('../img/top.png') no-repeat;
    background-size: 100% 100%;
```

```
    top: 0;
    bottom: 0;
    margin: auto;
    right: 0.05rem;
}
.t_min i.down{
    background: url('../img/down.png') no-repeat;
    background-size: 100% 100%;
}
.t_number{
    font-size: 0.24rem;
}
.main_table{
    font-size: 16px;
}
.main_table tr{
    height: 42px;
}
.main_table{
    width: 88%;
    margin-top: 25px;
    margin: 0 auto;
}
.main_table table{
    width: 100%;
}
.main_table thead tr{
    height: 42px;
}
.main_table th{
    font-size: 14px;
    font-weight: 600;
    color:#61d2f7;
    text-align: center;
}

.main_table td{
    color:#fff;
    font-size: 14px;
    text-align: center;
}
.main_table tbody tr:nth-child(1),
.main_table tbody tr:nth-child(3),
.main_table tbody tr:nth-child(5){
    width: 98%;
    background-color: #2B3AA8;
    box-shadow:-10px 0px 15px #2C58A6 inset,          /*左边阴影*/
    10px 0px 15px #2C58A6 inset;                      /*右边阴影*/
}
```

js 文件夹中包含的 js 文件如图 8-18 所示。

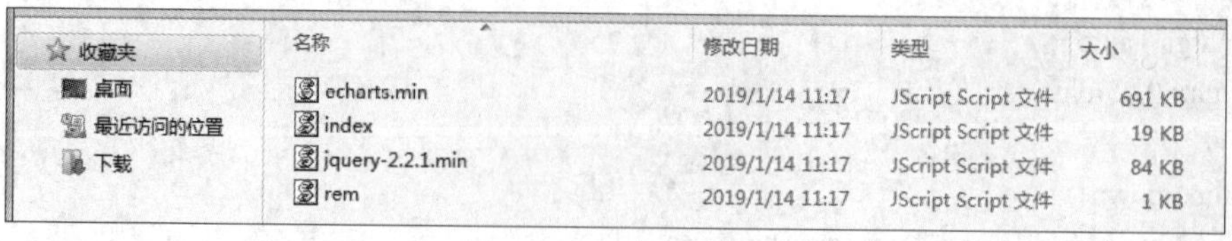
收藏夹
桌面
最近访问的位置
下载
名称
修改日期
类型
大小
echarts.min
2019/1/14 11:17
JScript Script 文件
691 KB
index
2019/1/14 11:17
JScript Script 文件
19 KB
jquery-2.2.1.min
2019/1/14 11:17
JScript Script 文件
84 KB
rem
2019/1/14 11:17
JScript Script 文件
1 KB

图 8-18　js 文件

练习 8

1. 阐述大屏数据可视化的特点。
2. 阐述大屏数据可视化的应用场景。
3. 阐述大屏数据可视化的设计流程。
4. 阐述大屏数据可视化的实现方法。
5. 阐述大屏数据可视化的开发工具和开发语言。

第 9 章　R 语言数据可视化

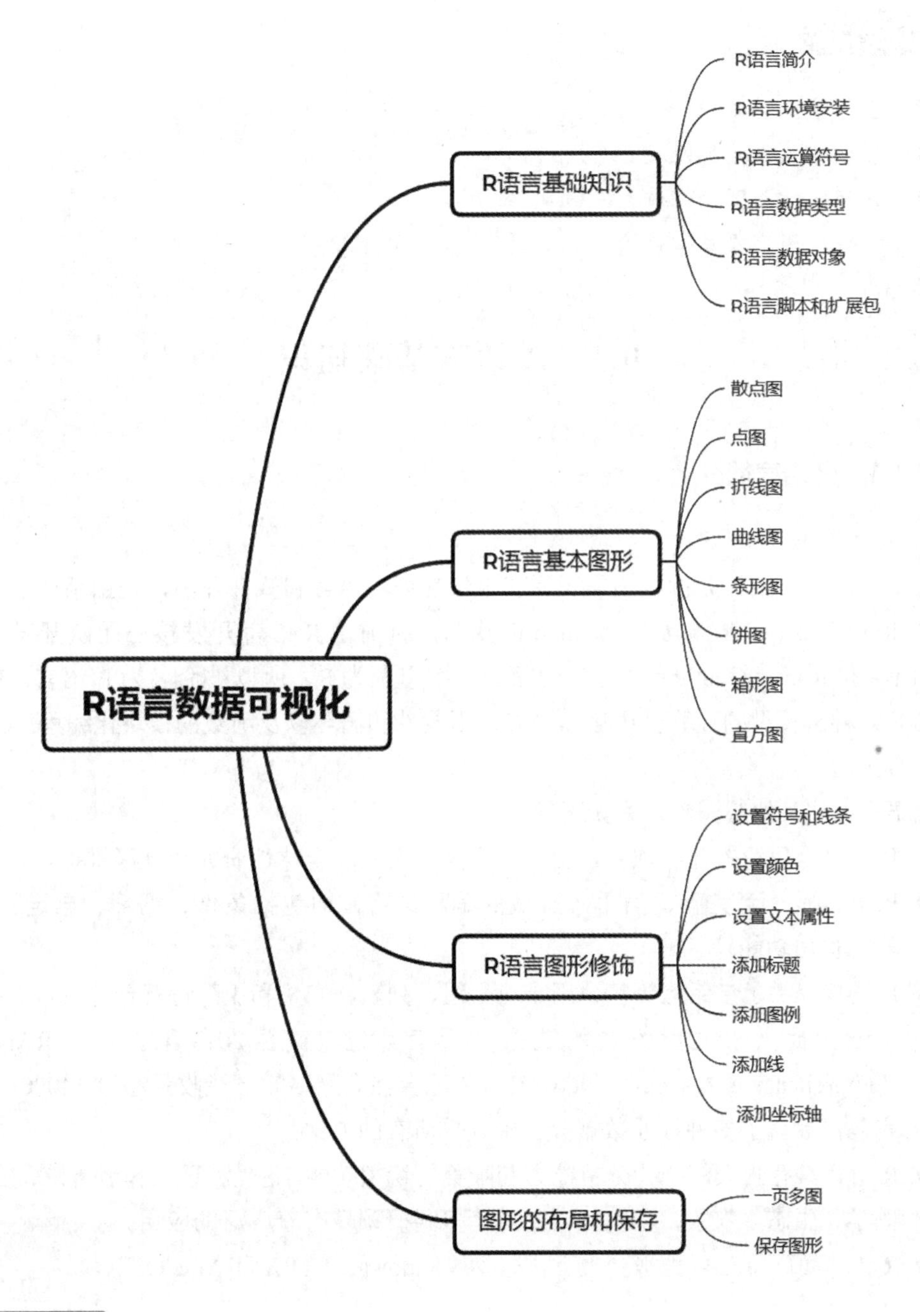

本章导读

数据可视化是数据内在价值的最终呈现手段，它利用各类图表将杂乱的数据有逻辑地展现出来，包括单个数值型变量或分类型变量的统计分布特征、变量间的相关性等方面，使用户找到数据的内在规律和关键特征。

R语言之所以被广大用户所喜爱，主要原因之一就是R语言的图形绘制功能极其卓越，图形种类丰富，通过参数设置即可对图形进行精确控制，绘制的图形能满足出版印刷的要求，而且可以输出各种格式，在数据可视化方面优势突出。R语言基础包中的绘图函数一般用于绘制基本统计图形，而大量绘制各类复杂图形的函数一般包含在R的其他语言包中。读者应在理解R语言基本语法的基础上重点掌握R语言绘图的常见图形和常用图形参数等。

本章要点

- R语言基础知识
- R语言基本图形函数
- R语言常用图形修饰
- R语言图形布局和保存

9.1 R语言基础知识

9.1.1 R语言简介

1. R语言概述

R语言是用于统计分析、图形表示和报告的编程语言和软件环境，是由新西兰奥克兰大学的Ross Ihaka和Robert Gentleman创建的，目前由R语言开发核心团队开发。由于Ross Ihaka和Robert Gentleman名字的第一个字母都为R，所以被命名为R语言。R语言的核心是一种解释型的计算机语言，允许使用条件和循环以及函数的模块化编程。

2. R语言的特点

R语言相比其他绘图软件有如下优势：

- R语言是免费的开源软件，由一个庞大且活跃的全球性研究型社区维护。
- R语言是一套完善、简单、有效的编程语言，即包括条件、循环、自定义函数、输入输出功能等。
- R语言提供了一组运算符，用于对数组、列表、向量和矩阵进行计算。
- R语言提供了大量免费的数据分析工具包。截至2019年7月，CRAN（The Comprehensive R Archive Network，R综合档案网络）已经收录超过14000个R语言包，涵盖了多种行业数据分析中几乎所有的方法。
- R语言具有强大的统计分析能力和唯美的绘图功能，备受科研工作者青睐，在生物、医学、生态、农牧、环境、食品等诸多科研领域有着广泛的应用。
- R语言可运行在多种平台之上，包括Windows、UNIX和Mac OS X。

9.1.2 R语言环境安装

R语言环境安装

在Windows平台上进行R语言环境安装非常简单，步骤如下：

（1）安装R语言程序包。打开R语言官网（https://cran.r-project.org/bin/windows/base/）页面，如图9-1所示。

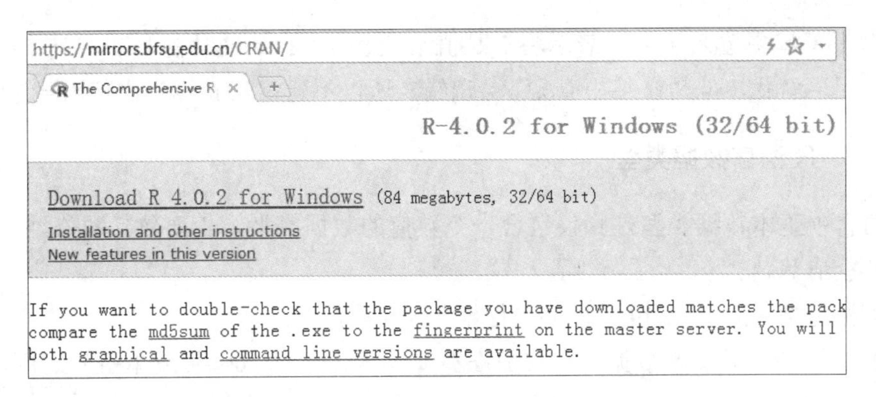

图 9-1　R 语言官网页面

（2）单击 Download R 4.0.2 for Windows 即可进行下载。下载完后双击进行安装，安装时一般使用默认设置，直接单击“下一步”按钮，直至最后结束为止。

（3）R 语言安装完成后，在桌面上会出现一个 R 语言的图标，双击即可进入 R 语言的交互模型。R 语言运行界面如图 9-2 所示。

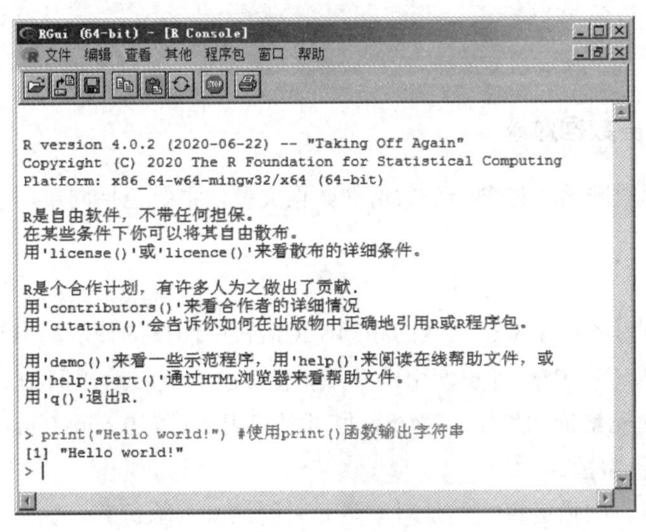

图 9-2　R 语言运行界面

图 9-2 所示的这个界面就是 R 语言最主要的交互界面，也是运行、调试大部分代码的地方。这里要注意的是，界面中每行最开始的 > 符号表示在此输入代码，输入代码之后按 Enter 键就会执行代码，代码运行后结果将会在代码的下一行中显示出来，界面中 [1] "Hello World" 就是代码运行之后的结果；# 后面为注释内容，R 执行代码时会跳过注释的内容。

9.1.3　R 语言运算符号

R 语言运算符号包括以下几种：

- 运算符号：+（加）、-（减）、*（乘）、/（除）、^（乘方）、%/%（整除）、%%（取余数）。
- 逻辑判断符号：>（大于）、<（小于）、>=（大于或等于）、<=（小于或等于）、!=（不等于）、==（相等）。
- 逻辑运算符号：&（逻辑与）、|（逻辑或）、!（逻辑非）。
- 赋值符号：<- 或 ->。

在命令窗口中输入 a<-2，表示将 2 赋值给变量 a。2->a 的功能与 a<-2 一样。赋值符号也可以用 = 替代，但是在某些情况下会出错，所以不建议在 R 语言中使用 = 进行赋值。

9.1.4 R 语言数据类型

R 语言中基本数据类型是指仅包含一个数值的数据类型，主要包括数值型、字符型、逻辑型、空值等。

（1）数值型，如 1、3.14 等能够进行数学运算的数字。

（2）字符型，即文本数据，需要放在英文输入法下的双引号或单引号之间，如 "a"、'abc'、" 张三 "。

（3）逻辑型，逻辑型数据只有两个取值：TRUE 和 FALSE，TRUE 和 FALSE 可以分别简写为 T 和 F，也必须大写，如 x<-TRUE。

（4）空值，R 语言中用 NA（大写）来表示。NA 与其他数据的运算结果都是 NA。R 语言提供了一个函数 is.na() 用来判断是否空值，如：

```
> x<-NA
> is.na(x)
[1] TRUE
```

9.1.5 R 语言数据对象

R 语言中数据对象是指包含一组数值的数据类型，主要包括向量、矩阵、数组、列表、数据框。

1. 向量

向量是由相同基本类型数值组成的序列，R 语言中向量的使用相当频繁。

（1）创建向量。在 R 语言中使用函数 c() 来创建一个向量，例如 c(1,2,3,4,5) 是创建一个向量，向量的元素依次为 1 2 3 4 5。也可以使用 runif(20,min=0,max=100) 随机生成 0 ～ 100 的 20 个随机整数。

（2）向量运算。向量运算主要是对向量元素的加减乘除运算，如：

```
> x<-c(1,2,3,4); y<-c(1,1,1,1); x+y
[1] 2 3 4 5   #注意[1]表示输出的行号
```

R 语言提供了快速生成有序向量（函数 seq 和 rep）的方法，例如 x<-1:10 是创建从 1 到 10 包含 10 个元素的向量，x<-10:1 是创建从 10 到 1 包含 10 个元素的向量。

若要生成任意步长的向量，需要使用函数 seq()，它有 3 个参数：最小值、最大值、步长，比如 x<-seq(1,10, 2) 是生成包含 1、3、5、7、9 五个元素的向量。

函数 rep() 可以通过重复一个基本数值或数值对象多次来创建一个较长的向量，它有两个参数：数据、重复次数，如 x<-rep(1,10)。

（3）向量索引。向量索引也称为向量中元素的下标，表示引用向量中的元素，用方括号表示，如 x[1] 表示向量 x 中的第一个元素。另外，向量索引除了引用单个值之外，还起过滤的作用，如 x[x>3] 表示输出向量 x 中大于 3 的数值。

2. 矩阵

（1）创建矩阵。R 语言中使用 matrix 函数创建一个矩阵。一般 matrix() 函数常用的参数有 3 个：数值向量、行数、列数，如 x<-matrix(c(1,2,3,4),2,2)。

（2）矩阵运算。R 语言中的矩阵运算和数学中的矩阵运算相同，在此不作具体介绍，不清楚的读者可自行查阅线性代数。

（3）矩阵下标。矩阵下标包括两个数字，表示相应元素所在的行和列，用方括号表示，如 x[1,2] 表示引用矩阵 x 中第一行第二列的元素。

3. 数组

在 R 语言中，数组是向量和矩阵的推广，向量和矩阵是数组的特殊形式。向量是一维数组，矩阵是二维数组。利用 array() 函数可以创建数组，其参数为数据向量和维数向量，如利用输入数据 1、2、3、4 生成两行两列的数组，代码为 x<-array(c(1,2,3,4),c(2,2))，这里的 array(c(1,2,3,4),c(2,2)) 等价于 matrix(c(1,2,3,4),2,2)。利用 array() 函数可以生成更高维的数组。

注意：向量、矩阵和数组中也可以包含其他的数据类型，如字符型、逻辑型、空值。

4. 列表

向量、矩阵和数组要求元素必须为同一基本数据类型。如果一组数据需要包含多种不同类型的数据，则可以使用列表，利用 list() 函数可以创建列表，列表的元素可以是其他各种数据对象，如向量、矩阵、数组或者另一个列表。

与向量、矩阵和数组相比，列表没有下标，但是每个数据都有一个名字。数组使用下标来引用元素，而列表用名字来引用元素，如 x<-list(a=1, c=3)，x$a 表示引用列表 x 中 a 这个元素，x$a 的值为 1。

5. 数据框

数据框是一种可以有不同基本数据类型元素的数据对象。简单来说，一个数据框包含多个向量，向量的数据类型可以不一样。因此，数据框是介于数组和列表之间的一种数据对象，与矩阵相比它可以有不同的数据类型，与列表相比它只能包含向量，而且这些向量的长度通常是相等的。

（1）创建数据框。R 语言使用 data.frame() 来创建数据框，如：

```
> x<-c("张三","李四","王五"); y<-c("男","女","女");  z<-c(89,90,78)
>data.frame(x,y,z)
```

（2）数据框中数据的引用。获取数据框中的一行或多行，如 student[(1:2),] 表示获取 student 数据框中的前两行数据；可以获取数据框中的一列或多列，如 student[,(1:2)] 表示获取数据框中的前两列数据；可以用访问列名的方式访问数据框，如 student$x 表示获取数据框 student 中 x 列的所有元素。同向量的引用一样，可以过滤数据框中的数据，如 student[student$y>80,] 表示获取数据框中 y 列元素大于 80 所在位置的行。

6. 数据导入导出

【例 9-1】现有 student.txt 文件和 student.csv 文件，csv 文件是以 Tab 符号分隔的文本文件，Excel 数据可以另存为 csv 文件，这两个文件内容相同。

（1）利用函数读取两个文件。

读入文本文件：

```
student1<- read.table("student.txt",header=T,sep=",")
```

读入 csv 文件：

```
student2<- read.csv("student.csv",header=T,sep=",")
```

注意：如果数据文件不在当前工作目录中，则需要加上正确的相对路径或绝对路径。

（2）导出数据。

将数据框导出为文本文件：

```
write.table(student1,"student.txt")
```

将数据框导出为 csv 文件：

```
write.csv(student2,"student.csv")
```

7. 工作空间数据管理

（1）查看、删除、编辑数据。

- ls()：列出工作空间的全部数据变量名。
- rm(dataname)：删除数据。
- View(dataname)：查看数据（注意 View 的首字母是大写）。
- head(dataframe)：查看 dataframe 前 10 行。
- tail(dataframe)：查看 dataframe 尾 10 行。
- edit(dataname) 或 fix(dataname)：编辑数据。
- 删除矩阵或数据框的行（假设有数据 data）：
  - data[-1,]："-" 表示删除，data[-1,] 删除 data 数据框的第一行。
  - data[c(-1,-2),]：删除第一行和第二行。
  - data[-1:-3,]：删除第一行到第三行。
- 删除矩阵或数据框的列（假设有数据 data）：
  - data[,-1]：删除第一列。
  - data[,c(-1,-2)]：删除第一列和第二列。
  - data[,-1:-3]：删除第一列到第三列。

（2）变量处理。

1）为数据框添加一列或合并 dataframe。

- data.frame(old_dataframe, new_column)：表示 dataframe 添加一列。
- data.frame(dataframe1, dataframe2)：表示合并 dataframe1 和 dataframe2。

2）变量重命名。

names() 函数可以显示 dataframe 的变量名，也可以通过赋值进行修改，如 names(dataframe)[1]<-" 省份 " 表示将数据框的第一列变量名字改为 " 省份 "。

3）变量类型判断与转换，如表 9-1 所示。

表 9-1 变量类型判断与转换

类型	判断	转换	类型	判断	转换
数值型	is.numeric	as.numeric	矩阵	is.matrix	as.matrix
字符型	is.character	as.character	数据框	is.data.frame	as.data.frame
向量	is.vector	as.vector	逻辑型	is.logical	as.logical

```
> x<-c("1","2","3","4")
> x
[1] "1" "2" "3" "4"        ##输出结果是字符型
>as.numeric(x)             ##将字符型转化为数值型
[1] 1 2 3 4                ##输出结果是数值型
```

8. 语句组、循环和条件语句

（1）语句组。语句组由花括号"{ }"确定，此时结果是该组中最后一个能返回值的语句的结果。

（2）条件语句。条件语句的语法结构为：

```
if (条件表达式) 语句1 else 语句2
```

其中，条件表达式必须返回一个逻辑值，如果条件表达式为真，就执行语句 1，否则执行语句 2。if/else 结构的向量版本是函数 ifelse，其形式为 ifelse (条件表达式 ,a,b)，产生函数结果的规则是：如果条件表达式 [i] 为真，对应 a[i] 元素；反之对应的是 b[i] 元素。根据这个原则函数返回一个由 a 和 b 中相应元素组成的向量，向量长度与其最长的参数等长。

【例 9-2】判断 x 是否为负数。

```
> x <- 0.3
>if(x<0) { print("x为负数") }  else {print("x为非负数")}
[1] "x为非负数"
```

（3）循环语句。for 循环的语法结构为：

```
for (变量 in 语句1) 语句2
```

其中，变量通常为循环变量，语句 1 是一个向量表达式，通常是 1:10 这样的序列；语句 2 经常是一个表达式语句组，语句 2 随着变量依次取语句 1 结果向量的值而被多次重复运行。

【例 9-3】用 for 循环求 1+2+3+4+5 的和。

```
> x=0; for (i in 1:5) {x=x+i}
> x    #输出结果为15
```

while 循环的语法结构为：while(条件表达式) 语句 1，表示每次循环时都先判断条件表达式，若条件表达式为真，则继续执行语句 1，若条件表达式为假，则停止循环过程。

repeat 循环的语法结构为：repeat{ 表达式 }，表示 repeat 会循环运行代码直到强制终止，即遇到 break 终止。

break 语句可以用来中断任何循环，可能是非正常的中断，而且这是终止 repeat 循环的唯一方式。

9. 函数

R 语言的优点之一是可以自行定义函数。R 语言自定义的函数包括 3 个部分：函数名、程序主体、参数集合，在编写自定义 R 函数时需要将 3 个部分存储在一个 R 对象中。注意这里需要使用 function() 函数，形如：

```
函数名<- function(参数1, 参数2, ...){
  函数体
  return(返回值)
}
```

其中，函数名可以是字母组合，也可以是字母和数字组合，但必须是以字母开头。return 并不是必需的，默认函数最后一行的值作为返回值，也就是说“return(返回值)”可以换成“返回值”，如果最后一行不输出结果，整个函数也将不会有返回值。

函数自定义后即可进行函数调用，调用格式：函数名 (参数 1, 参数 2, ...)。这里需要注意的是，如果不命名参数，则 R 按照位置匹配参数，如例 9-4 所示。

【例 9-4】自定义一个 sum() 函数实现对 1 ～ n 的所有元素求和。

```
>x<-0  #自定义sum()函数
>sum<- function(n){
  for (i in 1:n) {x=x+i }
```

```
    return(x)   #此处return(x)换成x，结果相同
}
> sum(5)       #调用sum()函数，此处sum(5)换成sum(n=5)，结果都为15
```

9.1.6 R语言脚本和扩展包

1. R语言脚本

R 语言脚本是将多条 R 语言命令保存为一个文件，文件的扩展名为 R，用以实现许多复杂的功能。在 R 语言 GUI 界面中，创建脚本是选择菜单“文件”→“新建程序脚本”。R 语言为脚本提供了完整的程序语言语法，如 if、for、while 等语句，以及函数 function 定义等，有兴趣的读者可以查找相关资料深入学习。

2. R语言的包

R 语言的很多功能是通过包来实现的，因而其功能可以很容易地被拓展。正是由于它的这种开放性，R 语言具有强大的功能和时效性，新的算法被提出之后很快就有相应的 R 语言包被释放出来。

R 语言中包的管理：

- library("packagename")：加载名字为 packagename 的 R 语言包。
- install.packages("packagename")：安装名字为 packagename 的 R 语言包。

9.2 R语言基本图形

R 语言的基本图形是由一些基本绘图函数来实现的。这些绘图函数通常会生成一个默认且相对完整的图形。如果对图形要求不高，那么这些图形基本可以满足实际应用的需要。在绘图的过程中，可以根据实际应用的需要，通过这些绘图函数中的参数来指定显示图形的标题、标签、x/y 轴、轴标题等。本节将介绍 R 语言绘图的一般原理、基本图形，以及基本图形的常用参数。

9.2.1 散点图

散点图是将所有的数据以点的形式展现在直角坐标系上，每个点代表两个变量的值，以显示变量之间的相互影响程度，点的位置由变量的数值决定，每个点对应一个 x 和 y 轴点坐标。简单的散点图使用 plot() 函数来创建，语法格式如下：

散点图

```
plot(x, y, type="p", main, xlab, ylab, xlim, ylim, axes)
```

- x：横坐标 x 轴的数据集合。
- y：纵坐标 y 轴的数据集合。
- type：绘图的类型，type="p" 为点图；"l" 为直线；"b" 为同时绘制点和线；"o" 为同时绘制点和线，且线穿过点；"c" 为仅绘制参数 "b" 所示的线；"h" 为绘制出点到横坐标轴的垂直线；"s" 为阶梯图，先横后纵；"S" 为阶梯图，先纵后横；"n" 为不显示所绘图形，但坐标轴仍然显示。
- main：此图形的标题。
- xlab、ylab：x 轴和 y 轴的标签名称。
- xlim、ylim：x 轴和 y 轴的范围。

● axes：布尔值，是否绘制两个 x 轴。

【例 9-5】使用 plot() 函数绘制散点图，显示广告投入与销售额之间的关系。

```
> x <- c(2,5,1,3,4,1,5,3,4,2)  #广告投入
> y <- c(50, 57, 41, 51, 54, 38, 63, 48, 59, 46)  #销售额
> plot(x, y, xlab = "广告投入/万元", ylab = "销售额/百万元",main = "广告投入与销售额的关系")
>plot(x, y, xlab = "广告投入/万元", ylab = "销售额/百万元", main = "广告投入与销售额的关系",
pch=16, col='red', cex=2)  #pch为指定绘制点时使用的符号，不同的数值会显示不同的符号
                           #取值15表示实心圆点，cex为指定符号的大小
```

运行结果如图 9-3 所示。

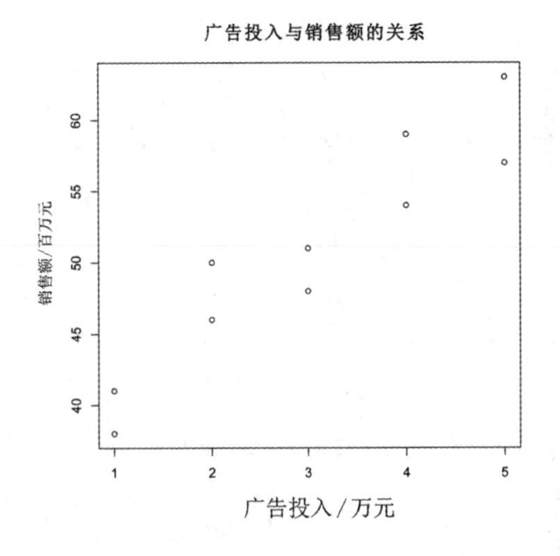

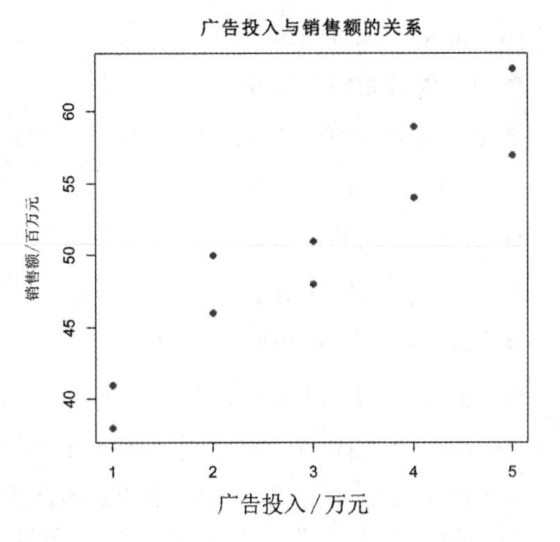

图 9-3 散点图示例

9.2.2 点图

R 语言使用 dotchart() 函数来绘制点图，它提供了一种简单的方式，在水平刻度上绘制大量有标签值的方法。dotchart() 函数的语法格式如下：

```
dotchart(x, labels)
```

其中，x 是一个数值向量或矩阵，labels 是由每个值的标签组成的向量。

【例 9-6】使用 dotchart() 函数绘制点图，显示每个月的销售额情况。

```
>sale1<- c(10,11,13,21,27)
>months <- c("一月","二月","三月","四月","五月")
>dotchart(sale1, labels= months,main="每个月的销售额" ,color ="red")
```

运行结果如图 9-4 所示。

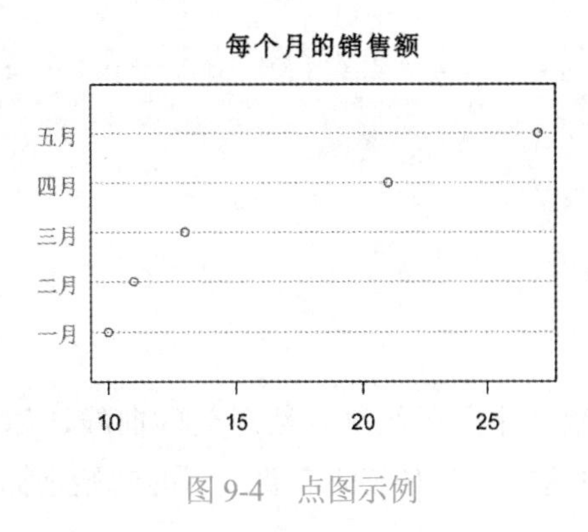

图 9-4 点图示例

一般来说，点图在经过排序并且分组变量被不同的符号和颜色区分开的时候最实用。由此可见，分组并排序后的点图中含有更多的含义，有标签、按某字段排序以及根据不同类别进行分组。但是随着数据点的增多，点图的实用性会下降。

9.2.3 折线图

折线图是通过在多个点之间绘制线段来连接一系列点所形成的图形。这些点按其坐标，通常是 x 坐标的值排序。折线图通常用来识别数据的趋势。R 语言中可以使用 plot() 函数来创建折线图，基本语法结构如下：

```
plot(v,type,col,xlab,ylab)
```

- v：包含数值的向量。
- type：绘制图表的类型，取值 "p" 表示仅绘制点，"l" 表示仅绘制线，"o" 表示绘制点和线。
- xlab：x 轴的标签。
- ylab：y 轴的标签。
- main：图表的标题。
- col：用于绘制点和线的两种颜色。

【例 9-7】使用每个月的销售额和 type 参数为 "o" 创建两个简单的折线图。

```
>sale1<- c(10,11,13,21,27)   #某一团队的销售额
>months <- c("一月","二月","三月","四月","五月")
#折线图如图9-5左图所示
>plot(sale1, type = "o", main = "销售额趋势图",col = "red",  xlab ="月份", ylab ="销售额")
>sale2<- c(12,13,15,18,26)   #另一团队的销售额
>lines(sale2, type = "o", col = "blue")   # lines()函数是在原有图形上新绘制一条线，如图9-5右图所示
```

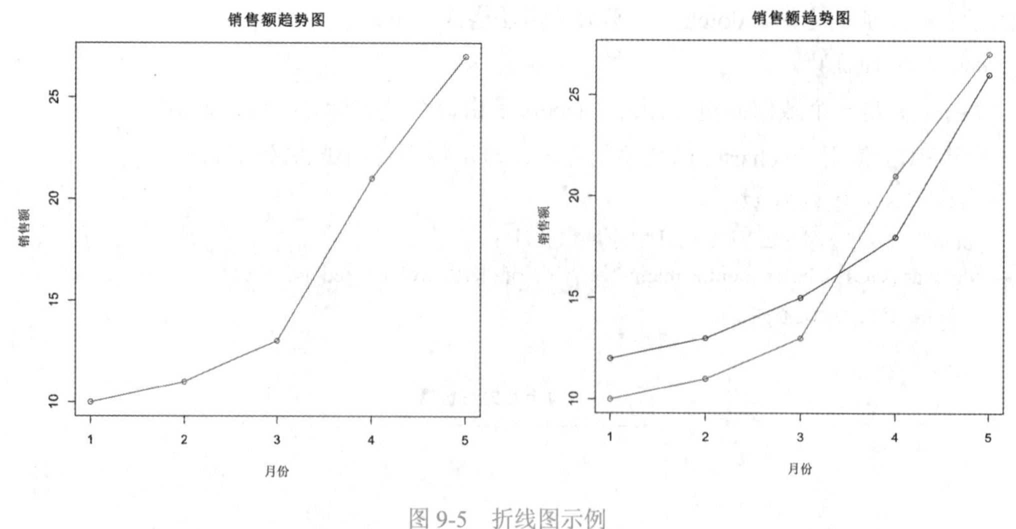

图 9-5　折线图示例

9.2.4 曲线图

R 语言中的 curve() 函数经常用于绘制函数对应的曲线，如正弦函数、余弦函数等的曲线。确定了曲线函数的表达式以及对应的需要展示的起始坐标和终止坐标，curve() 函数

就会自动地绘制在该区间内的函数图像。curve() 函数的语法格式如下：

```
curve(expr, from, to, n, add, type, xname, xlab, ylab, xlim, ylim)
```

或

```
plot(x, y, ...)
```

- expr：函数表达式。
- from 和 to：绘图的起止范围。
- n：当绘制点图时点的数量。
- add：一个逻辑值，当为 TRUE 时，表示将绘图添加到已存在的绘图中。
- type：绘图的类型，"p" 为点，"l" 为直线，"o" 同时绘制点和线且线穿过点。
- xname：x 轴变量的名称。
- xlim 和 ylim：x 轴和 y 轴的范围。
- xlab 和 ylab：x 轴和 y 轴的标签名称。

在 plot() 函数中，x 和 y 分别表示所绘图形的横坐标和纵坐标。

【例 9-8】使用 curve () 函数分别绘制正弦函数曲线的点线图和点图，其中 x 轴的取值范围为 [-2π,2π]。

```
> curve(sin(x), -2 * pi, 2 * pi, type = "o")
> curve(sin(x), -2 * pi, 2 * pi, n=30,type = "p")    #绘制点的数量为30
```

运行结果如图 9-6 所示。

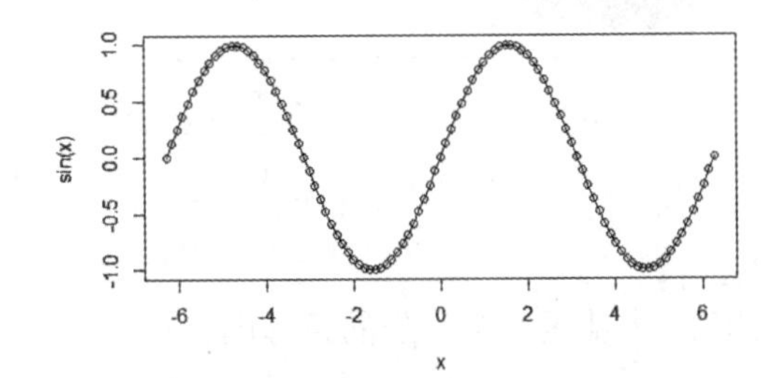

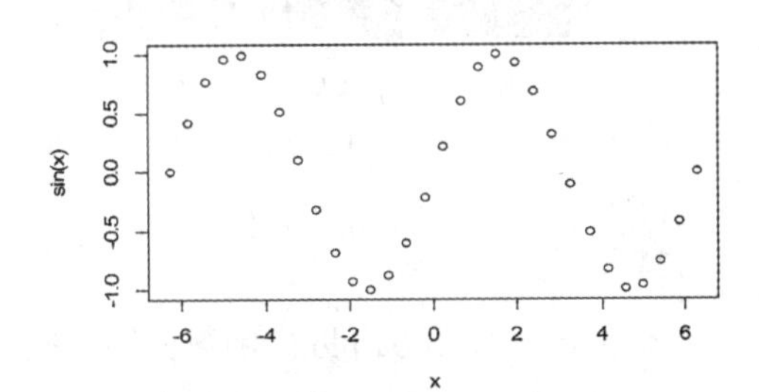

图 9-6　曲线图示例

9.2.5　条形图

条形图，也称为柱形图，是一种以矩形条的长度为变量的统计图表。条形图通过垂直的或水平的矩形条展示了不同变量的分布或频数，每个矩形条可以有不同的颜色。R 语言使用 barplot() 函数来创建条形图，语法格式如下：

```
barplot(H,xlab,ylab,main, names.arg,col,beside)
```

- H：向量或矩阵，包含图表用的数字值，每个数值表示矩形条的高度。当 H 为向量时，绘制的是条形图；当 H 为矩阵时，绘制的是堆叠条形图或并列的条形图。
- xlab：x 轴标签。
- ylab：y 轴标签。
- main：图表标题。
- names.arg：每个矩形条的名称。
- col：每个矩形条的颜色。

- beside：设置矩形条堆叠的方式，当 beside=FALSE（默认）时，表示条形图的高度是矩阵的数值，矩形条是水平堆叠的；当 beside=TRUE 时，条形图的高度是矩阵的数值，矩形条是并列的。

【例 9-9】使用 barplot() 函数分别绘制北上广三个地区的条形图。

```
>H1= c(28,83,58)   #表示销售额，单位为百万元
>cols= c("red","orange","green")
>barplot(H1, main="销售额", col= cols,xlab = "地区",ylab = "销售额",names.arg=c("北京","上海","广州"))
>barplot(H1, main="销售额", horiz=T, col= cols, xlab = "地区", ylab = "销售额", names.arg=c("北京",
"上海","广州"))
```

运行结果如图 9-7 所示。

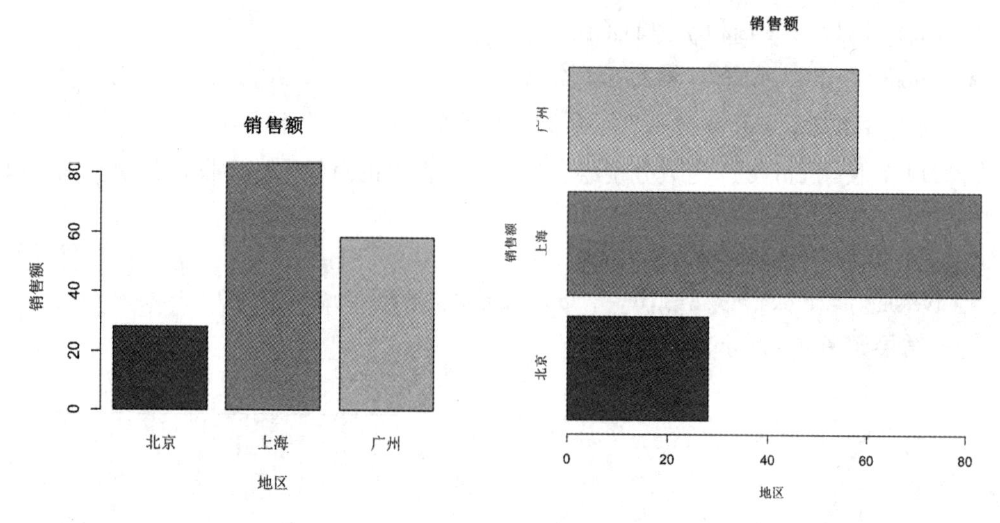

图 9-7　条形图示例

【例 9-10】使用 barplot() 函数分别绘制北上广三个地区五个月份的条形图。

```
> months <- c("一月","二月","三月","四月","五月")
> regions <- c("北京","上海","广州")
> values <- matrix(c(3,9,3,11,9,4,8,7,3,12,5,3,9,10,11),nrow =3,ncol = 5,byrow = TRUE)  #转化为3行
                                                                                        #5列的矩阵
> values
   [,1] [,2] [,3] [,4] [,5]
[1,]   3    9    3   11    9          #此行表示北京一月至五月的销售额
[2,]   4    8    7    3   12          #此行表示上海一月至五月的销售额
[3,]   5    3    9   10   11          #此行表示广州一月至五月的销售额
> barplot(values,main = "总销售额",names.arg = months,xlab = "月份",ylab = "销售额",
  col = c("green","orange","red"))  #此处H为矩阵，绘制的是堆叠条形图
>legend("topleft", regions, cex = 1.3, fill = colors)
> barplot(values,main = "各月份销售额对比", names.arg = months, xlab = "月份", ylab = "销售额", col =
  c("green","orange","red"), beside=TRUE)  #此处H为矩阵，beside为TRUE，绘制的是并列的条形图
>legend("topleft", regions, cex = 1.3, fill = colors)
```

运行结果如图 9-8 所示。

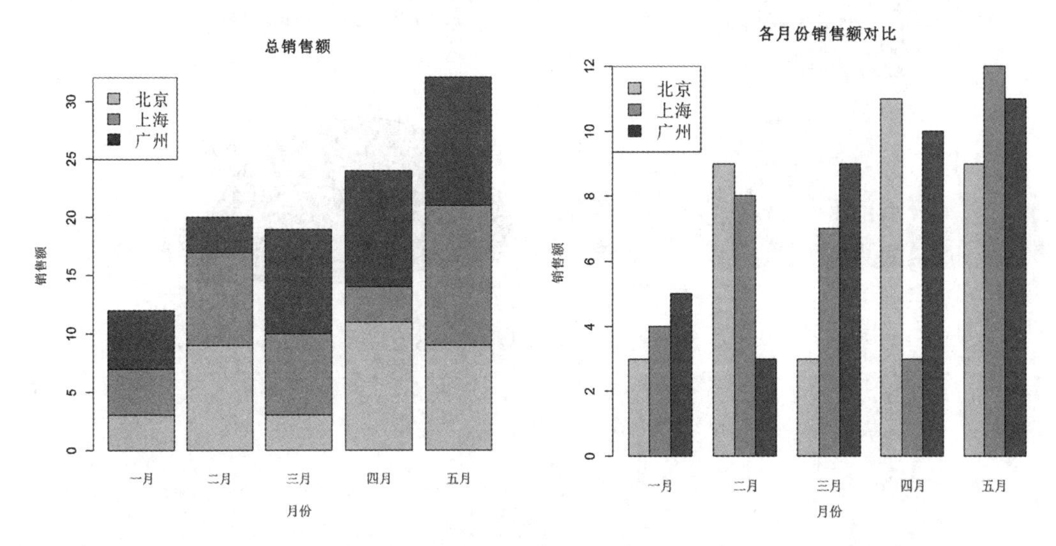

图 9-8 堆叠条形图和并列的条形图示例

9.2.6 饼图

饼图，又称饼状图，是将一个圆划分为几个扇形的圆形统计图表，用于描述量、频率或百分比之间的相对关系。R 语言可以使用 pie() 函数来实现饼图，语法格式如下：

```
pie(x, labels = names(x), edges, radius,clockwise, init.angle = if(clockwise) 90 else 0,
  density, angle, col, border)
```

- x：数值向量，表示每个扇形的面积。
- labels：字符型向量，表示各个“块”的标签。
- edges：多边形的边数（圆的轮廓类似很多边的多边形）。
- radius：饼图的半径。
- main：饼图的标题。
- clockwise：一个逻辑值，用来指示饼图各个切片是否按顺时针进行分割。
- angle：设置底纹的斜率。
- density：底纹的密度，默认值为 NULL。
- col：每个扇形的颜色，相当于调色板。

【例 9-11】使用 pie () 函数绘制饼图，显示每个季度的销售额情况。

```
>sale= c(1, 2, 4, 8)  #每季度对应的销售额情况，单位为百万元
>names = c("春季", "夏季", "秋季", "冬季")
>cols = c("brown","orange","red","green")  #指定每季度对应的颜色
>pie(sale, labels=names, main = "各季度销售额情况")  #绘制饼图，系统自动分配颜色
>percent = paste(round(100*sale/sum(sale)), "%")  #计算每季度销售额的占比情况
> percent
[1] "7 %" "13 %" "27 %" "53 %"
#绘制饼图，按指定颜色着色，并按每季度销售额计算全年的占比情况
>pie(info, labels=percent, main = "各季度销售额占比情况", col=cols)
>legend("topright", names, cex=0.8, fill=cols)  #添加图例标注
```

运行结果如图 9-9 所示。

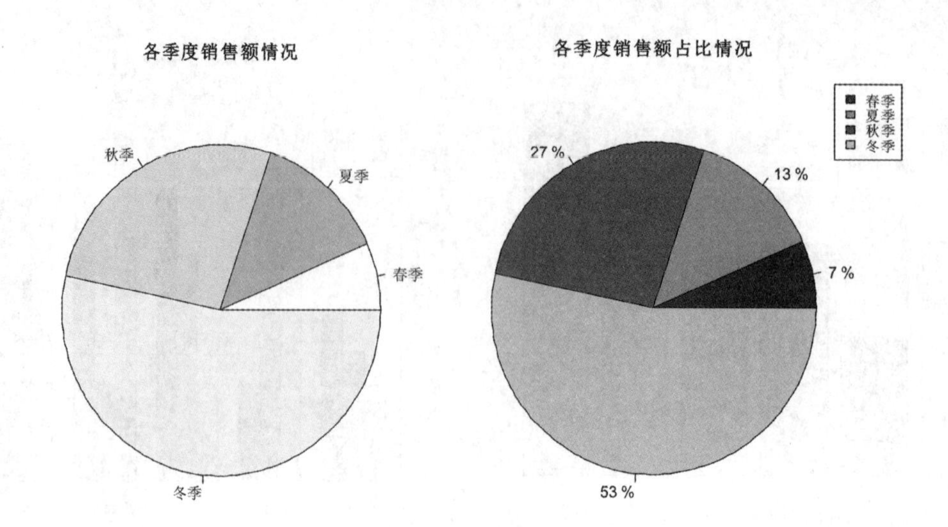

图 9-9　饼图示例

如果要绘制三维饼图，可以使用 R 语言 plotrix 包中的 pie3D() 函数。三维饼图虽然美观，但实际上它不能增进对数据的理解，在商业中三维饼图使用较多，但在统计学上一般不使用三维饼图。pie3D() 函数的语法结构如下：

```
pie3D(x, main, labels,explode, radius, height)
```

- x：数值向量。
- main：饼图的标题。
- labels：各个“块”的标签。
- explode：各个“块”之间的间隔，默认值为 0。
- radius：整个“饼”的大小，默认值为 1，取 0 和 1 之间的值表示缩小。
- height：饼块的高度，默认值为 0.1。

【例 9-12】绘制三维饼图显示每季度的销售额情况。

```
>install.packages("plotrix")    #安装plotrix包
>library(plotrix)  #加载plotrix包
> sale= c(1, 2, 4, 8)   #每季度对应的销售额情况，单位为百万元
> names = c("春季", "夏季", "秋季", "冬季")
> cols = c("brown","orange","red","green")    #指定每季度对应的颜色
>pie3D(info,labels = names,explode = 0.1, main = "三维饼图",col=cols)   #绘制三维饼图
```

运行结果如图 9-10 所示。

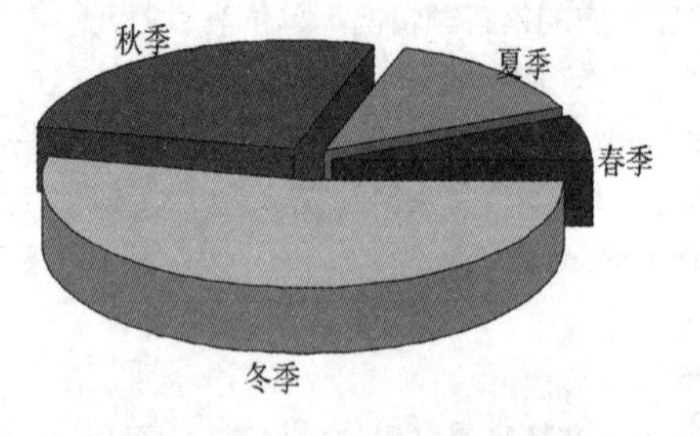

图 9-10　三维饼图示例

扇形图是饼图中的一种类型，它为用户提供了一种同时展示相对数量和相互差异的方法。在 R 语言中，扇形图是通过 plotrix 包中的 fan.plot() 函数实现的，应用实例如下：

```
>install.packages("plotrix")    #安装plotrix包
```

```
>library(plotrix)   #加载plotrix包
> sale= c(1, 2, 4, 5)   #每季度对应的销售额情况，单位为百万元
> names = c("春季", "夏季", "秋季", "冬季")
> cols = c("brown","orange","red","green")    #指定每季度对应的颜色
>fan.plot(sale,labels = names, main="各季度销售额对比情况",col= cols)   #扇形图
```

运行结果如图 9-11 所示。

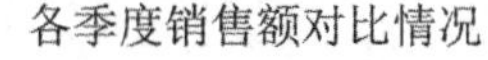

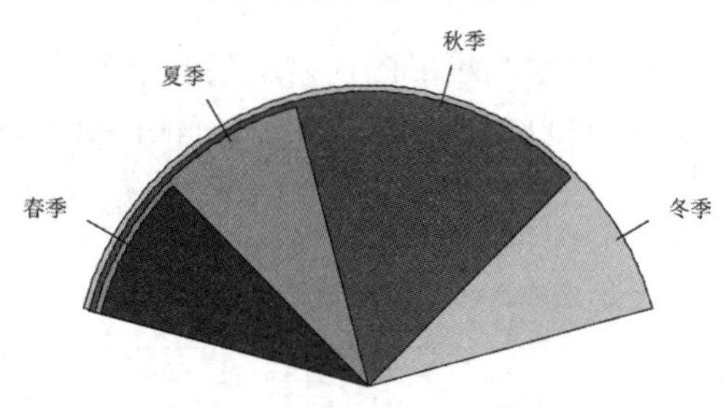

图 9-11　扇形图示例

9.2.7　箱形图

箱形图经常用来衡量数据集中的数据分布情况。它将数据集分为 3 个四分位数。箱形图表示数据集中的最小值、下四分位数（Q1）、中位数、上四分位数（Q3）、最大值，通过为每个数据集绘制箱形图可以比较数据集中的数据分布。箱形图能够检测数据中可能存在的离群点或异常值，该方法是将 Q3 减去 Q1 计算得出四分位数间距（IQR= Q3-Q1），然后将小于 Q1 - 1.5*IQR 或者大于 Q3 + 1.5*IQR 的数据点当作离群点或异常值。

箱形图如图 9-12 所示。

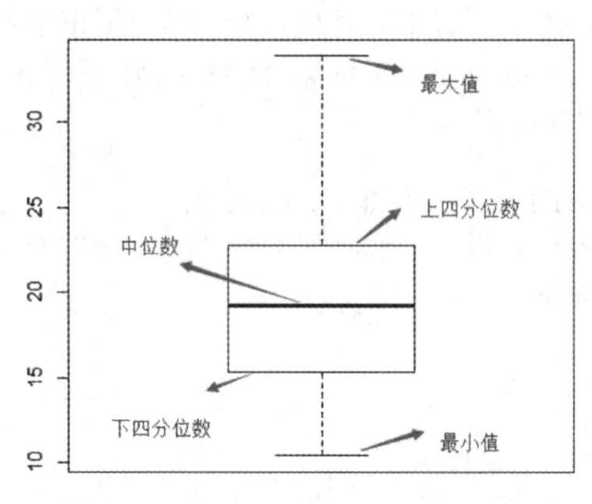

图 9-12　箱形图注释

R 语言中的箱形图通过使用 boxplot() 函数来创建，语法结构如下：

```
boxplot(x, data, notch, varwidth, names, range)
```

- x：向量、列表或数据框。
- ldata：数据框或列表，用于提供公式中的数据。
- notch：逻辑值，如果该参数设置为 TRUE，则在箱体两侧会出现凹口，默认为 FALSE。
- lvarwidth：逻辑值，用来控制箱体的宽度，只有图中有多个箱体时才发挥作用，默

认为 FALSE，所有箱体的宽度相同，当其值为 TRUE 时，代表每个箱体的样本量作为其相对宽度。

- lnames：绘制在每个箱形图下方的分组标签。
- lrange：触须的范围，默认值为 1.5，即 range×(Q3−Q1)。

箱形图判定离群点的标准是通过参数 range 进行设定的，默认为 1.5 倍的四分位数间距。用 barplot() 函数作图时还会返回一些作图时使用的数据，其中就包括图中离群点的值及其所在的分组。

【例 9-13】使用 barplot() 函数绘制箱形图，显示某城市各地区的销售额情况。

```
>h <- c(144,166,163,143,152,169,130,159,160, 175, 161, 170, 146,159,150,183,165,146,169)
>boxplot(h, col = "orange")
```

运行结果如图 9-13 所示。

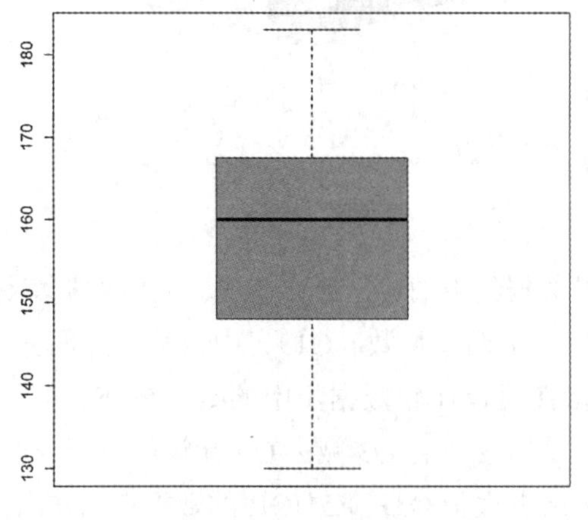

图 9-13　箱形图示例

【例 9-14】使用 barplot() 函数绘制箱形图，统计两个城市中各地区的销售额情况。

```
>x <- c(35, 41, 40, 37, 43, 32, 39, 46, 32, 39, 34, 36, 32, 38, 34, 31)
>f <- factor(rep(c("城市1","城市2"), each=8))
>data<- data.frame(x,f)
>boxplot(x~f,data,width=c(1,2), col = c("yellow", "orange"))
>boxplot(x~f,data,width=c(1,2), col = c("yellow", "orange"), notch = TRUE)
```

运行结果如图 9-14 所示。

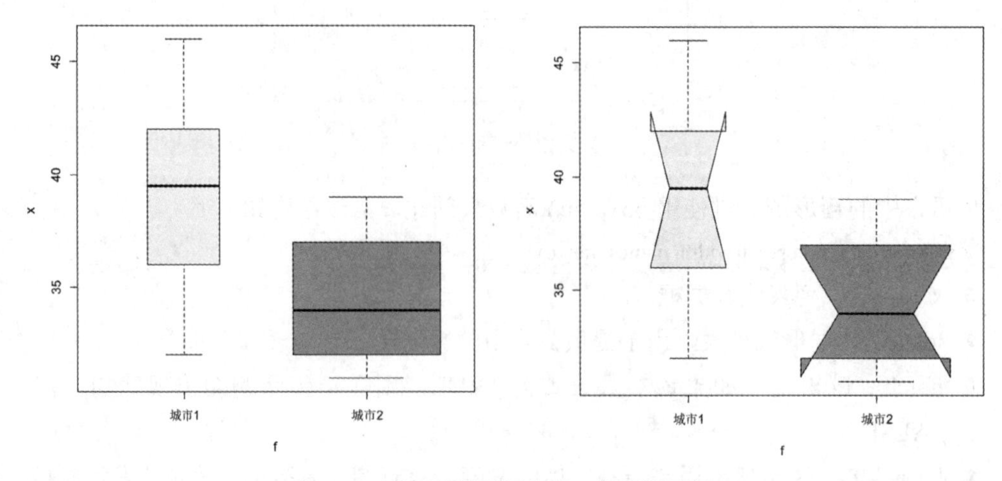

图 9-14　并列的箱形图和凹口箱形图示例

用 barplot() 函数绘制带凹槽的箱形图，必须将参数 notch 设置为 TRUE。当两组的凹槽不重合时，可以认为两组的中位数具有明显差异。箱子的颜色可使用参数 col 进行颜色填充。

9.2.8 直方图

直方图表示数据落在某一区间范围内的次数或频率。直方图类似于条形图，区别在于将值分组为连续范围。直方图中的每个栏表示该范围中存在的值的数量。R 语言可以使用 hist() 函数来创建直方图，基本语法如下：

```
hist(v,main,xlab,xlim,ylim,breaks,col,border)
```

- v：包含直方图中使用数值的向量。
- main：图表的标题。
- col：设置的指定颜色。
- border：设置每个栏的边框颜色。
- xlab：描述 x 轴。
- xlim：指定 x 轴上的值范围。
- ylim：指定 y 轴上的值范围。
- breaks：每个栏的宽度。

【例 9-15】使用 hist() 函数创建某个兴趣爱好小组中学生成绩分布的直方图。

```
>v <-c(78,63,79,77,86,72,72,84,81,83,69)
>hist(v, main="学生成绩分布",xlab = "分数", ylab="学生数",col = "green",border = "brown")
#使用xlim和ylim参数可以指定x轴和y轴允许的值的范围。每个条的宽度可以通过使用断点来决定
>hist(v, main="学生成绩分布", xlab = "分数", ylab="学生数", col = "green", border = "brown", xlim = c(68,90), ylim = c(0.5, 3.5),breaks = 5)
```

运行结果如图 9-15 所示。

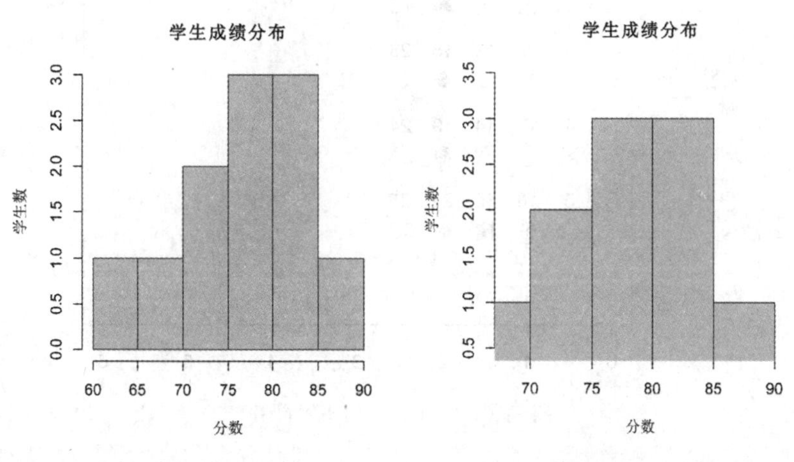

图 9-15 直方图示例

9.3 R 语言图形修饰

图形可以看成是由点、线、文本和多边形（填充区域）等不同元素组成的，在原有图形上新添加不同的元素就会得到不同的效果。除了上述元素之外，还有一些相关的图形参

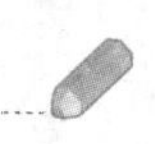

数，这些在 R 语言的很多绘图函数中是类似的，它们基本上在其他绘图函数中也是通用的。本节重点介绍 R 语言的图形参数以及添加标题、文本和图例这两种情况。值得注意的是，前一种是通过参数的形式设置符号、线条和验收；后一种是在原有图形的基础上，通过相应的函数添加标题、文本和图例。

9.3.1 设置符号和线条

R 语言可以使用图形参数来指定绘图时使用的符号和线条类型，如表 9-2 所示。

表 9-2 用于指定符号和线条类型的参数

参数	描述
pch	指定绘制点时使用的符号
cex	指定符号的大小
lty	指定线条的类型
lwd	指定线条的宽度

（1）pch：点参数，用于指定绘制点时使用的符号。如图 9-16 所示，pch 可以取 0 和 25 之间的整数值，不同的值对应不同的符号。其中，当 pch 取 21 和 25 之间的整数值时，对应的字符可能与前面的字符重复，但它们可以以不同的颜色显示，即可以指定边界颜色（col）和填充色（bg）。

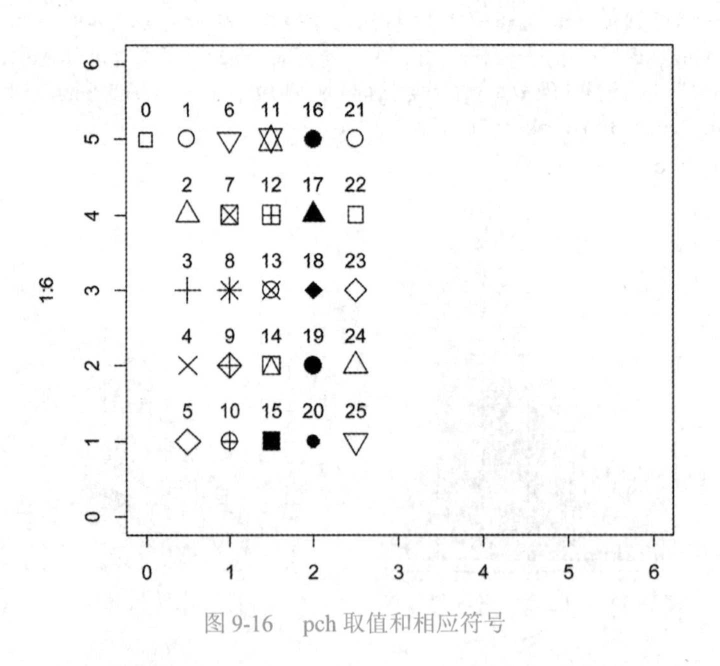

图 9-16 pch 取值和相应符号

（2）cex：指定符号的大小。cex 是一个数值，表示绘图符号相对于默认大小的缩放倍数。默认大小为 1，1.5 表示放大为默认值的 1.5 倍，0.5 表示缩小为默认值的 50% 等。

（3）lty：指定线条类型，可用的取值如图 9-17 所示。

（4）lwd：指定线条宽度，默认值为 1。它以默认值的倍数来表示线条的相对宽度，如 lwd=2 是生成一条两倍于默认宽度的线条。

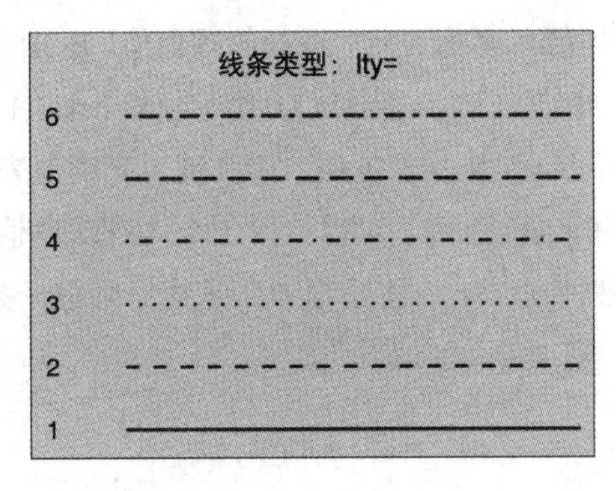

图 9-17 lty 取值和相应线条

【例 9-16】使用不同 lty 和 pch 参数绘制一月至五月的销售额趋势图。

```
>sale1<- c(10,11,13,21,27)  #一月至五月的销售额，单位为百万元
>plot(sale1, type="b", lty=3, lwd=5, pch=21, cex=2, main = "销售额趋势图")
> plot(sale1, type="b", lty=6, lwd=5, pch=3, cex=2, main = "销售额趋势图")
```

运行结果如图 9-18 所示。

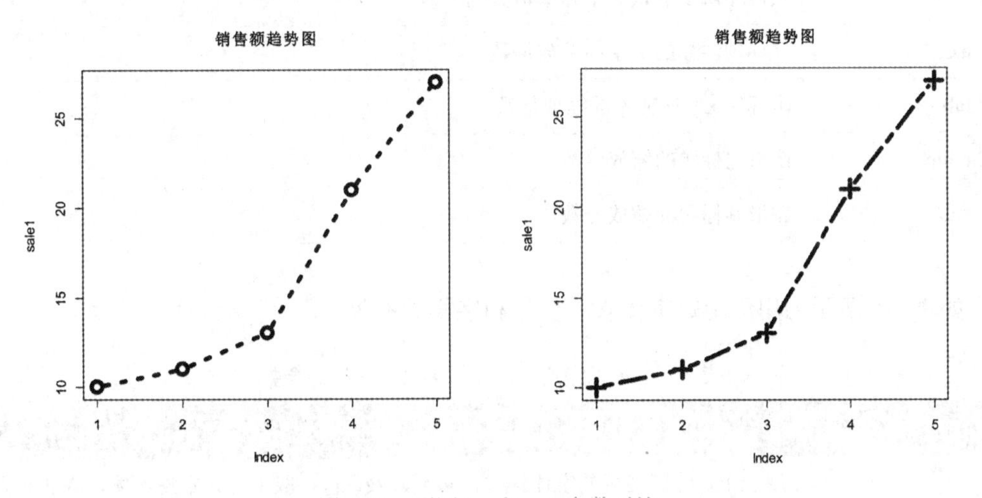

图 9-18 不同 lty 和 pch 参数对比

9.3.2 设置颜色

R 语言中有若干和颜色相关的参数，表 9-3 列出了一些常用参数。

表 9-3 一些常用参数

参数	描述
col	默认的绘图颜色
col.axis	坐标轴刻度文字的颜色
col.lab	坐标轴标签（名称）的颜色
col.main	图形主标题的颜色
col.sub	图形副标题的颜色
fg	图形的前景色
bg	图形的背景色

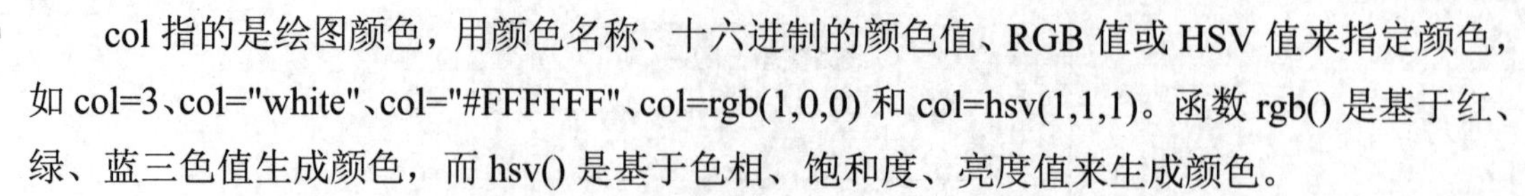

col 指的是绘图颜色，用颜色名称、十六进制的颜色值、RGB 值或 HSV 值来指定颜色，如 col=3、col="white"、col="#FFFFFF"、col=rgb(1,0,0) 和 col=hsv(1,1,1)。函数 rgb() 是基于红、绿、蓝三色值生成颜色，而 hsv() 是基于色相、饱和度、亮度值来生成颜色。

某些函数，如 lines() 和 pie() 函数，可以接受一个含有颜色值的向量并自动循环使用。例如，如果设定 col=c("red", "blue") 并需要绘制三条线，则第一条线为红色，第二条线为蓝色，第三条线又为红色。

9.3.3 设置文本属性

图形参数同样可以用来指定字号、字体和字样，表 9-4 所示为用于控制文本大小的参数。

表 9-4 用于控制文本大小的参数

参数	描述
cex	表示相对于默认大小缩放倍数的数值
cex.axis	坐标轴注释的文字的缩放倍数
cex.lab	坐标轴 x/y 的文本的缩放倍数
cex.main	图形主标题的缩放倍数
cex.sub	图形副标题的缩放倍数

如表 9-5 所示为用于指定字体族、字号和字样的参数。

表 9-5 用于指定字体族、字号和字样的参数

参数	描述
font	用于指定绘图使用的字体样式，必须取整数值。取 1 时为常规字体，取 2 时为粗体，取 3 时为斜体，取 4 时为粗斜体，取 5 时为希腊字母的字符字体
font.axis	坐标轴刻度文字的字体样式
font.lab	x/y 坐标轴标签（名称）的字体样式
font.main	图形标题的字体样式
font.sub	图形副标题的字体样式

【例 9-17】绘制北上广地区销售额的条形图，并使用字体相关参数创建斜体、1.5 倍于默认文本大小的坐标轴标签（名称），以及粗斜体、2 倍于默认文本大小的标题。

```
>H1= c(28, 83, 58)  #表示销售额，单位为百万元
>cols= c("red","orange","green")
>barplot(H1, main="北上广地区销售额", col=
cols, xlab = "地区", ylab = "销售额", names.arg=c
("北京","上海","广州"), font.lab=3, cex.lab=1.5,
font.main=4, cex.main=2)
```

运行结果如图 9-19 所示。

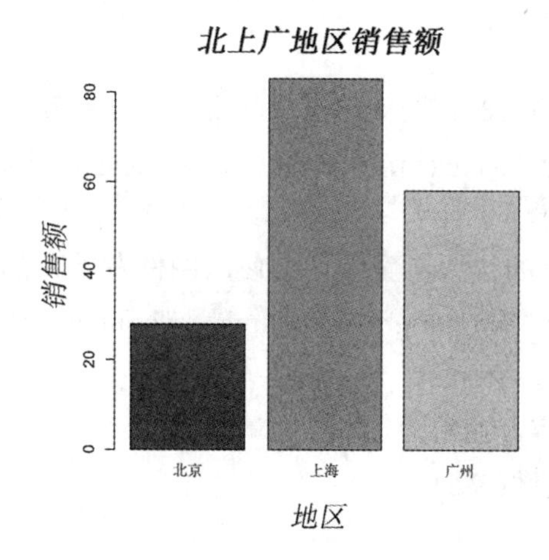

图 9-19 字体相关参数示例

9.3.4 添加标题

R 语言使用 title() 函数为图形添加标题和坐标轴标签，语法结构如下：

```
title(main="主标题文字", sub="副标题文字", xlab="x轴标签文字", ylab=" y轴标签文字")
```

在 title() 函数中也可以指定其他图形参数，如文本大小、字体、旋转角度和颜色等。title() 函数和 main 参数都可以添加主标题，两者的不同就在于 main 是在绘制图形的同时添加主标题，而 title() 函数是在绘制完之后再添加主标题。

【例 9-18】绘制抛物线的函数曲线，并生成红色的标题和蓝色的副标题，以及比默认大小大 20% 的黑色 x 轴和 y 轴标签。

```
>curve(-x*x, -10, 10, type = "o")
>title(main="抛物线曲线", col.main="red", sub="演示使用curve()函数绘制曲线图 ", col.sub="blue",
xlab=" x轴标签", ylab="y轴标签", col.lab="black", cex.lab=1.2)
```

运行结果如图 9-20 所示。

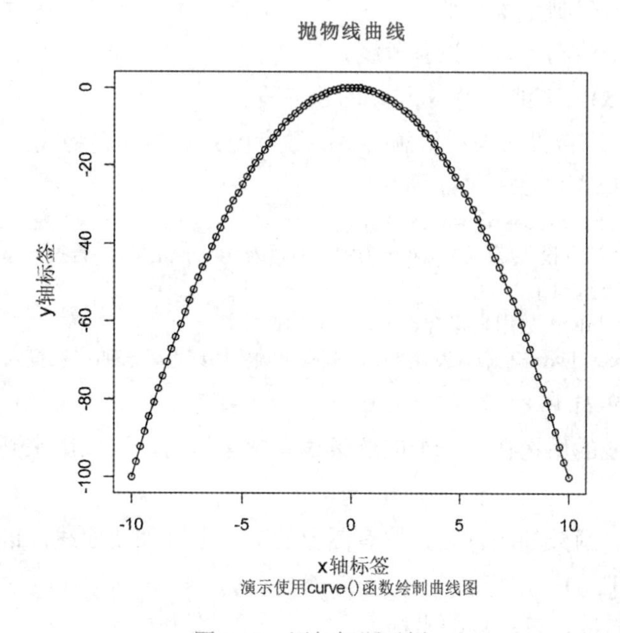

图 9-20 添加标题示例

9.3.5 添加图例

当图形中有多个数据曲线时，图例可以帮助辨别出每个条形、曲线、折线各代表哪一类数据。R 语言中可以使用 legend() 函数来添加图例，语法结构如下：

```
legend(location , legend, ...)
```

- location：指定图例的位置，可以直接使用图例左上角的 x、y 坐标位置，也可以使用方位词汇，如 "bottomright"、"bottom"、"bottomleft"、"left"、"topleft"、"top"、"topright"、"right" 和 "center" 等。
- legend：图例的内容，通常为字符型向量。

有关图例的示例请参见例 9-11。

9.3.6 添加线

R 语言中，在原有图形上添加线的方式一般有两种情形：一种情形是添加参考线或趋势线，它可以是水平或垂直的直线，也可以是一条斜线，由与 x 轴或 y 轴的交点和斜率来确定位置，这种情形是用 abline() 函数来实现的；另一种情形是在原有图形上添加新的曲线，是用 line() 函数来实现的。

（1）添加参考线或趋势线。函数 abline() 可以用来为图形添加参考线或趋势线，语法结构如下：

```
abline(a, b, h, v)
```

- a：要绘制的直线截距。
- b：直线的斜率。
- h：绘制水平线时的纵轴值。
- v：绘制垂直线时的横轴值。

函数 abline() 的常见使用方法有如下 4 种格式：

- abline(a,b)：绘制一条 y=a+bx 的参考线。
- abline(h=y)：绘制一条水平参考线。
- abline(v=x)：绘制一条竖直参考线。
- abline(lm(y~x))：绘制一条 x 与 y 的趋势线。

【例 9-19】绘制广告投入与销售额关系的散点图并添加其趋势线。

```
> x <- c(2,5,1,3,4,1,5,3,4,2)
> y <- c(50, 57, 41, 51, 54, 38, 63, 48, 59, 46)
> plot(x, y, xlab = "广告投入/万元", ylab = "销售额/百万元", main = "广告投入与销售额的关系",
pch=16, col='blue', cex=1 )
>reg <- lm(y~x)  # lm()函数用来拟合x与y之间的回归模型
>abline(reg, col ="red", lwd = 2, lty = 2) #添加参考线，颜色为红色，表明广告投入与销售额之间的趋势
```

运行结果如图 9-21 所示。

参考线或趋势线的用途在于添加的这条线有参考作用，比如用来判断散点图的趋势或走向。

（2）添加曲线。函数 lines() 是在原有图形的基础上添加新曲线，语法结构如下：

```
lines(x, y, type = "l", ...)
```

- x, y：数值向量，表示点的坐标。
- type：绘图类型，具体可以参考 plot() 函数里的 type 参数。

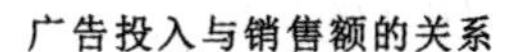

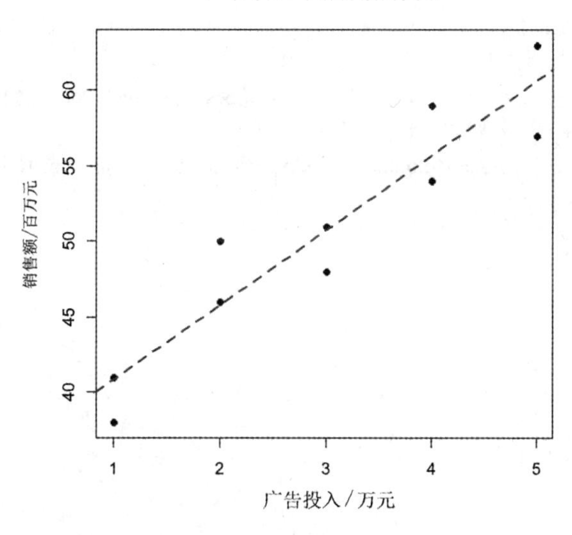

图 9-21　参考线示例

【例 9-20】先绘制 sin(x) 函数曲线，再使用 lines() 函数绘制 cos(x) 函数曲线。

```
>x <- seq(0, 2*pi, length=200)   #生成0和2π之间的200个数值，表示x轴上的点
>y1 <- sin(x)
>y2 <- cos(x)
>plot(x, y1, type='l', lwd=4, col="red")        #绘制sin(x)函数曲线
>lines(x, y2, lwd=4, col="green")              #在原有图形上绘制cos(x)函数曲线
>abline(h=0, col='gray')                       #添加参考线
```

运行结果如图 9-22 所示。

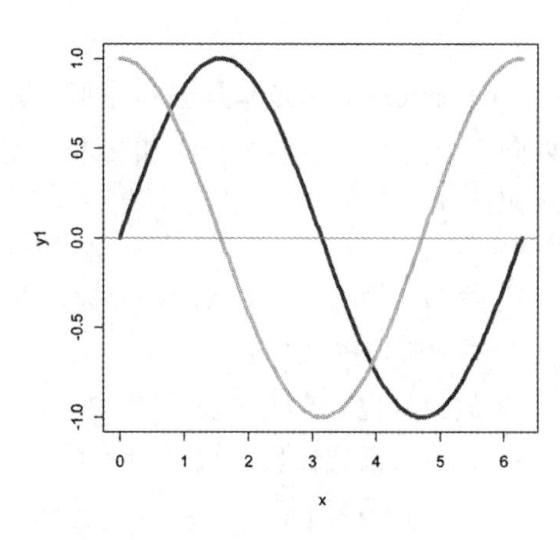

图 9-22　添加曲线示例

9.3.7　添加坐标轴

使用函数 axis() 来创建自定义的坐标轴，而不是使用 R 语言中的默认坐标轴。语法格式如下：

```
axis(side, at, labels, ...)
```

- side：在图形的哪里绘制坐标轴（横轴、纵轴、上方、右方）。
- at：需要绘制刻度线的位置。
- labels：置于刻度线旁边的文字标签（如果为 NULL，则直接使用 at 中的值）。

添加坐标轴

【例 9-21】使用 axis() 函数绘制新的坐标轴。

```
>sale1<- c(10,11,13,21,27)
>months <- c("一月","二月","三月","四月","五月")
>plot(sale1, type = "o", main = "销售额趋势图", axes=FALSE, col = "red", xlab ="月份", ylab ="销售额")
>axis(2, at= sale1)    #绘制y轴坐标
>axis(1, at=1:length(sale1), labels= months)  #绘制x轴坐标，length(sale1)表示计算sale1向量元素的个数
```

运行结果如图 9-23 所示。

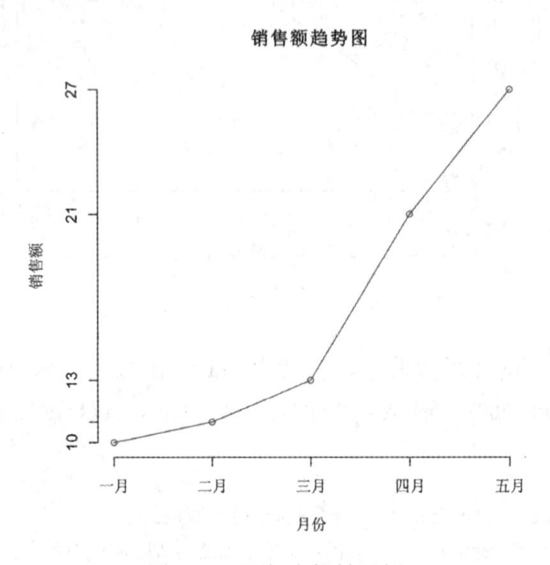

图 9-23　添加坐标轴示例

9.3.8　添加文本标注

R 语言可以通过函数 text() 和 mtext() 将文本添加到图形上。text() 可以向绘图区域内部添加文本，而 mtext() 可以向图形的四个边界之一添加文本。使用格式如下：

```
text(location, "文本内容", pos,adj, ...)
mtext("text to place", side, line=n, ...)
```

- location：文本的位置参数。可为一对 x，y 坐标，也可通过指定 location 为 locator(1) 使用鼠标交互式地确定摆放位置
- pos：文本相对于位置参数的方位。1= 下，2= 左，3= 上，4= 右。如果指定了 pos，则可以同时指定参数 offset= 作为偏移量，以相对于单个字符宽度的比例表示。
- side：指定用来放置文本的边。1= 下，2= 左，3= 上，4= 右。可以指定参数 line= 来内移或外移文本，随着值的增加文本将外移。也可以使用 adj=0 将文本向左下对齐或使用 adj=1 向右上对齐。
- adj：文本内容的对齐方向，在 [0,1] 区间取值，取 0 时表示左对齐，取 0.5 时（默认值）表示居中，取 1 时表示右对齐。

有关添加文本标注的示例请参见本章实训 2。

9.4　图形的布局和保存

图形布局是指对多幅共同放置在一张图上的有内在联系的图形进行布局和展示。在 R

语言中，图形布局是将整个图形设备划分成几行几列，然后按一定的顺序摆放各个图形，再对各个图形设置上下左右的边界。

9.4.1 一页多图

在 R 语言中使用 par() 函数或 layout() 函数可以很容易地将多幅图形组合为一幅总括图形。par() 函数的基本语法格式如下：

```
par(mfrow=c(行数,列数), mar=c(n1,n2,n3,n4))
```

或

```
par(nfcol=c(行数,列数), mar=c(n1,n2,n3,n4))
```

- 行数和列数：将图形设备划分为指定的行和列。
- mfrow：逐行按顺序摆放图形。
- nfcol：逐列按顺序摆放图形。
- mar：用来设置整体图形的下边界、左边界、上边界、右边界的宽度，分别为 n1、n2、n3、n4。

par() 函数设置的图形布局较为规整，各图形按行列单元格顺序依次放置。

【例 9-22】使用 par() 函数在一个绘图区域同时绘制三幅图。

```
>par(mfrow=c(1,3))
> x <- seq(-pi,pi,by=0.1)    #x轴范围在[-π,π]区间
>plot(x,cos(x), main="第一行第一列")
>plot(x,2*sin(x)*cos(x) , main="第一行第二列")
>plot(x,tan(x) , main="第一行第三列")
```

运行结果如图 9-24 所示。

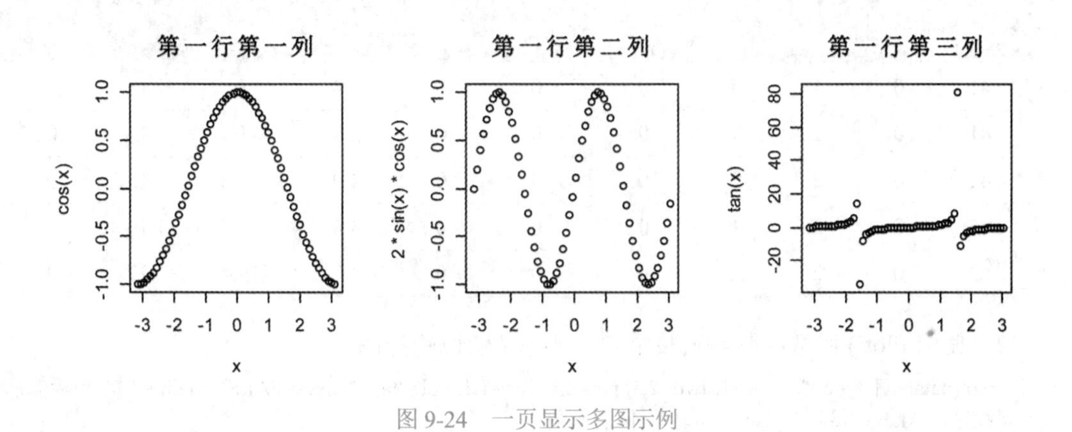

图 9-24　一页显示多图示例

9.4.2 保存图形

在 R 语言中，不仅图形窗口是一种图形设备，图形文件也是一种图形设备。如果想要将当前图形保存到某种格式的图形文件中，则需要指定该图形文件为当前图形设备，相关函数如表 9-6 所示。

当前图形被保存到指定格式文件后，若不再保存图形到图形文件，则需要利用 dev.off() 函数关闭当前图形设备，即关闭当前图形文件。

表 9-6 常用图形文件及相关函数

函数	功能
pdf(" 文件名 .pdf")	指定将当前图形保存为 PDF 文件格式
win.metafile(" 文件名 .wmf")	指定将当前图形保存为 WMF 文件格式
png(" 文件名 .png")	指定将当前图形保存为 PNG 文件格式
jpeg(" 文件名 .jpeg")	指定将当前图形保存为 JPEG 文件格式
bmp(" 文件名 .bmp")	指定将当前图形保存为 BMP 文件格式
postseript(" 文件名 .ps")	指定将当前图形保存为 PS 文件格式

【例 9-23】使用函数将当前图形保存为 PNG 文件格式。

```
>png("R语言作图保存示例.png")  #以.png格式打开图形输出设备
>plot(c(1:10))            #绘制图形
>dev.off();#              关闭图形设备，根据已设置的文件名保存图形
```

9.5 实训

（1）nCov2019.csv 数据集选取的是 2020-01-13 至 2020-02-11 共计 30 天的新冠疫情数据，按以下要求进行绘图：

1）读取该数据集并查看数据集前 5 行数据。

```
>data<- read.csv("nCov2019.csv",header=T,sep=",")
>head(data)
```

	确认病例	疑似病例	死亡病例	治愈人数	现有确诊病例	现有严重病例	输入病例	死亡率	治愈率	日期	非感染人数
1	41	0	1	0	0	0	0	2.4	0	1.13	0
2	41	0	1	0	0	0	0	2.4	0	1.14	0
3	41	0	2	5	0	0	0	4.9	12.2	1.15	0
4	45	0	2	8	0	0	0	4.4	17.8	1.16	0
5	62	0	2	12	0	0	0	3.2	19.4	1.17	0

2）使用 plot() 函数绘制新冠疫情累计确诊 / 疑似趋势图。

```
>plot(data[, 1], type="b", lty=1, lwd=2.5, pch=21, cex=1.1, col="tan2", axes=FALSE,main = "累计/疑似病例趋势", xlab ="日期", ylab ="累计/疑似病例数")
>axis(1, at=1:length(data[, 1]), labels= as.character(data[, 10]))
>axis(2, at=data[, 1])  #绘制y轴坐标
>lines(1:length(data[, 2]), data[, 2], type="b", lty=1, lwd=2.5, pch=21, cex=1.1, col="turquoise3")
>legend("topleft",colnames(data[, 1:2]), fill = c("tan2","turquoise3"))
```

运行结果如图 9-25 所示。

3）使用 plot() 函数绘制新冠疫情累计治愈 / 死亡趋势图。

```
>plot(data[, 3], type="b", lty=1, lwd=2.5, pch=21, cex=1, col="tan2", axes=FALSE,main = "累计治愈/死亡趋势", xlab ="日期", ylab ="治愈/死亡病例数")
>axis(1, at=1:length(data[, 3]), labels= as.character(data[, 10]))
>axis(2, at=data[, 3])  #绘制y轴坐标
>lines(1:length(data[, 4]), data[, 4], type="b", lty=1, lwd=2.5, pch=21, cex=1, col="turquoise3")
>legend("topleft",colnames(data[, 3:4]), fill = c("tan2","turquoise3"))
```

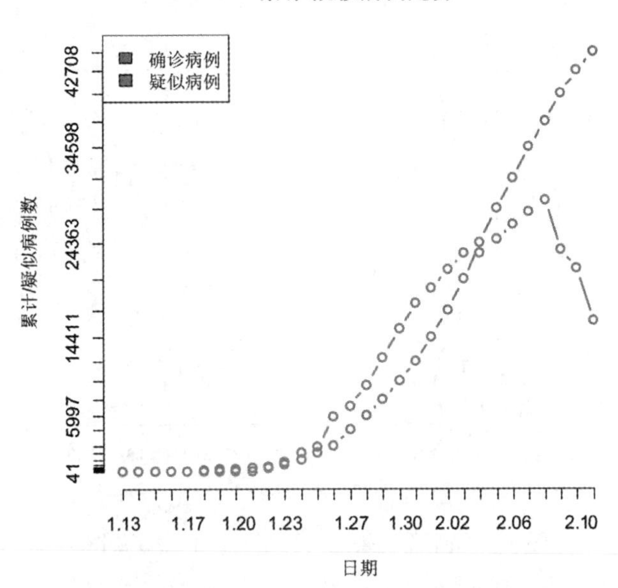

图 9-25 新冠疫情累计确诊 / 疑似趋势图

运行结果如图 9-26 所示。

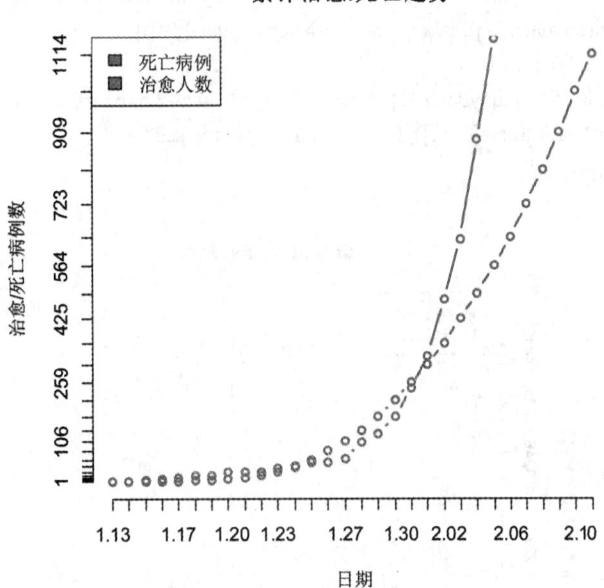

图 9-26 新冠疫情累计治愈 / 死亡趋势图

4）使用 plot() 函数绘制新冠疫情累计治愈率 / 死亡率趋势图。

```
>plot(data[, 8], type="b", lty=1, lwd=2.5, pch=21, cex=1, col="tan2", axes=FALSE,main = "累计治愈率/
 死亡率趋势", xlab ="日期", ylab ="累计治愈率/死亡率", ylim =c(0, max(data[, 9]))
>axis(1, at=1:length(data[, 8]), labels= as.character(data[, 10]))
>axis(2, at=data[, 9])  #绘制y轴坐标
>lines(1:length(data[,9]), data[,9], type="b", lty=1, lwd=2.5, pch=21, cex=1, col="turquoise3")
>legend("top",colnames(data[, 8:9]), fill = c("tan2","turquoise3"))
```

运行结果如图 9-27 所示。

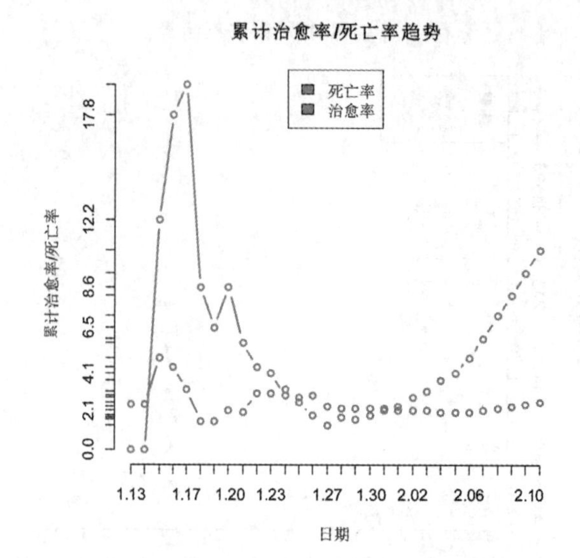

图 9-27 新冠疫情累计治愈率 / 死亡率趋势图

5）读取 nCov2019day.csv 数据集，该数据集选取的是 2020-01-02 至 2020-02-11 共计 23 条每日新增的新冠疫情统计数据，使用 plot() 函数绘制新冠疫情新增确诊 / 疑似趋势图。

```
>daydata<- read.csv("nCov2019day.csv",header=T,sep=",")
>plot(daydata[, 1], type="b", lty=1, lwd=2.5, pch=21, cex=1, col="tan2", axes=FALSE,main = "新增确诊/
 疑似趋势", xlab ="日期", ylab ="新增确诊/疑似病例数", ylim =c(0, max(daydata[, 2])))
>axis(1, at=1:length(daydata[, 1]), labels= as.character(daydata[, 9]))
>axis(2, at=daydata[, 2])  #绘制y轴坐标
>lines(1:length(daydata[, 2]), daydata[, 2],  type="b", lty=1, lwd=2.5, pch=21, cex=1, col="turquoise3")
>legend("topleft",colnames(data[, 1:2]), fill =  c("tan2","turquoise3"))
```

运行结果如图 9-28 所示。

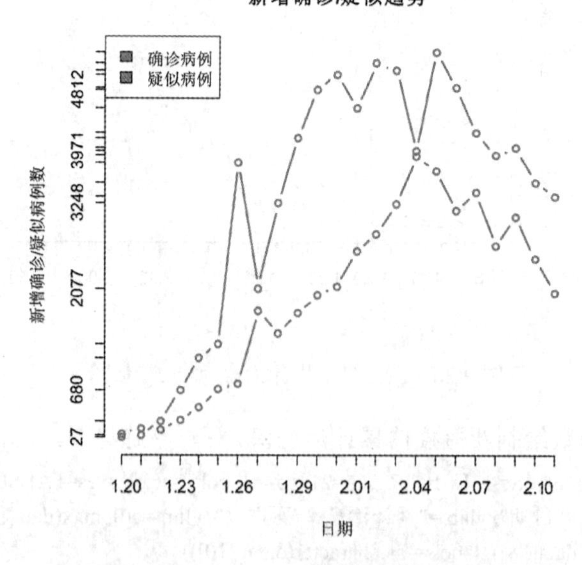

图 9-28 新冠疫情新增确诊 / 疑似趋势图

（2）mtcars 数据集来自 1974 年《美国汽车趋势》杂志统计的数据，统计了 32 个品牌汽车的油耗、气缸数量、发动机排量、总功率、后桥减速比、重量、跑完 1/4 英里时间、发动机配置（0= V 型、1= 直列式）、减速箱类型（0= 自动挡、1= 手动挡）、挡位数量和

化油器数量共计 11 个方面的数据，按以下要求进行绘图：

1）读取 mtcars.csv 数据集并将第一列数据设置为列名。

```
cars<- read.csv("mtcars.csv",header=T)
rownames(cars)<-cars[,1]
cars<-cars[,-1]
```

2）将 mtcars 中每加仑油的行驶英里数作为要描述的对象绘制点图，要求按照气缸数量进行分组并且用不同的颜色显示，将行名作为点图标签，字体大小是正常大小的 0.7 倍。

```
>x <- cars[order(cars$每加仑油行驶英里数),]      #按照油耗排序
>x$气缸数量<-factor(x$气缸数量)          #将气缸数量变成因子数据结构类型
>x$color[x$气缸数量==4] <-"red"          #新建color变量，气缸数量不同，颜色就不同
>x$color[x$气缸数量==6] <-"blue"
>x$color[x$气缸数量==8] <-"darkgreen"
>dotchart(x$每加仑油行驶英里数,    #数据对象
labels = row.names(x),             #标签
    cex = 0.7,                     #字体大小
groups = x$气缸数量,               #按照气缸数量分组
gcolor = "black",                  #分组颜色
color = x$color,                   #数据点颜色
pch = 19,                          #点类型
main = "各种汽车的油耗 \n 按气缸分组",  #图形的标题
xlab = "每加仑油行驶英里数")   #x轴标签
```

运行结果如图 9-29 所示。

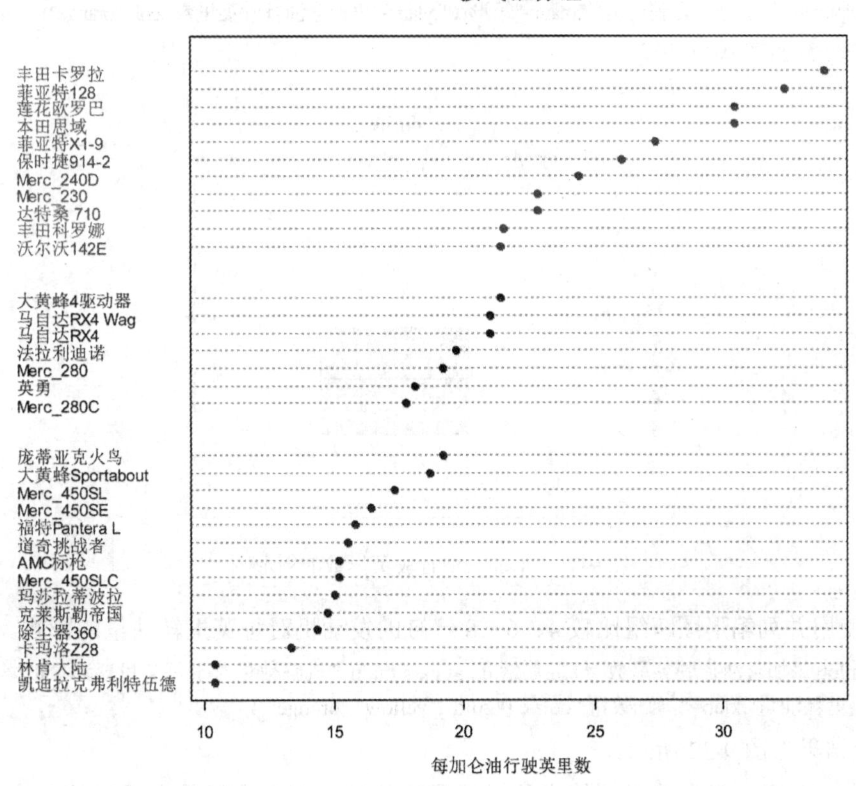

图 9-29 按气缸分组后各种汽车油耗的点图

3）使用 plot() 函数绘制散点图，用来描述汽车重量与每加仑油行驶英里数的关系。

```
>plot(cars$重量,cars$每加仑油行驶英里数,main="汽车重量与每加仑油行驶英里数的关系",
   xlab="重量",ylab="每加仑油行驶英里数",
   pch=18,col="blue")
>text(cars$重量,cars$每仑油行驶英里数,row.names(cars),cex=0.7,pos=4,col="red")   #添加标签
```

运行结果如图 9-30 所示。

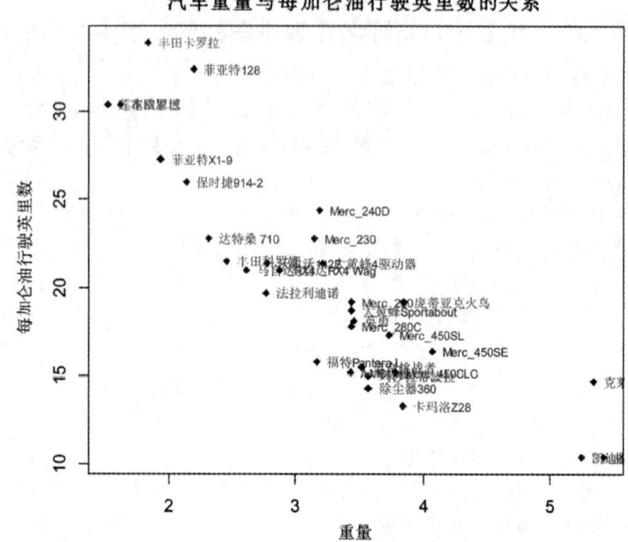

图 9-30 汽车重量与每加仑油行驶英里数关系的散点图

4）使用 boxplot() 函数绘制每加仑油行驶英里数的箱形图。

```
>boxplot(cars$每加仑油行驶英里数,main="箱形图",ylab ="每加仑油行驶英里数",col="orange")  #标准箱形图
```

运行结果如图 9-31 所示。

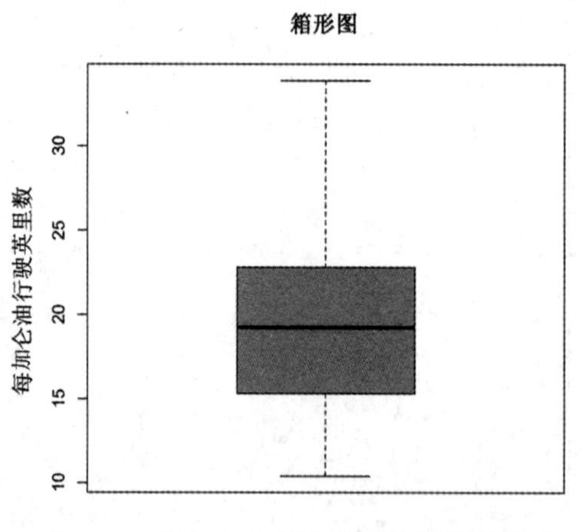

图 9-31 每加仑油行驶英里数的箱形图

5）使用并列箱形图跨组比较 4、6、8 气缸的发动机对每英里耗油量的影响。

```
>boxplot(每加仑油行驶英里数~气缸数量,data=cars,main="气缸数量对于每英里耗油量的影响", ylab=
"每英里耗油量",xlab="气缸数量",col=c ("gold","yellow","orange"))
```

运行结果如图 9-32 所示。

在图 9-32 中，每个箱形图的中间横线是中位数，箱中上线是上四分位数点，下线是下四分位数点。虚线上线是上限，下线是下限。若上下限外仍有数点，则为离群点。可以看出，六缸的汽车每加仑英里数较其他两种车型分布更为集中均匀，四缸车型的车分布最

广，而且正偏，八缸汽车的箱形图有一个离群点。

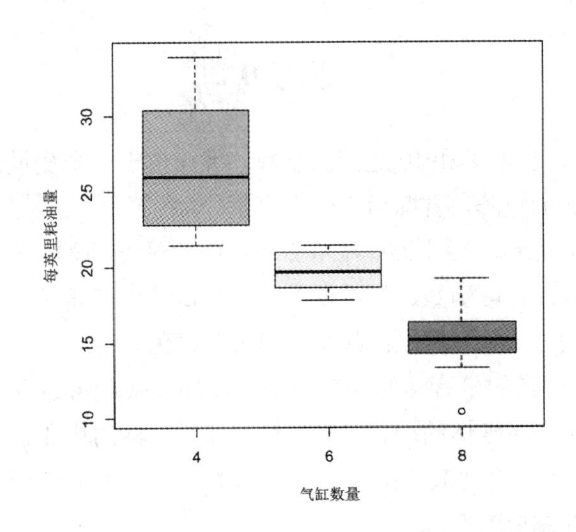

图 9-32 不同气缸数量对于每英里耗油量影响的箱形图

6）使用 par() 函数在一个绘图区域同时绘制 4 幅图：散点图，描述重量对每加仑油行驶英里数的影响；散点图，描述重量对发动机排量的影响；直方图，描述各种汽车重量的分布情况；箱形图，描述各种汽车重量的数据分布情况。

```
>opar <- par(no.readonly=TRUE)
>par(mfrow=c(2,2), col=num2col(cars$重量))
>plot(cars$重量,cars$每加仑油行驶英里数, main="重量对每加仑油行驶英里数的影响")
>plot(cars$重量,cars$发动机排量, main="重量对发动机排量的影响")
>hist(cars$重量, main="重量的直方图")
>boxplot(cars$重量, main="重量的箱形图", ylab="重量")
>par(opar)
```

运行结果如图 9-33 所示。

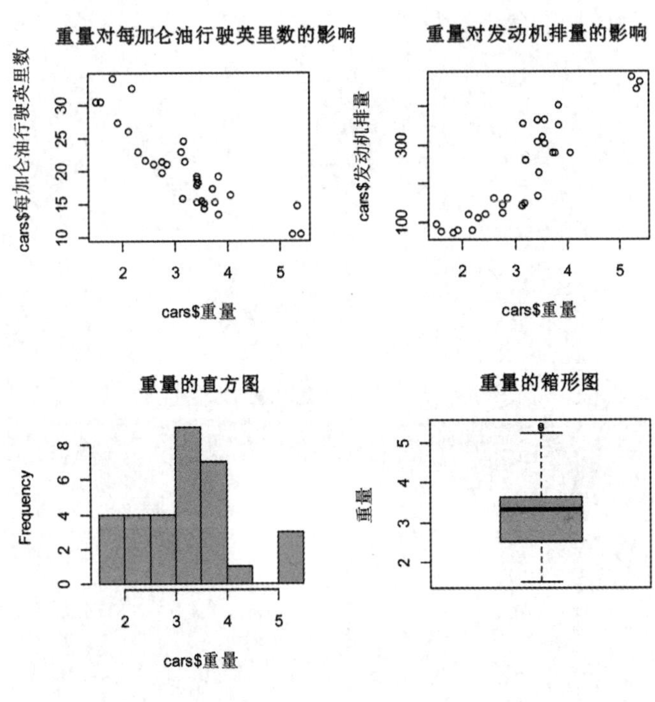

图 9-33 同时绘制 4 幅图

练习 9

1．构建一个向量，包含 1 和 10 之间的整数，并赋值于一个变量。

2．构建一个 5×3 的矩阵，并赋值于一个变量。

3．使用函数 plot() 绘制正弦曲线，显示 2 个周期的曲线，设置线的线型、粗细和颜色。

4．使用函数 curve() 将幂函数、指数函数、对数函数、三角函数、反三角函数的图形各选两条绘制到一张图内，并设置线的线型、粗细和颜色。

5．随机生成 100 个点的坐标，绘制散点图，添加一条趋势线。再分别添加一条横线和一条竖线。横线位置在横坐标的均数，竖线位置在纵坐标的均数。

6．随机生成 5 个点，绘制散点图，设置不同的形状、大小和颜色。在图中使用文本在各点周围添加标注并添加图例。

7．随机生成 5 个点的坐标，横坐标和纵坐标都为随机数，根据横坐标的大小顺序使用折线连接各点。

8．随机生成 0 和 100 之间的 50 个随机整数，并绘制直方图描述数据的分布情况。

参考文献

[1] 刘鹏．大数据 [M]．北京：电子工业出版社，2017．

[2] 黄宜华．深入理解大数据 [M]．北京：机械工业出版社，2014．

[3] 零一等．Python3 爬虫、数据清洗与可视化实战 [M]．北京：电子工业出版社，2018．

[4] 黄源．大数据分析（Python 爬虫、数据清洗和数据可视化）[M]．北京：清华大学出版社，2020．

[5] 黄源．大数据可视化技术与应用 [M]．北京：清华大学出版社，2020．

[6] 杨尊琦．大数据导论 [M]．北京：机械工业出版社，2018．

[7] 周苏．大数据可视化 [M]．北京：清华大学出版社，2018．

[8] 黄源．大数据技术与应用 [M]．北京：机械工业出版社，2020．